普／通／高／等／学／校／数／学／系／列／教／材

／中国人民大学数学学院　组编／

泛函分析

Functional Analysis

张伦传　编著

中国人民大学出版社
·北京·

前 言

党的二十大报告指出, 必须坚持科技是第一生产力、人才是第一资源、创新是第一动力, 深入实施科教兴国战略、人才强国战略、创新驱动发展战略, 开辟发展新领域新赛道, 不断塑造发展新动能新优势. 党的十八大以来基础研究和原始创新不断加强, 一些关键核心技术实现突破, 战略性新兴产业发展壮大, 载人航天、探月探火、深海深地探测、超级计算机、卫星导航、量子信息、核电技术、新能源技术、大飞机制造、生物医药等取得重大成果, 我国进入创新型国家行列.

泛函分析理论是现代数学的重要组成部分, 它的产生源于数学物理中的变分问题和抽象的边值问题. 其特点是综合运用分析的、代数的、几何的观点和方法处理相关问题. 目前作为其主要分支和方向的算子理论与算子代数是国际上十分活跃的研究领域和研究方向. 现在泛函分析理论和方法已广泛而深入地应用于随机分析、偏微分方程、几何分析、抽象调和分析、控制论、工程力学、统计物理、量子力学、量子概率、量子信息和量子计算等领域和方向的研究.

众所周知, 数学分析的研究主体是函数, 借助极限工具可以刻画其分析性质. 而决定一个函数的要素是定义域和对应法则. 类似地, 泛函分析的研究主体是空间理论和算子理论. 因此, 一方面需要研究度量空间和赋范线性空间的结构, 对具体的函数空间, 赋予某种结构 (序结构、线性结构和拓扑结构), 然后刻画其中函数类的共性; 另一方面需要研究各种具体算子的特性或形成算子代数后的共性. 在此强调, 泛函分析中出现的空间一般都是无穷维空间, 有限维空间可看作其退化情形. 依据算子是否为线性的可分为线性或非线性泛函分析. 若无特别说明, 本书一般考虑线性算子, 因此属于线性泛函分析范畴.

本书共分为五章.

第 1 章介绍度量空间 (也称为距离空间). 主要内容包括度量空间的定义和几个常用的重要实例, 稠密性、完备性、列紧性的概念及性质, 可分空间、完备空间和紧空间, 抽象度量空间上的不动点定理.

第 2 章介绍赋范线性空间 (简称赋范空间) 和有界线性算子的概念与基本性质. 主要内容包括赋范空间和有界线性算子的定义与基本性质, 巴拿赫 (Banach) 空间的概念及其等价刻画, 连续线性泛函和对偶空间及实例分析. 其中详细刻画了一类重要的巴拿赫空间, 即 $L^p(1 \leqslant p \leqslant \infty)$ 空间.

第 3 章介绍希尔伯特 (Hilbert) 空间的结构和几类重要的算子. 主要内容包括希尔伯特空间的定义、正交性和正交基的概念, 投影定理和希尔伯特空间的正交分解, 里斯表示定理, 共轭算子、自伴算子、投影算子、正常算子、酉算子和紧算子的定义及其基本性质.

第 4 章介绍巴拿赫空间理论中的几个基本定理. 主要内容包括哈恩–巴拿赫 (Hahn-

Banach) 延拓定理、开映射定理和逆算子定理、一致有界定理和闭图像定理, 巴拿赫空间中点列的强收敛和弱收敛的概念, 以及有界线性算子列的强收敛和弱收敛的概念.

第 5 章介绍有界线性算子的谱测度和谱系, 刻画了酉算子、有界自伴算子和紧算子的谱分解, 还介绍了 C^*-代数基础, 给出了 C^*-代数的概念及基本性质、正常元的函数演算以及盖尔范德 (Gelfand) 表示定理和 GNS 构造.

C^*-代数是目前国际上热点和前沿的研究领域和方向, 它是量子概率、量子信息和量子计算的理论基础, 因此本书在助力 "国之大者" 方面将起到积极的作用.

作者从事泛函分析教学和研究三十余年, 积累了大量的素材和心得, 到目前已编写 (含参编) 教材和教参八部. 本书力求结构合理, 内容由浅入深, 逻辑层层递进, 例题丰富多样, 而且每章最后配备大量习题以供读者练习之用. 需要特别指出的是, 本书的编写力争做到 "既见树木, 又见森林", 充分体现具体和抽象的辩证关系, 避免过于抽象而近于空洞, 避免陷于枝节而近于工具. 重点突出, 难点分解, 理论联系实际, 是本书的特色.

书中表述不妥之处敬请批评指正.

张伦传
人大数学学院

目　录

/ 第 1 章 /

度量空间

任给实数 $a, b \in \mathbb{R}$, 其中 $\mathbb{R}$ 是实数集. 令 $d(a,\ b) = |a - b|$, 这是通常的距离. 易知, 它满足正定性、对称性和三角不等式. 于是 $(\mathbb{R}, d(,))$ 是距离空间. 类似地, 欧氏空间 $\mathbb{R}^n$ $(n \in \mathbb{N})$ 都是距离空间. 通常赋予下面三种距离: 任给向量 $a = (a_1, a_2, \cdots, a_n)$, $b = (b_1, b_2, \cdots, b_n) \in \mathbb{R}^n$, 分别令

$$d_1(a,b) \triangleq ||a-b||_1 = \sum_{k=1}^{n} |a_k - b_k|,$$

$$d_2(a,b) \triangleq ||a-b||_2 = \left(\sum_{k=1}^{n} |a_k - b_k|^2\right)^{\frac{1}{2}},$$

$$d_\infty(a,b) \triangleq ||a-b||_\infty = \sup_{1 \leqslant k \leqslant n} \{|a_k - b_k|\}.$$

借助上述距离, 在欧氏空间 $\mathbb{R}^n$ 中可引入数列 (n 为 1 时) 或向量列 (n 大于 1 时) 的极限概念, 进而可考虑函数或多元函数的分析性质 (即连续、可导、可积等).

考虑定义在闭区间 $[a, b]$ 上所有连续函数形成的函数集合 $C[a, b]$, 要研究其中函数列的分析性质就要赋予某种 "距离", 称为度量. 任给函数 $x(t), y(t) \in C[a, b]$, 令

$$d(x,y) \triangleq ||x-y||_\infty = \max_{t \in [a,\ b]} \{|x(t) - y(t)|\}.$$

称上式为 $C[a, b]$ 上的一种度量, 也称为距离. 这样 $C[a, b]$ 关于上述度量就成为度量空间, 也称为距离空间. 后面还会讲到许多具体度量空间的实例, 除了它们各自的特性之外, 其共性需要从抽象的高度进行概括和统一, 从而为进一步的应用奠定基础.

本章主要内容包括度量空间的概念及典型实例, 开集、闭集和收敛性的概念及其基本性质, 稠密集和可分度量空间, 柯西 (Cauchy) 列和完备度量空间, 紧集和紧空间; 最后作为应用给出抽象度量空间上的不动点定理.

说明一点, 实数集 $\mathbb{R}$ 也称为实数域, 复数集 $\mathbb{C}$ 也称为复数域; $\mathbb{N}$ 表示正整数集, $\mathbb{Q}$ 表示有理数集, $\mathbb{R}^+$ 表示非负实数集.

1.1 度量空间及相关概念

1.1.1 度量空间的定义

定义 1.1.1 设 X 是一个非空集合. 若存在二元函数 $d(x,y): X\times X\to\mathbb{R}^+$, $x,y\in X$, 满足下面三个条件:

(1) (正定性) $d(x,y)\geqslant 0$, $d(x,y)=0$ 当且仅当 $x=y$,

(2) (对称性) $d(x,y)=d(y,x)$,

(3) (三角不等式) $d(x,z)\leqslant d(x,y)+d(y,z), z\in X$,

则称 $d(,)$ 是 X 上的一个度量, 即通常距离的抽象化. 因此度量也称为距离. 赋予度量 $d(,)$ 的非空点集 X 称为度量空间, 也称为距离空间, 记作 $(X,d(,))$ 或 (X,d). 在不产生混淆的情况下简记为 X.

注 1.1.1 (1) 易证, 在定义 1.1.1 中, 条件 (2) (对称性) 可以由条件 (1) 和条件 (3) 推出; 此外, 在条件 (1) 成立的前提下, 条件 (3) (三角不等式) 等价于下面的不等式:

$$|d(x,y)-d(y,z)|\leqslant d(x,z),\quad x,y,z\in X.$$

(2) 任给非空点集 X. 对于任意 $x,y\in X$, 若令

$$d(x,y)=\begin{cases}0, & x=y,\\ 2, & x\neq y,\end{cases}$$

直接验证可知, 上述定义的二元函数 $d(,)$ 符合定义 1.1.1 的条件, 称为离散度量或离散距离. 因此任何非空点集关于离散度量均可成为度量空间.

下面给出几个典型度量空间的实例.

【例 1.1.1】(序列空间) $S=\{x=(x_1,x_2,\cdots,x_n,\cdots): x_i\in K, i=1,2,\cdots,n,\cdots\}$, 其中 K 表示实数集或复数集. 对于任意 $x=(x_i)_{i=1}^{\infty}, y=(y_i)_{i=1}^{\infty}\in S$, 令

$$d(x,y)=\sum_{k=1}^{\infty}\frac{1}{2^k}\frac{|x_k-y_k|}{1+|x_k-y_k|}.$$

易证上面定义的映射满足定义 1.1.1 的条件 (1) 和 (2). 下面证明它也满足条件 (3), 即三角不等式. 为此, 需利用不等式

$$\frac{|a+b|}{1+|a+b|}\leqslant\frac{|a|}{1+|a|}+\frac{|b|}{1+|b|},\quad a,b\in K.$$

上面的不等式可借助函数 $f(x)=\dfrac{x}{1+x},x\in[0,+\infty)$ 的单调性得到. 再任给 $z=(z_i)_{i=1}^{\infty}\in S$. 任意固定 $i\in\mathbb{N}$, 令 $a=x_i-z_i,b=z_i-y_i$, 从而 $a+b=x_i-y_i$, 代入上面的不等式, 得

$$\frac{|x_i-y_i|}{1+|x_i-y_i|}\leqslant\frac{|x_i-z_i|}{1+|x_i-z_i|}+\frac{|z_i-y_i|}{1+|z_i-y_i|}.$$

由此可得

$$d(x,y)\leqslant d(x,z)+d(z,y).$$

于是上述映射是定义在 S 上的一个度量, 从而 S 关于此度量成为度量空间.

【例 1.1.2】(可测函数空间)　记 $\mathfrak{M}([a,b])$ 为定义在有限闭区间 $[a,b]$ 上几乎处处有限的勒贝格 (Lebesgue) 可测函数全体的集合. 任给 $f,g\in\mathfrak{M}([a,b])$, 令

$$d(f,g)=\int_{[a,b]}\frac{|f(x)-g(x)|}{1+|f(x)-g(x)|}\mathrm{d}x.$$

类似于例 1.1.1 的证明, 上述映射是定义在 $\mathfrak{M}([a,b])$ 上的一个度量. 于是 $\mathfrak{M}([a,b])$ 关于此度量成为度量空间.

【例 1.1.3】(勒贝格可积函数空间)　记 $L[a,b]$ (或记为 $L^1[a,b]$) 为定义在区间 $[a,b]$ 上的勒贝格可积函数全体的集合. 几乎处处相等的函数看作同一个函数. 任给 $f,g\in L[a,b]$, 令

$$d(f,g)\triangleq||f-g||_1=\int_{[a,b]}|f(x)-g(x)|\mathrm{d}x.$$

结合勒贝格积分的基本性质, 得上述映射符合定义 1.1.1 的条件. 于是 $L[a,b]$ 关于此度量成为度量空间.

【例 1.1.4】(本性有界函数空间)　记 $L^{\infty}[a,b]$ 为定义在区间 $[a,b]$ 上的本性有界函数全体的集合. 几乎处处相等的本性有界函数看作同一个函数. 可测函数 $f(x)$ 在 $[a,b]$ 上本性有界, 指去掉一个零测集后有界, 即存在正数 M 和零测集 $\Delta\subseteq[a,b]$, 使得 $|f(x)|\leqslant M,x\in[a,b]\setminus\Delta$. 对所有这样的 M 取下确界, 称为 $f(x)$ 的本性上界, 记为 $||f||_{\infty}$. 易证

$$||f||_{\infty}=\inf_{\Delta\subseteq[a,b],m(\Delta)=0}\ \sup_{x\in[a,b]\setminus\Delta}|f(x)|,$$

其中 m 为定义在 $[a,b]$ 上的勒贝格测度. 任给 $f,g\in L^{\infty}[a,b]$. 令 $d(f,g)=||f-g||_{\infty}$. 利用确界的定义易证, 映射 $d(,)$ 满足度量定义中的三个条件. 于是 $L^{\infty}[a,b]$ 关于此度量成为度量空间.

注 1.1.2　给定一般测度空间 $(X,\mathfrak{B},\mu)$, 其中 $\mathfrak{B}$ 是 X 中的子集族形成的 σ-代数, μ 是定义在 $\mathfrak{B}$ 上的测度, 即非负、具有可列可加性且在空集上为零的集函数. 记 $\mathfrak{M}(X)$ 为定义在 X 上几乎处处有限的可测函数全体的集合, $L(X)$ 为定义在 X 上关于测度 μ 可积的

函数全体的集合, $L^{\infty}(X)$ 为定义在 X 上本性有界的可测函数全体的集合. 类似于例 1.1.4 定义相应的度量, 则它们均为抽象的度量空间.

最后再给出三个重要的基本序列空间:

$$c_0 = \{x = (x_i)_{i=1}^{\infty} : \lim_{i\to\infty} x_i = 0\},$$

$$l^1 = \{x = (x_i)_{i=1}^{\infty} : \sum_{i=1}^{\infty} |x_i| < \infty\},$$

$$l^{\infty} = \{x = (x_i)_{i=1}^{\infty} : \sup_{i\in\mathbb{N}}\{|x_i|\} < \infty\}.$$

易证这三个集合具有下面的包含关系:

$$l^1 \subset c_0 \subset l^{\infty}.$$

在 c_0 和 l^{∞} 中引入度量 $d(x,y) = \sup_{i\in\mathbb{N}} |x_i - y_i|$, 在 l^1 中引入度量 $d(x,y) = \sum_{i=1}^{\infty} |x_i - y_i|$, 则它们都是度量空间. 证明细节作为练习.

1.1.2 开集、闭集、收敛性

在欧氏空间中学过的邻域、开集、闭集、收敛性等概念均可推广到一般度量空间中. 给定度量空间 $(X, d(,))$, 设 $x_0 \in X$, $\delta > 0$, 记 $O(x_0,\delta) = \{x \in X : d(x, x_0) < \delta\}$, 称为以点 x_0 为中心、以 δ 为半径的开球, 或称为开球形邻域.

给定 X 中的非空子集 A. 设 $x_0 \in A$. 若存在某个 $O(x_0,\delta)$, 使得 $O(x_0,\delta) \subset A$, 则称 x_0 为 A 的内点. 此时, A 称为 x_0 的一个邻域. 另外, A 中所有内点形成的子集称为 A 的开核, 记为 A°. 在此基础上给出开集和闭集的定义.

定义 1.1.2 给定度量空间 X 及其非空子集 A. 若 A 中每一点都是内点 (等价地, 若 A 是其中每一点的邻域), 则称 A 是开集. 此时, $A = A^{\circ}$. 开集的余集 (也叫作补集) 称为闭集, 记为 A^c 或 $X\backslash A$. 特别地, 全空间 X 和空集 $\varnothing$ 均为既开又闭的集合.

平行于欧氏空间的情形, 由定义 1.1.2 可得, 开集族具有下面的基本性质.

性质 1.1.1 设 X 是度量空间. 记 $\mathfrak{B}$ 为 X 中所有开集形成的集合, 则

(1) $X, \varnothing \in \mathfrak{B}$;

(2) $\mathfrak{B}$ 关于任意并封闭, 即对于任意开集族 $\{U_\alpha : \alpha \in \varGamma\} \subset \mathfrak{B}$, 都有 $\bigcup_{\alpha\in\varGamma} U_\alpha \in \mathfrak{B}$, 其中 $\varGamma$ 是指标集;

(3) $\mathfrak{B}$ 关于有限交封闭, 即对于任意有限多个开集 $U_1, U_2, \cdots, U_n$, 都有 $\bigcap_{k=1}^{n} U_k \in \mathfrak{B}$.

利用集合运算的德摩根 (De Morgan) 定律, 可得闭集族的如下相应性质.

性质 1.1.2　设 X 是度量空间. 记 $\mathfrak{C}$ 为 X 中所有闭集形成的集合, 则

(1) $X, \varnothing \in \mathfrak{C}$;

(2) $\mathfrak{C}$ 关于任意交封闭, 即对于任意闭集族 $\{V_\lambda : \lambda \in \Lambda\} \subset \mathfrak{C}$, 都有 $\bigcap\limits_{\lambda \in \Lambda} V_\lambda \in \mathfrak{B}$, 其中 Λ 是指标集;

(3) $\mathfrak{C}$ 关于有限并封闭, 即对于任意有限多个闭集 $V_1, V_2, \cdots, V_n$, 都有 $\bigcup\limits_{k=1}^{n} V_k \in \mathfrak{C}$.

注 1.1.3　在度量空间中, 开、闭集的形式既与该空间作为集合本身有关, 又与其赋予的度量有关.

例如, 在实数集 $\mathbb{R}$ 中, 赋予通常的距离 $d(a,b) = |a-b|$, $a, b \in \mathbb{R}$, 则开、闭集就是数学分析和实变函数中熟知的开、闭集. 若取 $\mathbb{R}$ 的一个子集 $X = (0,3] \cup [6,9)$, 易证, 按上述距离, $(0,3]$ 和 $(6,9]$ 都是 X 中既开又闭的子集, X 中以 6 为中心、以 1 为半径的球形邻域 $O(6,1) = [6,7)$.

另外, 由注 1.1.1 知, 任意非空点集 X 均可赋予离散度量. 易证, 关于离散度量, X 中任何子集都是既开又闭的.

定义 1.1.3　给定度量空间 X 及其非空子集 A. 设 $X_0 \in A$, 若对于点 x_0 的每个邻域 U, 都有 $A \cap (U \setminus \{x_0\}) \neq \varnothing$, 则点 x_0 称为 A 的极限点. 极限点也叫作聚点. A 的极限点的全体形成的子集叫作 A 的导集, 记为 A'. 进而, 称 $A \cup A'$ 为 A 的闭包, 记为 $\overline{A}$.

易证, A 的闭包是包含 A 的最小的闭集, 即 $\overline{A} = \bigcap\limits_{F \in \mathfrak{C}} F$, 其中 $\mathfrak{C}$ 表示度量空间 X 中包含 A 的闭集的全体形成的集合.

由定义 1.1.3 知, 非空子集 A 的极限点可能属于 A, 也可能不属于 A. 与极限点的概念相对立的是孤立点的概念.

定义 1.1.4　给定度量空间 X 及其非空子集 A. 设 $x_0 \in A$, 若存在点 x_0 的邻域 U, 使得 $U \cap A = \{x_0\}$, 则 x_0 称为 A 的孤立点.

【例 1.1.5】　对于自然数集 $\mathbb{N}$, 赋予实数集 $\mathbb{R}$ 中通常的距离 $d(a,b) = |a-b|, a, b \in \mathbb{N}$, 则 $\mathbb{N}$ 中每一点都是孤立点. 而且易证, 其中每个单点集都是既开又闭的, 从而 $\mathbb{N}$ 中每个子集都是既开又闭的.

每一点都是孤立点的度量空间称为离散度量空间. 在离散度量空间中每个子集都是既开又闭的. 在注 1.1.1 中对于任意非空点集给出了离散距离, 易证, 在离散距离下每个单点集均为孤立点. 因此赋予离散距离的非空点集都是离散空间.

下面利用导集给出闭集的一系列等价刻画.

命题 1.1.1　给定度量空间 X 及其非空子集 A, 则下述条件等价:

(1) A 是闭集;

(2) $A' \subset A$;

(3) $A = \overline{A}$.

证明: (1) $\Rightarrow$ (2). 设 A 是闭集. 于是 $X \setminus A$ 是开集. 用反证法, 假设存在某个极限点 x_0 不属于 A. 于是 $x_0 \in X \setminus A$. 由开集定义知, 存在 x_0 点的邻域 U, 使得 $U \subset X \setminus A$. 于是得 $U \cap A = \varnothing$, 这与极限点的定义矛盾.

(2) $\Rightarrow$ (3). 因 $\overline{A} = A \cup A'$, 故由条件 (2) 立得条件 (3) 成立.

(3) $\Rightarrow$ (1). 设条件 (3) 成立. 要证 A 是闭集, 等价地, 只需证 $X \setminus A$ 是开集. 任取 $x_0 \in X \setminus A$, 则 x_0 不属于 A. 因 $A = \overline{A}$, 故 $A' \subset A$, 从而 x_0 也不是 A 的极限点. 于是存在点 x_0 的邻域 U, 使得 $U \cap A = \varnothing$, 即 $U \subset X \setminus A$. □

注 1.1.4 许多泛函分析教材直接用命题 1.1.1 中的等价条件 (2) 或 (3) 作为闭集的定义.

接下来在度量空间中引入点列极限的概念. 然后从极限的概念出发, 讨论定义在度量空间上的泛函的连续性, 以及从一个度量空间到另一个度量空间的算子的连续性.

定义 1.1.5 给定度量空间 $(X, d(,))$. 设点列 $\{x_n\}_{n=1}^{\infty} \subset X$, 点 $x_0 \in X$. 若当 $n \to \infty$ 时, 有 $d(x_n, x_0) \to 0$, 则称 $\{x_n\}_{n=1}^{\infty}$ 收敛于 x_0. 等价地, 对于任意给定 x_0 的邻域 V, 都存在正整数 n_V, 使得当 $n \geqslant n_V$ 时, 有 $x_n \in V$. 此时, $\{x_n\}_{n=1}^{\infty} \subset X$ 为收敛点列, 记为 $\lim\limits_{n\to\infty} x_n = x_0$, 或 $x_n \to x_0$, $n \to \infty$.

度量空间中收敛点列具有下面的基本性质.

命题 1.1.2 (1) 收敛点列的极限是唯一的;

(2) 收敛点列的任何子列都收敛, 且均收敛于此点列的极限.

证明: (1) 若收敛点列 $\{x_n\}_{n=1}^{\infty}$ 同时收敛于 x_1 和 x_2, 下证 $x_1 = x_2$. 事实上, 由收敛性定义结合三角不等式, 得

$$d(x_1, x_2) \leqslant d(x_1, x_n) + d(x_n, x_2) \to 0, \quad n \to \infty.$$

因此 $d(x_1, x_2) = 0$, 由此得 $x_1 = x_2$.

(2) 任给收敛点列 $\{x_k\}_{k=1}^{\infty}$ 的一个子列 $\{x_{n_k}\}_{k=1}^{\infty}$. 因 $\lim\limits_{k\to\infty} x_k = x_0$, 故由收敛性的定义知, 对于点 x_0 的任何邻域 V, 都存在正整数 k_V, 使得当 $k \geqslant k_V$ 时, 有 $x_k \in V$. 对于上述 V 和 k_V, 注意到 $n_k \geqslant k$, 从而 $x_{n_k} \in V$. 再利用收敛的定义即得 $\lim\limits_{k\to\infty} x_{n_k} = x_0$. □

利用点列收敛的概念可以获得极限点（即聚点）的等价刻画, 证明平行于欧氏空间的情形.

命题 1.1.3　给定度量空间 X 的非空子集 A. 设点 $x_0 \in X$, 则下述结论等价:

(1) x_0 是 A 的极限点;

(2) 存在 A 中的收敛点列 $\{x_n\}_{n=1}^{\infty}$, 满足 $x_n \neq x_0, n=1,2,\cdots$, 使得

$$\lim_{n\to\infty} x_n = x_0.$$

众所周知, 在欧氏空间中, 收敛数列是有界的. 推广到一般度量空间也可以得到类似的结论. 为此, 先给出有界集的概念.

定义 1.1.6　设 A 是度量空间 X 的非空子集. 若存在某点 x_0 的开球 $O(x_0,\delta)$, 使得 $A \subset O(\delta, x_0)$, 则称 A 是有界集.

命题 1.1.4　度量空间 X 中的收敛点列 $\{x_n\}_{n=1}^{\infty}$ 形成的子集是有界集.

证明: 设 $\lim\limits_{n\to\infty} x_n = x_0$. 利用收敛性的定义, 存在正整数 N_0, 使得当 $n \geqslant N_0$ 时, 有 $d(x_n, x_0) < 1$. 令

$$\delta = 2 \cdot \max\{1, d(x_1,x_0), d(x_2,x_0), \cdots, d(x_{N_0},x_0)\},$$

则 $\{x_n : n=1,2,\cdots\} \subset O(x_0,\delta)$. □

具体到本章开头给出的实例, 度量空间的收敛性呈现出各自不同的形式:

(1) 考虑欧氏空间 $(\mathbb{R}^n, d_2(,))$. 给定点列 $\{x^{(m)}\}_{m=1}^{\infty} \subset \mathbb{R}^n$, 其中 $x^{(m)} = (x_1^{(m)}, x_2^{(m)}, \cdots, x_n^{(m)}) \in \mathbb{R}^n$, $m=1,2,\cdots$. 易证, $\{x^{(m)}\}_{m=1}^{\infty}$ 关于欧氏距离 $d_2(,)$ 收敛于向量 $x_0 = (x_1, x_2, \cdots, x_n)$, 当且仅当 $x_i^{(m)} \to x_i, m \to \infty$ $(1 \leqslant i \leqslant n)$, 即关于欧氏距离收敛等价于按坐标收敛. $\mathbb{R}^n$ 关于前面定义的另外两种距离也有类似结论.

(2) 考虑连续函数空间 $(C[a,b], d(,))$. 给定点列 $\{x_n(t)\}_{n=1}^{\infty} \subset C[a,b]$ 和点 $x_0(t) \in C[a,b]$. 因

$$d(x_n, x_0) = \max_{t\in[a,b]} |x_n(t) - x_0(t)|,$$

故 $d(x_n,x_0) \to 0$, $n \to \infty$, 当且仅当 $\{x_n(t)\}_{n=1}^{\infty}$ 一致收敛于 $x_0(t)$. 一致收敛也叫作均匀收敛.

(3) 对于例 1.1.1 中的序列空间, 易证其点列收敛的充要条件是按坐标收敛.

(4) 对于例 1.1.2 中的可测函数空间, 其点列收敛的充要条件是依测度收敛. 事实上, 给定点列 $\{f_n\}_{n=1}^{\infty} \subset \mathfrak{M}[a,b]$. 若存在 $f \in \mathfrak{M}[a,b]$, 使得 $d(f_n, f) \to 0$, $n \to \infty$, 则对于任意给定的正数 σ, 因

$$m(X[|f_n - f| \geqslant \sigma) \leqslant \frac{1+\sigma}{\sigma} \int_{X[|f_n-f|\geqslant\sigma]} \frac{|f_n(t)-f(t)|}{1+|f_n(t)-f(t)|}\mathrm{d}t \leqslant d(f_n, f),$$

故

$$m(X[|f_n - f|] \geqslant \sigma) \to 0, \quad n \to \infty,$$

此即表明 $\{f_n\}_{n=1}^{\infty}$ 依测度收敛于 f.

反过来, 若 $\{f_n\}_{n=1}^{\infty}$ 依测度收敛于 f, 则对于任意给定的正数 σ, 都有

$$m(X[|f_n-f|]\geqslant\sigma)\to 0,\quad n\to\infty.$$

因

$$\begin{aligned}d(f_n,f)&=\int_{[a,b]}\frac{|f_n(t)-f(t)|}{1+|f_n(t)-f(t)|}\mathrm{d}t\\&=\int_{X[|f_n-f|]\geqslant\sigma}\frac{|f_n(t)-f(t)|}{1+|f_n(t)-f(t)|}\mathrm{d}t+\int_{X[|f_n-f|]<\sigma}\frac{|f_n(t)-f(t)|}{1+|f_n(t)-f(t)|}\mathrm{d}t\\&\leqslant m(X[|f_n-f|]\geqslant\sigma)+\frac{\sigma}{1+\sigma}(b-a).\end{aligned}$$

注意到 σ 是无穷小量且与 n 独立, 于是当 $n\to\infty$ 时, 有 $d(f_n,f)\to 0$.

(5) 具体到例 1.1.3 中的勒贝格可积函数空间, 其点列收敛性即平均收敛; 而例 1.1.4 中的本性有界函数空间中的收敛性即几乎一致收敛. 在此不再叙述, 详细过程作为练习.

1.1.3 连续映射

给定两个度量空间 $(X,d_1(,))$ 和 $(Y,d_2(,))$. 对于从 X 到 Y 的对应关系 $T:X\to Y$, 若 X 中每个点 x 在 Y 中都存在唯一的点 $T(x)$ 与之对应, 则称对应关系 T 是从 X 到 Y 的一个映射, 也称为算子. 特别地, 若 Y 退化成数域 K, 其中字母 K 代表实数域或复数域, 则称为定义在 X 上的泛函. 说明一点, 泛函常用小写字母, 诸如 ϕ, φ,f,g 等表示.

在上面的基础上, 给定非空子集 $A\subset X$ 和非空子集 $B\subset Y$, 称 $T(A)\triangleq\{T(x):x\in A\}$ 为 A 的像, $T^{-1}(B)\triangleq\{x\in X:T(x)\in B\}$ 为 B 的原像. 若映射 $T:X\to Y$ 满足 $T(X)=Y$, 则称为满射. 满射也叫作到上的. 若对于任意的 $x_1,x_2\in X$ 且 $x_1\neq x_2$, 都有 $T(x_1)\neq T(x_2)$, 等价地, 由 $T(x)=0$ 可得 $x=0$, 则称为单射. 单射也叫作一一的 (或记为 1 – 1 的). 进而, 若 T 既是单射又是满射, 则称为双射. 双射也叫作一一对应. 若 $T:X\to Y,x\mapsto y$ 是一一对应的, 则 T 存在逆映射 $T^{-1}:Y\to X,y\mapsto x$. 易知, T^{-1} 与 T 的复合映射 $T^{-1}\circ T:X\to X,x\mapsto y\mapsto x$ 是 X 上的恒等映射 I_X, 记为 $T^{-1}\circ T=I_X$, 简记为 $T^{-1}T=I_X$. 类似地, $TT^{-1}=I_Y$. 恒等映射也叫作单位映射或单位算子, 在不产生混淆的情况下简记为 I.

后面讲解算子理论时, 可以看到映射的复合运算就是算子的乘法运算. 另外, 映射也可在 X 的子空间上进行定义, 不再赘述. 后面 $T(x)$ 若作为算子, 也可简写成 Tx, 但若作为泛函, 则必须加括号.

定义 1.1.7 给定度量空间 $(X,d_1(,))$ 和 $(Y,d_2(,))$, 以及映射 $T:X\to Y$. 设 $x_0\in X$. 若对于任给的 $\varepsilon>0$, 都存在正数 δ, 当 $d_1(x,x_0)<\delta$ 时, 有 $d_2(T(x),T(x_0))<\varepsilon$, 则称 T 在 x_0 连续. 进而, 若 T 在 X 中每一点都连续, 则称为连续映射或连续算子.

若 X 和 Y 都退化成实数集 $\mathbb{R}$, 赋予通常的距离 $d(a,b)=|a-b|$, 则定义 1.1.7 即为数学分析中连续函数的概念.

下面给出在某点连续的等价刻画.

定理 1.1.1 设 $(X,d_1(,))$ 和 $(Y,d_2(,))$ 均为度量空间. 给定点 $x_0\in X$ 和映射 $T:X\to Y$, 则下述结论等价:

(1) T 在点 x_0 处连续;

(2) 对于任意点列 $\{x_n\}_{n=1}^{\infty}\subset X$, $\lim\limits_{n\to\infty}x_n=x_0$, 都有 $\lim\limits_{n\to\infty}Tx_n=Tx_0$.

证明: (1) $\Rightarrow$ (2). 设 (1) 成立. 由定义 1.1.7 知, 对于任给的 $\varepsilon>0$, 存在 $\delta>0$, 当 $d_1(x,x_0)<\delta$ 时, 有 $d_2(Tx,Tx_0)<\varepsilon$. 因 $\lim\limits_{n\to\infty}x_n=x_0$, 故对于上述 δ, 存在正整数 N_δ, 使得当 $n\geqslant N_\delta$ 时有 $d_1(x_n,x_0)<\delta$, 从而 $d_2(Tx_n,Tx_0)<\varepsilon$. 此即 $\lim\limits_{n\to\infty}Tx_n=Tx_0$.

(2) $\Rightarrow$ (1). 设 (2) 成立. 用反证法, 假设 T 在点 x_0 处不连续. 于是存在 $\varepsilon_0>0$ 和点列 $\{x_n\}_{n=1}^{\infty}\subset X$, 使得 $d_1(x_n,x_0)<\dfrac{1}{n}$, 但是 $d_2(Tx_n,Tx_0)\geqslant\varepsilon_0, n=1,2,\cdots$. 此时 $\lim\limits_{n\to\infty}x_n=x_0$, 利用条件 (2) 得

$$d_2(Tx_n,Tx_0)\to 0,\quad n\to\infty.$$

这与 $d_2(Tx_n,Tx_0)\geqslant\varepsilon_0, n=1,2,\cdots$ 矛盾. 因此由结论 (2) 可推出结论 (1). □

接下来利用开集和闭集从整体的角度给出连续映射的等价刻画.

定理 1.1.2 设 $(X,d_1(,))$ 和 $(Y,d_2(,))$ 均为度量空间. 给定映射 $T:X\to Y$, 则下述结论等价:

(1) T 是连续映射;

(2) 对于 Y 中任何开集 U, $T^{-1}(U)$ 都是 X 中的开集;

(3) 对于 Y 中任何闭集 F, $T^{-1}(F)$ 都是 X 中的闭集.

证明: (2) $\Leftrightarrow$ (3) 是显然的, 因逆映射保持集合的交、并、补 (也叫作取余) 运算.

下证 (1) $\Leftrightarrow$ (2). 先证 (1) $\Rightarrow$ (2). 设 (1) 成立. 对于 Y 中任何开集 U, 若 $T^{-1}(U)$ 是空集, 则结论显然成立. 若 $T^{-1}(U)$ 不是空集, 任取一点 $x_0\in T^{-1}(U)$, 则存在 $y_0\in Y$, 使得 $y_0=Tx_0\in U$. 注意到 U 是 Y 中的开集, 于是存在正数 ε 使得 $O(y_0,\varepsilon)\subset U$. 又因 T 在点 x_0 处连续, 故对于上述 ε, 存在正数 δ, 当 $d_1(x,x_0)<\delta$ 时, 有

$$d_2(Tx,Tx_0)=d_2(Tx,y_0)<\varepsilon.$$

表明当 $x\in O(x_0,\delta)$ 时, $Tx\in U$. 此即 $O(x_0,\delta)\subset T^{-1}(U)$, 从而 $T^{-1}(U)$ 是开集.

再证 (2) $\Rightarrow$ (1). 设 (2) 成立. 任意给定一点 $x_0\in X$, 记 $y_0=Tx_0\in Y$. 对于任给的 $\varepsilon>0$, 由条件 (2) 知, 开球 $O(y_0,\varepsilon)$ 的原像 $T^{-1}(O(y_0,\varepsilon))$ 是 X 中的开集. 注意到 $x_0\in T^{-1}(O(y_0,\varepsilon))$, 于是存在正数 δ, 使得开球 $O(x_0,\delta)\subset T^{-1}(O(y_0,\varepsilon))$. 此即表明当 $d_1(x,x_0)<\delta$ 时, 有 $d_2(Tx,Tx_0)<\varepsilon$. 因此 T 是连续映射. □

【例 1.1.6】 给定度量空间 $(X,d(,))$. 设点 $x_0\in X$, 则映射 $\varphi(x)=d(x,x_0),x\in X$ 是连续泛函.

事实上, 因度量满足三角不等式, 例行推导得

$$|\varphi(y)-\varphi(x)|=|d(y,x_0)-d(x,x_0)|\leqslant d(y,x).$$

任意给定点 $\bar{x}$. 若点列 $\{x_n\}_{n=1}^{\infty}\subset X$ 满足 $\lim\limits_{n\to\infty}x_n=\bar{x}$, 则

$$|\varphi(x_n)-\varphi(\bar{x})|\leqslant d(x_n,\bar{x})\to 0,\quad n\to\infty.$$

由定理 1.1.1 知, φ 在点 $\bar{x}$ 处连续. 注意到 $\bar{x}$ 的任意性, 可知 φ 是连续映射.

给定度量空间 $(X,d(,))$ 及其非空子集 A. 设点 $x_0\in X$, 记 $d(x_0,A)=\inf\limits_{y\in A}\{d(x,y)\}$, 称为点 x_0 到子集 A 的距离.

【例 1.1.7】 给定度量空间 $(X,d(,))$ 及其非空子集 A. 令 $\psi(x)=d(x,A),x\in X$, 则映射 ψ 是连续泛函.

任给 X 中的点 x_0, 下证 ψ 在点 x_0 处连续. 设点列 $\{x_n\}_{n=1}^{\infty}\subset X$, 满足 $\lim\limits_{n\to\infty}d(x_n,x_0)=0$. 任意给定 $x'\in A$. 由于 $d(x,A)\leqslant d(x,x')$, 结合例 1.1.6, 得

$$\overline{\lim_{n\to\infty}}\psi(x_n)\leqslant\overline{\lim_{n\to\infty}}d(x_n,x')\leqslant d(\lim_{n\to\infty}x_n,x')=d(x_0,x').$$

注意到 $x'\in A$ 是任意的, 于是

$$\overline{\lim_{n\to\infty}}\psi(x_n)\leqslant\inf_{x'\in A}\{d(x_0,x')\}=d(x_0,A)=\psi(x_0).\tag{1}$$

另外, 任意给定 $x'\in A$. 因

$$d(x_0,x')\leqslant d(x_0,x)+d(x,x'),\quad x\in X,$$

故

$$\inf_{x'\in A}\{d(x_0,x')\}\leqslant d(x_0,x)+\inf_{x'\in A}\{d(x,x')\},$$

即

$$\psi(x_0)\leqslant d(x_0,x)+\psi(x).$$

注意到 $\lim\limits_{x\to x_0}d(x_0,x)=0$. 类似于上面第一部分的证明, 当 $\lim\limits_{n\to\infty}x_n=x_0$ 时, 有

$$\psi(x_0)\leqslant\underline{\lim_{n\to\infty}}\psi(x_n).\tag{2}$$

式 (1) 和式 (2) 结合, 可知当 $\lim\limits_{n\to\infty}x_n=x_0$ 时, 有

$$\lim_{n\to\infty}\psi(x_n)=\psi(x_0).$$

由定理 1.1.1 知, ψ 在点 x_0 处连续. 因 $x_0\in X$ 是任意的, 故 ψ 是连续泛函.

注 1.1.5 (1) 设 A 是度量空间 $(X, d(,))$ 中的非空子集. 易证, $x \in \overline{A} \Leftrightarrow d(x, A) = 0$.

(2) 由命题 1.1.1 结合定理 1.1.1 可知, 度量空间 X 中的子集 A 是闭集的充要条件是: A 关于极限运算具有封闭性, 即 A 中任何收敛点列的极限都属于 A.

最后再给出两个今后经常用到的重要概念.

定义 1.1.8 给定度量空间 $(X, d_1(,))$ 和 $(Y, d_2(,))$, 以及映射 $T: X \to Y$. 若 T 是一一对应的, 且 T 及其逆映射 T^{-1} 均连续, 则称 T 是从度量空间 X 到 Y 的同胚映射, 此时称 X 与 Y 同胚.

由同胚的定义可知, 两个同胚的度量空间在形式上可能不同, 但它们具有相同的敛散性. 具体地, 点列 $\{x_n\}_{n=1}^{\infty} \subset X$ 在 X 中收敛或发散, 等价于 $\{T(x_n)\}_{n=1}^{\infty} \subset Y$ 在 Y 中收敛或发散. 进而, 子集 $A \subset X$ 是 X 中的开集或闭集, 等价于 $T(A) \subset Y$ 是 Y 中的开集或闭集. 因此, 从刻画子集的开、闭性及点列的敛散性 (在现代数学中归纳为拓扑结构) 的角度, X 与 Y 可以看作同一个度量空间. 这样借助于同胚映射就可以用相对具体的度量空间来表示抽象的度量空间, 这是同胚的意义之所在.

定义 1.1.9 给定两个度量空间 $(X, d_1(,))$ 和 $(Y, d_2(,))$, 以及映射 $T: X \to Y$. 若 $d_1(x, y) = d_2(Tx, Ty), x, y \in X$, 则称 T 是从 X 到 Y 的等距映射或等距算子.

易知, 等距映射 T 一定是单射. 若 T 还是满射, 则 T 和 T^{-1} 均连续. 因此等距满射是一类特殊的同胚映射.

1.2 稠密集和可分度量空间

1.2.1 稠密集

众所周知, 有理数集 $\mathbb{Q}$ 的闭包是实数集 $\mathbb{R}$. 这表明有理数集在实数集中稠密. 由于有理数集是可数集, 因此实数集作为度量空间是可分的. 在实变函数中, 针对欧氏空间讲解了稠密性和可分性的概念. 稠密性和可分性的概念可推广到一般度量空间中, 而且许多常用的度量空间都是可分空间.

定义 1.2.1 给定度量空间 $(X, d(,))$ 及其非空子集 A 和 B. 若 $B \subset \overline{A}$, 则称 A 在 B 中稠密.

下面给出稠密集的一系列等价刻画.

命题 1.2.1 设 A 和 B 是度量空间 $(X, d(,))$ 上的两个非空子集. 则下述结论等价:

(1) A 在 B 中稠密;

(2) 任给 $x \in B$, 都存在 A 中的收敛点列 $\{x_n\}_{n=1}^{\infty}$, 使得 $\lim\limits_{n \to \infty} x_n = x$;

(3) 任给 $\varepsilon > 0$, 有 $B \subset \bigcup_{x\in A} O(x,\varepsilon)$;

(4) 任给 $\varepsilon > 0$ 和 $x \in B$, 存在 A 中的点 y, 使得 $d(x,y) < \varepsilon$.

证明: (1) ⇒ (2). 设 (1) 成立. 于是 $B \subset \overline{A} = A \cup A'$. 任意给定 $x \in B$, 则 $x \in A$ 或 $x \in A'$. 当 $x \in A$ 时, 令 $x_n = x, n = 1,2,\cdots$, 则 $\lim\limits_{n\to\infty} x_n = x$. 若 $x \in A'$, 则由命题 1.1.3 得结论 (2) 成立.

(2) ⇒ (3). 设 (2) 成立. 任意给定 $\varepsilon > 0$. 任取 $x \in B$, 利用条件 (2) 知, 存在点列 $\{x_n\}_{n=1}^{\infty} \subset A$, 使得 $\lim\limits_{n\to\infty} x_n = x$. 于是对于上述 ε, 存在正整数 N_0, 使得 $d(x_{N_0}, x) < \varepsilon$, 即 $x \in O(x_{N_0}, \varepsilon)$. 由 x 的任意性立得 (3) 成立.

(3) ⇒ (1). 设 (3) 成立. 用反证法, 假设存在点 $x_0 \in B$, 但是 $x_0 \notin \overline{A}$. 于是存在正数 ε_0, 使得 $O(x_0,\varepsilon_0) \cap A = \varnothing$. 对于上述 ε_0, 由 (3) 知, 存在 $\overline{x} \in A$, 使得 $x_0 \in O(\overline{x},\varepsilon_0)$, 即 $d(\overline{x}, x_0) < \varepsilon_0$. 注意到距离具有对称性, 于是 $\overline{x} \in O(x_0,\varepsilon_0)$, 矛盾.

(3) ⇔ (4). (3) ⇒ (4) 已包含在前面的证明过程中. (4) ⇒ (3) 显然. □

注 1.2.1 (1) 在稠密性的定义中没有要求 $A \subset B$. 再由命题 1.2.1 可知, 甚至可能出现 $A \cap B = \varnothing$ 的情形.

(2) 设 A 和 B 是度量空间 X 中的两个非空子集. 若 $A \subset B$ 且 $\overline{A} = B$, 则称 A 是 B 中的稠密子集.

1.2.2 可分度量空间

定义 1.2.2 若度量空间 X 中存在可列的稠密子集, 则称 X 为可分度量空间.

【例 1.2.1】 $C[a,b]$ 是可分度量空间. 事实上, 由有理数集 $\mathbb{Q}$ 是实数集 $\mathbb{R}$ 中的稠密子集, 结合魏尔斯特拉斯 (K. Weierstrass) 逼近定理, 可证定义在 $[a,b]$ 区间上的有理系数多项式函数全体的集合 $\mathfrak{P}$ 在 $C[a,b]$ 中稠密, 即 $\overline{\mathfrak{P}} = C[a,b]$. 易证 $\mathfrak{P}$ 是可列子集, 因此 $C[a,b]$ 是可分度量空间.

注 1.2.2 可列集也称为可数集.

离散度量空间 X 可分的充要条件是: X 作为点集是可数的. 因离散度量空间 X 中每个点都是孤立点, 故由命题 1.2.1 知, X 中不存在稠密的真子集, 从而 X 自身是它唯一的稠密集.

下面考察勒贝格可积函数空间 $L[a,b]$ 的可分性.

定理 1.2.1 $L[a,b]$ 是可分度量空间.

回顾一下在实变函数中讲授过的简单函数的概念.

若可测子集列 $\{E_1, E_2, \cdots, E_n\}$ 当 $i \neq j$ 时, $E_i \cap E_j = \varnothing$ $(i,j = 1,2,\cdots,n)$, 且

$\bigcup_{k=1}^{n} E_k = [a,b]$, 则称为 $[a,b]$ 的一个分割或划分. 再给定 n 个常数 $a_1, a_2, \cdots, a_n$, 则函数 $f(x) = \sum_{k=1}^{n} a_k \chi_{E_k}(x), x \in [a,b]$ 是定义在区间 $[a,b]$ 上的简单函数, 其中每个 $\chi_{E_k}(x) = \begin{cases} 1, & x \in E_k, \\ 0, & x \notin E_k \end{cases}$ $(k = 1, 2, \cdots, n)$ 都是特征函数. 记 $\mathfrak{S}$ 为定义在 $[a,b]$ 上的简单函数的集合. 由勒贝格积分的定义知, $\mathfrak{S} \subset L[a,b]$. 下面先证明 $\mathfrak{S}$ 在 $L[a,b]$ 中稠密.

引理 1.2.1　$\overline{\mathfrak{S}} = L[a,b]$.

证明: 任意给定 $\varepsilon > 0$. 任取 $f(x) \in L[a,b]$, 不妨设 $f(x)$ 为实函数, 即值域均属于实数集 (复函数, 即值域属于复数集, 该情况可类似处理). 于是 $f(x) = f^+(x) - f^-(x)$, 其中正部 $f^+(x) = \max\{f(x), 0\}$, 负部 $f^-(x) = \max\{-f(x), 0\}$. 对于 $f^+(x)$, 由勒贝格积分的定义知, 存在简单函数 φ 满足 $0 \leqslant \varphi(x) \leqslant f^+(x)$, 使得

$$\int_{[a,b]} f^+(x)\mathrm{d}x < \int_{[a,b]} \varphi(x)\mathrm{d}x + \frac{\varepsilon}{2}.$$

类似地, 对于 $f^-(x)$, 存在简单函数 ψ 满足 $0 \leqslant \psi(x) \leqslant f^-(x)$, 使得

$$\int_{[a,b]} f^-(x)\mathrm{d}x < \int_{[a,b]} \psi(x)\mathrm{d}x + \frac{\varepsilon}{2}.$$

令 $\phi(x) = \varphi(x) - \psi(x)$. 易证 $\phi(x)$ 是定义在 $[a,b]$ 上的简单函数. 由勒贝格积分的基本性质, 得

$$\begin{aligned} d(f,\phi) &= \int_{[a,b]} |f(x) - \phi(x)|\mathrm{d}x \\ &\leqslant \int_{[a,b]} |f^+(x) - \varphi(x)|\mathrm{d}x + \int_{[a,b]} |f^-(x) - \psi(x)|\mathrm{d}x \\ &\leqslant \int_{[a,b]} (f^+(x) - \varphi(x))\mathrm{d}x + \int_{[a,b]} (f^-(x) - \psi(x))\mathrm{d}x < \varepsilon. \end{aligned}$$

利用命题 1.2.1 (4) 即得证. □

因 $C[a,b] \subset L[a,b]$, 故 $C[a,b]$ 关于 $L[a,b]$ 上的度量 $d(f,g) = \|f-g\|_1 = \int_{[a,b]} |f(x) - g(x)|\mathrm{d}x$ 是 $L[a,b]$ 的子空间. 证明定理 1.2.1 的关键是证明 $\overline{C[a,b]} = L[a,b]$.

定理 1.2.1 的证明: 任意给定 $\varepsilon > 0$. 任取 $g \in L[a,b]$, 由引理 1.2.1 知, 存在简单函数 $\varphi(x) = \sum_{k=1}^{n} a_k \chi_{E_k}(x)$, 使得

$$d(g,\varphi) = \int_{[a,b]} |g(x) - \varphi(x)|\mathrm{d}x < \frac{\varepsilon}{2}. \tag{1}$$

任意固定 $i\,(1\leqslant k\leqslant n)$. 对于特征函数 $\chi_{E_i}(x)$, 由实变函数中的卢津定理知, 存在定义在实数集 $\mathbb{R}$ 上的连续函数 $f_i(x)$ 满足 $|f_i(x)|\leqslant 1, x\in\mathbb{R}$, 使得 $m\,(E(\chi_{E_i}\neq f_i))<\dfrac{\varepsilon}{4M}$, 其中 $M=1+\sum\limits_{i=1}^{n}|a_i|$. 于是

$$\begin{aligned}\int_{[a,b]}|\chi_{E_k}(x)-f_k(x)|\mathrm{d}x&=\int_{E(\chi_{E_k}\neq f_k)}|\chi_{E_k}(x)-f_k(x)|\mathrm{d}x\\&<2\cdot\frac{\varepsilon}{4M}=\frac{\varepsilon}{2M}.\end{aligned}\tag{2}$$

令

$$f(x)=\sum_{i=1}^{n}a_if_i(x),\quad x\in[a,b],$$

则 $f(x)$ 是区间 $[a,b]$ 上的连续函数. 式 (1) 结合式 (2) 得

$$\begin{aligned}d(g,f)=\|g-f\|_1&=\int_{[a,b]}|g(x)-f(x)|\mathrm{d}x\\&\leqslant\int_{[a,b]}|g(x)-\varphi(x)|\mathrm{d}x+\int_{[a,b]}|\varphi(x)-f(x)|\mathrm{d}x\\&<\frac{\varepsilon}{2}+\sum_{i=1}^{n}|a_i|\cdot\int_{[a,b]}|\chi_{E_i}(x)-f_i(x)|\mathrm{d}x\\&<\frac{\varepsilon}{2}+\sum_{i=1}^{n}|a_i|\cdot\frac{\varepsilon}{2M}<\varepsilon.\end{aligned}$$

于是由命题 1.2.1 知, $C[a,b]$ 在 $L[a,b]$ 中稠密. 注意到 $C[a,b]$ 是可分的, 从而 $L[a,b]$ 是可分度量空间. □

注 1.2.3 类似于定理 1.2.1, 若 E 是欧氏空间 $\mathbb{R}^n$ 中的可测子集, 则 $L(E)$ 是可分度量空间. 进而, 给定抽象测度空间 $(X,\mathfrak{B},\mu)$, 则 $L(X)$ 是可分度量空间. 后面会发现, $p\ (1\leqslant p<\infty)$ 次可积函数空间 $L^p(X)\triangleq\left\{f\in\mathfrak{M}:\displaystyle\int_X|f(x)|^p\mathrm{d}\mu(x)<\infty\right\}$ 都是可分度量空间, 其中 $\mathfrak{M}$ 记为定义在 X 上关于 μ 可测的函数全体的集合.

【例 1.2.2】 $L^\infty([a,b])$ 是不可分度量空间. 事实上, 任意固定 $s\in[a,b]$, 令

$$\varphi_s(x)=\chi_{[a,s]}(x),\quad x\in[a,b],$$

则 $\varphi_s(x)\in L^\infty([a,b])$. 而且易证, 当 $s\neq t$ 时, 有

$$d(\varphi_s,\varphi_t)=||\chi_{[a,s]}-\chi_{[a,t]}||_\infty=1.$$

记 $A=\{\varphi_s(x):s\in[a,b]\}$. 因集合 A 与区间 $[a,b]$ 一一对应, 而 $[a,b]$ 是不可数集, 故 A 是不可数集. 任给 $L^\infty([a,b])$ 的稠密子集 B. 利用命题 1.2.1, 对于任意固定的数 $s\in[a,b]$, 存在 $f_s(x)\in B$, 使得 $||f_s-\varphi_s||_\infty<\dfrac{1}{3}$. 于是, 当 $s,t\in[a,b]$ 且 $s\neq t$ 时, 有

$$\begin{aligned}||f_s-f_t||_\infty &\geqslant ||\varphi_s-\varphi_t||_\infty-||f_s-\varphi_s||_\infty-||f_t-\varphi_t||_\infty\\ &>1-\frac{1}{3}-\frac{1}{3}=\frac{1}{3}>0.\end{aligned}$$

记 $B_1=\{f_s:s\in[a,b]\}$. 于是 B_1 是 B 中的一个不可列子集, 因此 B 不可分.

类似于例 1.2.2, 可以证明 l^∞ 是不可分度量空间. 但 l^1 是可分度量空间. 事实上, 令 $a(n)=(a_1,a_2,\cdots,a_n,0,\cdots)$, 其中 $a_i\,(1\leqslant i\leqslant n)$ 都是有理数. 记 A 为形如 $a(n)$ 的点形成的集合, 则 A 是 l^1 中的一个可列子集. 利用命题 1.2.1 易证, A 在 l^1 中稠密, 从而 l^1 是可分度量空间. 类似可证, $l^p=\left\{(a_i)_{i=1}^\infty:\sum\limits_{i=1}^\infty|a_i|^p<\infty\right\}$ $(1<p<\infty)$ 都是可分度量空间.

1.3 柯西列和完备度量空间

1.3.1 柯西列

在数学分析中, 柯西收敛原理刻画了实数集 $\mathbb{R}$ 的完备性, 即 $\mathbb{R}$ 中的柯西列都收敛, 并且其极限属于 $\mathbb{R}$. 给定 $\mathbb{R}$ 中的点列 $\{x_n\}_{n=1}^\infty$, 若对于任给的 $\varepsilon>0$, 都存在正整数 N_ε, 使得当 $n,m\geqslant N_\varepsilon$ 时, 有 $d(x_n,x_m)=|x_n-x_m|<\varepsilon$, 则 $\{x_n\}_{n=1}$ 称为柯西列. 类似地, 欧氏空间 $\mathbb{R}^n$ 都是完备的. 事实上, 因 $\mathbb{R}^n$ 中点列按欧氏距离收敛等价于按坐标收敛, 故由 $\mathbb{R}$ 的完备性可推出 $\mathbb{R}^n$ 的完备性. 完备性是欧氏空间的重要性质, 柯西收敛原理是微积分的理论基石之一. 在泛函分析中完备性同样重要, 下面在抽象度量空间框架下进行讨论, 进而为学习希尔伯特 (Hilbert) 空间和巴拿赫 (Banach) 空间理论奠定基础.

定义 1.3.1 给定度量空间 $(X,d(,))$ 中的点列 $\{x_n\}_{n=1}^\infty$, 若对于任给的 $\varepsilon>0$, 都存在正整数 N_ε, 当 $n,m\geqslant N_\varepsilon$ 时, 有 $d(x_n,x_m)<\varepsilon$, 则 $\{x_n\}_{n=1}^\infty$ 称为柯西列. 柯西列也叫作基本点列.

注 1.3.1 由定义 1.3.1 知, 度量空间中的收敛列都是柯西列. 实际上, 给定点列 $\{x_n\}_{n=1}^\infty\subset(X,d(,))$. 若 $\lim\limits_{n\to\infty}x_n=x_0$, 则对于任给的 $\varepsilon>0$, 存在正整数 N_ε, 当 $n,m\geqslant N_\varepsilon$ 时, 有

$$d(x_n,x_0)<\frac{\varepsilon}{2},\ 且\ d(x_m,x_0)<\frac{\varepsilon}{2}.$$

因而当 $n, m \geqslant N_\varepsilon$ 时, 有

$$d(x_n, x_m) < d(x_n, x_0) + d(x_0, x_m) < \frac{\varepsilon}{2} + \frac{\varepsilon}{2} = \varepsilon.$$

但即使在退化情形下, 上述结论的逆命题一般也不成立. 也就是说, 度量空间中的柯西列不一定收敛.

例如, 有理数集 $\mathbb{Q}$ 赋予通常的距离 $d(a,b) = |a-b|, a, b \in \mathbb{Q}$, 取数列 $\left\{\left(1+\frac{1}{n}\right)^n\right\}_{n=1}^{\infty} \subset \mathbb{Q}$, 由数学分析基础理论知

$$\lim_{n\to\infty}\left(1+\frac{1}{n}\right)^n = \mathrm{e} \notin \mathbb{Q},$$

表明它是柯西列, 但其极限不属于 $\mathbb{Q}$, 从而不收敛.

类似于实数集情形, 下面的命题成立.

命题 1.3.1 设 $\{x_n\}_{n=1}^{\infty}$ 是度量空间 $(X, d(,))$ 中的柯西列. 若 $\{x_n\}_{n=1}^{\infty}$ 中存在收敛子列 $\{x_{n_k}\}_{k=1}^{\infty}$ 且 $\lim\limits_{k\to\infty} x_{n_k} = x_0 \in X$, 则 $\lim\limits_{n\to\infty} x_n = x_0$.

证明: 任意给定 $\varepsilon > 0$. 因 $\{x_n\}_{n=1}^{\infty}$ 是柯西列, 故存在正整数 N_ε, 当 $n, m \geqslant N_\varepsilon$ 时, 有

$$d(x_n, x_m) < \frac{\varepsilon}{2}.$$

又因 $\lim\limits_{k\to\infty} x_{n_k} = x_0 \in X$, 故对于上述 $\varepsilon > 0$, 存在正整数 $\widetilde{N_\varepsilon} \geqslant N_\varepsilon$, 使得当 $k \geqslant \widetilde{N_\varepsilon}$ 时, 有

$$d(x_{n_k}, x_0) < \frac{\varepsilon}{2}.$$

注意到 $n_k \geqslant k$, 从而当 $n \geqslant N_\varepsilon$ 时, 有

$$d(x_n, x_0) \leqslant d(x_n, x_{n_{\widetilde{N_\varepsilon}}}) + d(x_{n_{\widetilde{N_\varepsilon}}}, x_0) < \frac{\varepsilon}{2} + \frac{\varepsilon}{2} = \varepsilon.$$

此即表明 $\lim\limits_{n\to\infty} x_n = x_0$. □

1.3.2 完备度量空间

定义 1.3.2 若度量空间 X 中每个柯西列都收敛于 X 中的点, 则称 X 是完备度量空间, 简称完备空间.

在数学分析中, 闭区间套定理等价于柯西收敛原理. 推而广之, 下面的闭球套定理则刻画了度量空间的完备性. 给定度量空间 $(X, d(,))$, 点 $x_0 \in X$ 和数 $\delta > 0$. 记子集 $S(x_0, \delta) \triangleq \{x \in X : d(x_0, x) \leqslant \delta\}$ 为以点 x_0 为中心、以 δ 为半径的闭球. 若一列闭球 $\{S_n\}_{n=1}^{\infty}$ 满足 $S_1 \supset S_2 \supset \cdots \supset S_n \supset \cdots$, 则称其为闭球套, 其中每个闭球 $S_n = S(x_n, r_n)$.

定理 1.3.1　度量空间 $(X,d(,))$ 是完备空间的充要条件是：对于每个半径趋于零的闭球套 $\{S_n\}_{n=1}^{\infty}$，都有 $\bigcap\limits_{n=1}^{\infty} S_n \neq \varnothing$.

证明: 先证充分性. 任给柯西列 $\{x_n\}_{n=1}^{\infty} \subset X$，则存在子列 $\{x_{n_k}\}_{k=1}^{\infty}$，使得

$$d(x_{n_k}, x_{n_{k+1}}) < \frac{1}{2^k}.$$

记 $S_k = \left\{x \in X : d(x_{n_k}, x) \leqslant \frac{1}{2^{k-1}}\right\} (k=1,2,\cdots)$，下证 $\{S_k\}_{k=1}^{\infty}$ 是一个闭球套. 事实上，若 $x \in S_k\ (k \geqslant 2)$，则由

$$d(x_{n_{k-1}}, x) \leqslant d(x, x_{n_k}) + d(x_{n_k}, x_{n_{k-1}}) < \frac{1}{2^{k-1}} + \frac{1}{2^{k-1}} = \frac{1}{2^{k-2}},$$

得 $x \in S_{k-1}$，即 $S_k \subset S_{k-1}$，$k=1,2,\cdots$. 注意到此闭球套的半径趋于零，于是利用充分性条件知，存在 $x_0 \in X$，使得 $x_0 \in \bigcap\limits_{k=1}^{\infty} S_k$. 然后证明 $\lim\limits_{n\to\infty} x_n = x_0$. 对于任意 x_{n_k}，因

$$\begin{aligned} d(x_n, x_0) &\leqslant d(x_n, x_{n_k}) + d(x_{n_k}, x_0) \\ &\leqslant d(x_n, x_{n_k}) + \frac{1}{2^{k-1}}, \end{aligned}$$

令 $n, k \to \infty$，故 $\lim\limits_{n\to\infty} x_n = x_0$，从而 X 是完备空间.

再证必要性. 设 X 是完备空间. 任给一个半径趋于零的闭球套 $\{S_n\}_{n=1}^{\infty} \subset X$，其中每个闭球 $S_n = S(x_n, r_n)$. 下证 $\bigcap\limits_{n=1}^{\infty} S_n \neq \varnothing$. 为此，要证所有闭球的中心构成的点列 $\{x_n\}_{n=1}^{\infty}$ 是柯西列. 对于任意正整数 n, m 且 $m > n$，因 $S_m \subset S_n$，故

$$d(x_n, x_m) \leqslant r_n.$$

由于 $\lim\limits_{n\to\infty} r_n = 0$，因此 $\{x_n\}_{n=1}^{\infty}$ 是柯西列. 注意到 X 是完备空间，于是

$$\lim_{n\to\infty} x_n = x_0 \in X.$$

下证 $\bigcap\limits_{n=1}^{\infty} S_n = \{x_0\}$. 事实上，任意取定一个闭球 S_{n_0}，注意到当 $n \geqslant n_0$ 时，有 $x_n \in S_{n_0}$，于是 $\lim\limits_{n\to\infty} x_n = x_0 \in S_{n_0}$，从而 $x_0 \in \bigcap\limits_{n-1}^{\infty} S_n$. 若还有 $x' \in \bigcap\limits_{n-1}^{\infty} S_n$，任给 x_n，则由

$$d(x_0, x') \leqslant d(x_0, x_n) + d(x_n, x') \leqslant 2r_n \to 0, \quad n \to \infty,$$

得 $x_0 = x'$. □

由定理 1.3.1 立得下面的推论.

推论 1.3.1 给定完备度量空间 X, 则其子空间 Y 自身是完备度量空间的充要条件是: Y 是 X 中的闭子空间.

注 1.3.2 由定义 1.3.2 可知, 完备度量空间的闭子空间一定是完备的. 另外, 任何度量空间的完备子空间一定是闭集. 事实上, 若 A 是度量空间 X 中的一个完备子空间, 任取收敛点列 $\{x_n\}_{n=1}^{\infty} \subset A$, 由定义 1.3.1 知 $\{x_n\}_{n=1}^{\infty}$ 是 A 中的柯西列. 于是再利用 A 的完备性得, $\{x_n\}_{n=1}^{\infty}$ 的极限属于 A. 从而由注 1.1.5 知 A 是闭集.

由上面分析可以看出, 在完备度量空间框架下, 闭子空间与完备子空间是统一的.

【例 1.3.1】 $C[a,b]$ 关于度量 $d(x,y) \triangleq ||x-y||_{\infty} = \max\limits_{t\in[a,b]} |x(t)-y(t)|$ 是完备度量空间.

事实上, 设 $\{x_n(t)\}_{n=1}^{\infty}$ 是 $C[a,b]$ 中的柯西列. 于是对于任给的 $\varepsilon > 0$, 存在正整数 N_ε, 当 $n, m \geqslant N_\varepsilon$ 时, 有

$$d(x_n, x_m) = \max_{t\in[a,b]} |x_n(t) - x_m(t)| < \varepsilon. \tag{1}$$

任意固定 $t_0 \in [a,b]$. 当 $n, m \geqslant N_\varepsilon$ 时, 由上式得

$$|x_n(t_0) - x_m(t_0)| \leqslant d(x_n, x_m) < \varepsilon,$$

表明点列 $\{x_n(t_0)\}_{n=1}^{\infty}$ 是数集 K 中的柯西列. 因此 $\lim\limits_{n\to\infty} x_n(t_0) = x(t_0) \in K$. 注意到 $t_0 \in [a,b]$ 的任意性, 故 $\lim\limits_{n\to\infty} x_n(t) = x(t), t \in [a,b]$. 在式 (1) 中任意固定 $n \geqslant N_\varepsilon$, 令 $m \to \infty$, 利用例 1.1.6 得 $d(x_n, x) \leqslant \varepsilon$. 由此表明 $\{x_n(t)\}_{n=1}^{\infty}$ 按上述度量收敛于函数 $x(t)$, 即 $\{x_n(t)\}_{n=1}^{\infty}$ 一致收敛于 $x(t)$, 从而 $x(t)$ 连续. 于是 $x(t) \in C[a,b]$.

【例 1.3.2】 $L[a,b]$ 关于度量 $d(f,g) \triangleq ||f-g||_1 = \displaystyle\int_{[a,b]} |f(x)-g(x)|\mathrm{d}x$ 是完备度量空间.

事实上, 设 $\{f_n(x)\}_{n=1}^{\infty}$ 是 $L[a,b]$ 中的柯西列. 任给 $\sigma > 0$, 由于

$$m(E(|f_n - f_m| > \sigma)) \leqslant \frac{1}{\sigma}\int_{E(|f_n - f_m|>\sigma)} |f_n(x) - f_m(x)|\mathrm{d}x \leqslant \frac{1}{\sigma} d(f_n, f_m),$$

因此 $\{f_n(x)\}_{n=1}^{\infty}$ 也是依测度收敛的柯西列. 于是由实变函数理论知, 在 $[a,b]$ 上存在几乎处处有限的可测函数 $f(x)$, 使得 $\{f_n(x)\}_{n=1}^{\infty}$ 依测度收敛于 $f(x)$. 利用实变函数中的里斯 (Riesz) 定理知, 可选出子列 $\{f_{n_k}\}_{k=1}^{\infty}$ 使得

$$\lim_{k\to\infty} f_{n_k}(x) = f(x), \text{ a.e. } [a,b].$$

再利用法图 (Fatou) 引理得

$$
\begin{aligned}
d(f_n, f) &= \int_{[a,b]} \lim_{k\to\infty} |f_n(x) - f_{n_k}(x)|\mathrm{d}x \\
&\leqslant \varliminf_{k\to\infty} \int_{[a,b]} |f_n(x) - f_{n_k}(x)|\mathrm{d}x.
\end{aligned}
$$

由上面证明得

$$\lim_{n\to\infty} d(f_n, f) \leqslant \lim_{n\to\infty} \varliminf_{k\to\infty} d(f_n, f_{n_k}) = 0.$$

当 n 充分大时, 利用勒贝格积分的线性性质得

$$f(x) = (f(x) - f_n(x)) + f_n(x) \in L[a,b].$$

注 1.3.3 (1) 给定测度空间 $(X, \mathfrak{B}, \mu)$. 类似于例 1.3.2 可证, $L(X)$ 是完备度量空间.

(2) $C[a,b]$ 关于度量 $d(x,y) \triangleq ||x-y||_1$ 不完备, 其完备化空间是 $L[a,b]$. 假设 $C[a,b]$ 关于度量 $d(x,y) \triangleq ||x-y||_1$ 完备. 由定理 1.2.1 的证明过程知, $\overline{C[a,b]} = L[a,b]$. 于是对于 $L[a,b]$ 中任意一点 x_0, 存在 $C[a,b]$ 中的收敛点列 $\{x_n\}_{n=1}^{\infty}$, 使得 $\lim\limits_{n\to\infty} x_n = x_0$. 因假设 $C[a,b]$ 关于度量 $d(x,y) \triangleq ||x-y||_1$ 完备, 故 $x_0 \in C[a,b]$, 从而导致 $L[a,b] = C[a,b]$. 这与 $C[a,b]$ 是 $L[a,b]$ 的真子集矛盾.

上面分析说明, 若同一个非空点集赋予不同的度量, 则其完备性可能会发生改变.

【例 1.3.3】 $L^{\infty}[a,b]$ 关于度量 $d(f,g) = ||f-g||_{\infty}$ (参见例 1.1.4) 是完备度量空间.

设 $\{f_n(x)\}_{n=1}^{\infty}$ 是 $L^{\infty}[a,b]$ 中的柯西列. 于是对于任给的 $\varepsilon > 0$, 存在正整数 N_{ε}, 使得当 $n, m \geqslant N_{\varepsilon}$ 时, 有 $||f_n - f_m||_{\infty} < \varepsilon$. 因对于任意正整数 n, m, 都有

$$|f_n(x) - f_m(x)| \leqslant ||f_n - f_m||_{\infty}, \quad x \in [a,b], \text{a.e.}[a,b],$$

从而存在 $[a,b]$ 中的零测集 A_0, 使得当 $x \in [a,b] \setminus A_0$ 时, 对于上述 ε 和 $n, m \geqslant N_{\varepsilon}$, 有

$$|f_n(x) - f_m(x)| \leqslant ||f_n - f_m||_{\infty} < \varepsilon. \tag{2}$$

这表明数列 $\{f_n(x)\}_{n=1}^{\infty}$ 是数集 K 中的柯西列, 于是

$$\lim_{n\to\infty} f_n(x) = f(x), \quad x \in [a,b] \setminus A_0.$$

在式 (2) 中令 $m \to \infty$, 得

$$|f_n(x) - f(x)| < \varepsilon, \quad x \in [a,b] \setminus A_0.$$

由此知, 当 $n \geqslant N_{\varepsilon}$ 时, 有

$$d(f_n, f) = ||f_n - f||_{\infty} < \varepsilon.$$

再由 $f(x) = (f(x) - f_n(x)) + f_n$, 结合上确界的性质, 易知 $f(x) \in L^{\infty}[a,b]$.

注 1.3.4 可以证明, 若度量空间 X 不完备, 则存在唯一的 (在等距同构意义下) 完备度量空间 $\widetilde{X}$, 使得 X 等距同构于 $\widetilde{X}$ 的一个稠密子空间. 完备化过程可参阅参考文献 [1] 和 [9].

1.4 紧集和紧空间

1.4.1 列紧集、紧集和紧空间

在数学分析中, 由魏尔斯特拉斯致密性定理知, 实数集 $\mathbb{R}$ 中的有界点列都存在收敛子列. 致密性定理等价于有限覆盖定理: 任给有限闭区间 $[a,b]\subset\mathbb{R}$, $[a,b]$ 的任何开覆盖都存在有限子覆盖. 由此易证, $\mathbb{R}$ 中的有界闭子集都具有有限覆盖性质. 因此称 $\mathbb{R}$ 中的有界集为列紧集, 有界闭集称为紧集. 上述结论可以平行地推广到欧氏空间 $\mathbb{R}^n$ 上, 但对于无穷维的度量空间来说上述结论一般不成立. 下面基于抽象度量空间引入列紧集和紧集概念并刻画其基本性质, 进而为后面学习希尔伯特空间和巴拿赫空间理论奠定基础. 在本节最后, 作为例子给出 $C[a,b]$ 中子集为列紧集的充要条件.

定义 1.4.1 给定度量空间 X 及其非空子集 A. 若 A 中任何点列在 X 中都存在收敛子列且极限属于 X, 则称 A 为 X 中的列紧集, 简称列紧集. 列紧集也叫作致密集. 若 A 中任何点列都存在收敛子列且极限属于 A, 则称 A 为紧集. 特别地, 若 X 自身是紧集, 则称 X 为紧空间.

由定义 1.4.1 易证, 列紧集和紧集有下面的基本性质.

命题 1.4.1 给定度量空间 $(X,d(,))$, 则下述结论成立:

(1) 任何有限集都是紧集;

(2) 列紧集的任何非空子集都是列紧集;

(3) 列紧集的闭包是紧集;

(4) 紧集是完备的.

证明: (1) 显然成立.

(2) 设 A_1 是列紧集 A 的任意一个非空子集. 由于 A_1 中点列包含在 A 中, 从而存在收敛子列, 因此由定义 1.4.1 知 A_1 是列紧集.

(3) 设 $A\subset X$ 是一个列紧集. 任取点列 $\{x_n\}_{n=1}^{\infty}\subset\overline{A}$, 则对每个 $x_k\in\{x_n\}_{n=1}^{\infty}$, 都存在 $x'_k\in A$, 使得 $d(x_k,x'_k)<\dfrac{1}{k}$. 令 $k=1,2,\cdots$, 得点列 $\{x'_k\}_{k=1}^{\infty}\subset A$. 因 A 是列紧集, 故由定义 1.4.1 知, 存在收敛子列 $\{x'_{k_i}\}_{i=1}^{\infty}\subset\{x'_k\}_{k=1}^{\infty}$, 使得

$$\lim_{i\to\infty}x'_{k_i}=x\in\overline{A},$$

从而

$$d(x_{k_i},x)\leqslant d(x_{k_i},x'_{k_i})+d(x'_{k_i},x)<\frac{1}{k_i}+d(x'_{k_i},x)\to 0,\quad i\to\infty.$$

这表明 $\lim\limits_{i\to\infty}x_{k_i}=x\in\overline{A}$. 再由定义 1.4.1 知 $\overline{A}$ 是紧集.

(4) 由定义 1.4.1 知紧集都是闭集. 再结合命题 1.3.1 得, 紧集中的任何柯西列都收敛于其中的点. 因此紧集作为子空间是完备的. 特别地, 紧空间是完备的. □

注 1.4.1 由定义 1.4.1 可知, 度量空间中的紧集都是闭集, 但闭集不一定是紧集. 再由命题 1.4.1 知, 紧集都是完备的, 但完备集不一定是紧集, 甚至完备空间也不一定是紧的.

例如, 对于实数集 $\mathbb{R}$, 赋予通常的距离 $d(a,b)=|a-b|, a,b\in\mathbb{R}$, 成为一个度量空间 $(\mathbb{R},d(,))$. $\mathbb{R}$ 自身作为点集是既开又闭的. 而且由柯西收敛原理知, $\mathbb{R}$ 是完备的. 但 $\mathbb{R}$ 不是紧集, 事实上, 数列 $\{1,2,3,\cdots,n,\cdots\}$ 没有收敛子列.

对于 $C[a,b]$, $L[a,b]$ 等, 情况会更复杂. 因此有必要从抽象度量空间的高度探讨列紧集和紧集的本质特征.

1.4.2 列紧集、紧集的等价刻画

列紧集和完全有界集密切相关. 为引入完全有界集, 先给出 ε-网的概念.

定义 1.4.2 设 A 和 B 是度量空间 $(X,d(,))$ 中的两个非空子集. 给定 $\varepsilon>0$, 若对于任意 $x\in A$, 都存在 $x'\in B$, 使得 $d(x,x')<\varepsilon$, 则称 B 是 A 的一个 ε-网.

类似于命题 1.2.1 中 (3) 与 (4) 的等价性证明, B 是 A 的一个 ε-网, 等价于 $\bigcup\limits_{x\in B}O(x,\varepsilon)\supset A$.

定义 1.4.3 设 A 是度量空间 $(X,d(,))$ 中的非空子集. 若对于任给的 $\varepsilon>0$, 都存在 A 中的有限子集 B (B 中元素的个数与 ε 有关), 使得 B 是 A 的一个 ε-网, 则称 A 是完全有界集.

由定义 1.4.3 可知, 任何有限集都是完全有界集. 完全有界集的子集也是完全有界的. 下面的命题刻画了完全有界集的有界性和可分性.

命题 1.4.2 设 A 是度量空间 $(X,d(,))$ 中的完全有界集, 则 A 是有界集, 而且作为子空间是可分的.

证明: 设 A 是完全有界集. 令 $\varepsilon=1$. 由定义 1.4.3 知, 存在 A 的有限子集 $B=\{x_1,x_2,\cdots,x_{n_0}\}$, 使得 B 是 A 的 1-网. 于是对于任何 $x\in A$, 都存在 $x_i\in B$, 使得 $d(x,x_i)<1$. 取定一点 $x_k\in B$. 记 $r'=\max\limits_{1\leqslant j\leqslant n_0}d(x_j,x_k)$. 令 $r=r'+1$, 事实上, 对于任何 $x\in A$, 有

$$d(x,x_k)\leqslant d(x,x_i)+d(x_i,x_k)\leqslant 1+r'=r.$$

于是 $A \subset O(x_k, r)$, 其中 $O(x_k, r)$ 是以 x_k 为中心、以 r 为半径的开球, 由此表明 A 是有界集.

现在证明 A 自身作为子空间是可分的. 任给正整数 n ($n = 1, 2, \cdots$), 都存在 A 中的有限 $\dfrac{1}{n}$-网 B_n. 记 $B = \bigcup\limits_{n=1}^{\infty} B_n$, 于是 $B \subset A$ 且是可列集. 下证 B 在 A 中稠密. 事实上, 任给 $x \in A$, 存在 B_n 和 $x_n \in B_n$, 使得 $d(x, x_n) < \dfrac{1}{n}$. 由此得点列 $\{x_n\}_{n=1}^{\infty} \subset B$, 而且 $\lim\limits_{n\to\infty} x_n = x$. 利用命题 1.2.1 即得证. □

为刻画列紧集和完全有界集的关系, 需要用到度量空间 $(X, d(,))$ 中子集 A 的直径概念, 即 $d(A) \triangleq \sup\limits_{x,y\in A} \{d(x, y)\}$ 称为 A 的直径.

定理 1.4.1 给定度量空间 $(X, d(,))$ 及其非空子集 A. 若 A 是列紧的, 则 A 是完全有界的. 当 X 是完备度量空间时, 完全有界子集都是列紧集. 此时列紧集和完全有界集是一致的.

证明: 设 A 是度量空间 $(X, d(,))$ 中的一个列紧集. 用反证法, 假设 A 不是完全有界集, 则存在 $\varepsilon_0 > 0$, 使得 A 中没有有限的 ε_0-网. 因此, 对于任意 $x_1 \in A$, 都存在 $x_2 \in A$, 使得 $d(x_1, x_2) \geqslant \varepsilon_0$. (否则, 有 $d(x_1, x) \leqslant \varepsilon_0, \forall x \in A$, $\{x_1\}$ 就成了 A 的一个有限 ε_0-网.) 同理, 存在 $x_3 \in A$, 使得 $d(x_1, x_3) \geqslant \varepsilon_0$ 且 $d(x_2, x_3) \geqslant \varepsilon_0$. 依此类推, 得到一个点列 $\{x_n\}_{n=1}^{\infty} \subset A$, 而且满足 $d(x_i, x_j) \geqslant \varepsilon_0, i \neq j$. 于是 $\{x_n\}_{n=1}^{\infty}$ 中不存在收敛子列, 这与 A 是列紧集矛盾.

当 X 是完备度量空间时, 现在证明: 若 A 是 X 中的完全有界集, 则 A 是列紧集. 任取点列 $\{x_n\}_{n=1}^{\infty} \subset A$, 下证 $\{x_n\}_{n=1}^{\infty}$ 中存在收敛子列. 若 $\{x_n\}_{n=1}^{\infty}$ 中只含有有限多个点, 则显然成立. 因此不妨设 $\{x_n\}_{n=1}^{\infty}$ 中含有无限多个互不相同的点, 记这些点的集合为 A_0. 因 A 是完全有界的, 故 A_0 作为 A 的子集也是完全有界的. 于是在 A_0 中存在有限的 $\dfrac{1}{2}$-网, 从而存在开球 O_1, 它含有 A_0 中无限多个点. 记 $A_1 = O_1 \cap A_0$, 则 $d(A_1) \leqslant 1$. 取 $x_{n_1} \in A_1$. 类似地, A_1 也是完全有界集, 于是在 A_1 中存在有限的 $\dfrac{1}{2^2}$-网, 从而有开球 O_2, 它含有 A_1 中无限多个点. 记 $A_2 = O_2 \cap A_1$, 则 $d(A_2) \leqslant \dfrac{1}{2}$. 取 $x_{n_2} \in A_2$, 而且可选择 $x_{n_2} \neq x_{n_1}$. 依此类推, 获得一个子集链

$$A_0 \supset A_1 \supset A_2 \supset \cdots \supset A_k \supset \cdots$$

和子列 $\{x_{n_k}\}_{k=1}^{\infty} \subset \{x_n\}_{n=1}^{\infty}$, 满足 $d(A_k) \leqslant \dfrac{1}{2^k}$ 和 $x_{n_k} \in A_k\,(k = 1, 2, 3, \cdots)$, 而且当 $i \neq j$ 时, $x_{n_i} \neq x_{n_j}$. 因而对于任何正整数 k 和 $m\,(k < m)$, 有

$$d(x_{n_k}, x_{n_m}) \leqslant d(A_k) \leqslant \frac{1}{2^k}.$$

于是 $\{x_{n_k}\}_{k=1}^{\infty}$ 是柯西列. 注意到 X 是完备的, 因此 $\{x_{n_k}\}_{k=1}^{\infty}$ 收敛于 X 中的点. □

注 1.4.2　若 X 不是完备度量空间, 则 X 中的完全有界集不一定是列紧集. 将此作为本章习题, 试举例说明.

由命题 1.4.2 结合定理 1.4.1, 立得下面的推论.

推论 1.4.1　度量空间中的列紧集和紧集都是有界的、可分的.

【例 1.4.1】　为刻画 $C[a,b]$ 中子集的列紧性, 先引入等度连续的概念.

给定非空子集 $A \subset C[a,b]$, 则 A 是定义在 $[a,b]$ 上的连续函数族. 若任给 $\varepsilon > 0$, 存在 $\delta > 0$, 使得当 $|t-t'| < \delta$, $t, t' \in [a,b]$ 时, 对于任意的 $x(t) \in A$ 都有

$$|x(t) - x(t')| < \varepsilon,$$

则称 A 是等度连续的函数族. 在此基础上, 有下面的结论.

$C[a,b]$ 中子集 A 是列紧集的充要条件是: A 是等度连续的有界集.

设 A 是列紧集, 现在证明 A 是等度连续的. 由定理 1.4.1 知 A 是完全有界集. 于是对于任给的 $\varepsilon > 0$, 存在 A 中的有限 $\dfrac{\varepsilon}{3}$-网 $B = \{x_1(t), x_2(t), \cdots, x_{n_0}(t)\} \subset A$. 注意到每个 $x_i(t)$ $(i = 1, 2, \cdots, n_0)$ 都是定义在有限闭区间 $[a,b]$ 上的连续函数, 从而一致连续. 因此, 任意取定 $x_i(t) \in B$, 对于上述 ε, 存在 $\delta_i > 0$, 使得当 $|t-t'| < \delta_i$ 时, $|x_i(t) - x_i(t')| < \dfrac{\varepsilon}{3}$. 令 $\delta = \min\limits_{1 \leqslant i \leqslant n_0} \{\delta_i\}$. 对于任意 $x(t) \in A$, 存在 $x_k(t) \in B$, 使得 $d(x(t), x_k(t)) < \dfrac{\varepsilon}{3}$. 于是当 $|t-t'| < \delta$ 时, 有

$$\begin{aligned}|x(t) - x(t')| &\leqslant |x(t) - x_k(t)| + |x_k(t) - x_k(t')| + |x_k(t') - x(t')| \\ &< \frac{\varepsilon}{3} + \frac{\varepsilon}{3} + \frac{\varepsilon}{3} = \varepsilon.\end{aligned}$$

反之, 设 A 是 $C[a,b]$ 中等度连续的有界集. 因 $C[a,b]$ 关于度量 $d(x,y) = ||x - y||_\infty$ $(x(t), y(t) \in C[a,b])$ 是完备的, 故由定理 1.4.1 知, 要证 A 是列紧集, 等价地, 只需证明 A 是完全有界集. 因 A 是等度连续的, 故任给 $\varepsilon > 0$, 存在 $\delta > 0$, 使得当 $|t-t'| < \delta$, $t, t' \in [a,b]$ 时, 对于任何 $x(t) \in A$, 都有

$$|x(t) - x(t')| < \frac{\varepsilon}{3}. \tag{1}$$

分割 $[a,b]: a = t_1 < t_2 < \cdots < t_n = b$, 使得分割后的每个小区间 $[t_i, t_{i+1}]$ $(i = 1, 2, \cdots, n-1)$ 的长度小于 δ. 下面不妨设 A 中均为实函数. 记 $\widetilde{A} = \{(x(t_1), x(t_2), \cdots, x(t_n)) \in \mathbb{R}^n : x(t) \in A\}$. 因 A 是 $C[a,b]$ 中的有界集, 故 $\widetilde{A}$ 是 $\mathbb{R}^n$ 中的有界集, 于是 $\widetilde{A}$ 是 $\mathbb{R}^n$ 中的列紧集. 下面借助于 $\widetilde{A}$ 的列紧性证明 A 的列紧性. 注意到 $\mathbb{R}^n$ 是完备的, 故由定理 1.4.1 知 $\widetilde{A}$ 是完全有界集. 于是 $\widetilde{A}$ 中存在有限的 $\dfrac{\varepsilon}{3}$-网 $\widetilde{B} = \{\widetilde{x}_i : i = 1, 2, \cdots, n_0\}$, 其中每个向量 $\widetilde{x}_i = (x_i(t_1), x_i(t_2), \cdots, x_i(t_n))$ $(i = 1, 2, \cdots, n_0)$. 下证 $B = \{x_1(t), x_2(t), \cdots, x_{n_0}(t)\}$ 是 A

的 ε-网. 任给 $x(t) \in A$, 向量 $(x(t_1), x(t_2), \cdots, x(t_n)) \in \widetilde{A}$, 从而存在 $k \in \{1, 2, \cdots, n_0\}$, 使得

$$\left(\sum_{i=1}^{n} |x(t_i) - x_k(t_i)|^2\right)^{\frac{1}{2}} < \frac{\varepsilon}{3}.$$

于是对每个 i $(1 \leqslant i \leqslant n)$, 都有 $|x(t_i) - x_k(t_i)| < \frac{\varepsilon}{3}$. 任给 $t \in [a, b]$, 则存在子区间 $[t_{j-1}, t_j]$, 使得 $t \in [t_{j-1}, t_j]$. 因此, 由式 (1) 结合上面证明, 得

$$\begin{aligned}|x(t) - x_k(t)| &\leqslant |x(t) - x(t_j)| + |x(t_j) - x_k(t_j)| + |x_k(t_j) - x_k(t)| \\ &< \frac{\varepsilon}{3} + \frac{\varepsilon}{3} + \frac{\varepsilon}{3} = \varepsilon.\end{aligned}$$

由此得

$$d(x, x_k) = ||x - x_k||_\infty = \max_{t \in [a,b]} |x(t) - x_k(t)| < \varepsilon.$$

此即表明 $x(t) \in O(x_k, \varepsilon)$.

下面把实数集 $\mathbb{R}$ 上的海涅–博雷尔 (Heine-Borel) 有限覆盖定理推广到抽象的度量空间上, 由此揭示出有限覆盖性质是度量空间中紧集的本质刻画.

定义 1.4.4 给定度量空间 $(X, d(,))$ 及非空子集 A. 设 $\{U_\lambda : \lambda \in \varLambda\}$ 为 X 中的一些开集构成的开集族, 若

$$A \subset \bigcup_{\lambda \in \varLambda} U_\lambda,$$

则 $\{U_\lambda : \lambda \in \varLambda\}$ 称为 A 的一个开覆盖, 其中 $\varLambda$ 是指标集. 若指标集 $\varLambda$ 是有限集, 则称为有限开覆盖.

定理 1.4.2 (有限覆盖定理) 给定度量空间 $(X, d(,))$ 及其非空子集 A, 则 A 是紧集的充要条件是: A 的任何开覆盖都存在有限子覆盖.

证明: 先证充分性. 设 A 的任何开覆盖都存在有限子覆盖. 用反证法, 假设点列 $\{x_n\}_{n=1}^{\infty} \subset A$ 没有子列收敛于 A 中的点. 则对于任意给定的点 $x \in A$, 存在 $\delta_x > 0$ 及正整数 n_x, 使得当 $n \geqslant n_x$ 时, $x_n \notin O(x, \delta_x)$. 因 $A \subset \bigcup\limits_{x \in A} O(x, \delta_x)$, 故存在有限多个开球 $O(x^1, \delta_1), O(x^2, \delta_2), \cdots, O(x^{n_0}, \delta_{n_0})$ 覆盖 A. 令 $\overline{n} = \max\{n_{x^1}, n_{x^2}, \cdots, n_{x^{n_0}}\}$, 则当 $n \geqslant \overline{n}$ 时, $x_n \notin \bigcup\limits_{k=1}^{n_0} O(x^k, \delta_k)$. 这与 $x_n \in A$ $(n = 1, 2, \cdots)$ 矛盾.

再证必要性. 设 A 是紧集. 任意给定 A 的一个开覆盖 $\{U_\lambda : \lambda \in \varLambda\}$. 下证存在 $r_0 > 0$, 使得对于任意给定的点 $x \in A$, 开球 $O(x, r_0)$ 包含在某个 U_λ 之中. 否则, 存在点列 $\{x_n\}_{n=1}^{\infty} \subset A$, 使得每个开球 $O\left(x_n, \dfrac{1}{n}\right)$ 不包含在任何 $U_\lambda\,(\lambda \in \varLambda)$ 中. 注意到 A

是紧集, 于是 $\{x_n\}_{n=1}^{\infty}$ 存在子列收敛于 A. 不妨设 $\lim\limits_{n\to\infty} x_n = x_0 \in A$. 因 $A \subset \bigcup\limits_{\lambda\in\Lambda} U_\lambda$, 故存在 $U_{\lambda_0}(\lambda_0 \in \Lambda)$, 使得 $x_0 \in U_{\lambda_0}$. 因而当 n 充分大时, $O\left(x_n, \dfrac{1}{n}\right) \subset U_{\lambda_0}$, 矛盾. 记 $B = \bigcup\limits_{x\subset A} O(x, r_0)$, 则 B 是 A 的一个 r_0-网. 由定理 1.4.1 知 A 是完全有界集, 于是在 B 中存在有限多个开球 $\{O(x^1, r_0), O(x^2, r_0), \cdots, O(x^{m_0}, r_0)\}$ 覆盖 A. 对应地, 在 $\{U_\lambda : \lambda \in \Lambda\}$ 中分别取一个包含 $O(x^i, r_0)\,(i = 1, 2, \cdots, m_0)$ 的开集, 记为 $U_{\lambda_i}\,(i = 1, 2, \cdots, m_0)$, 此即 A 的有限覆盖. □

在上面的基础上, 接下来证明定义在紧集上的连续函数能够取到最大值和最小值. 这是数学分析中定义在有限闭区间上的连续函数的最值定理在抽象度量空间上的拓展.

定理 1.4.3 给定度量空间 $(X, d(,))$ 及其紧子集 A. 设 $f(x)$ 是定义在 A 上的连续函数, 则 $f(x)$ 能够在 A 上取到最大值和最小值.

证明: 先证 $f(A)$ 是数域 K 中的紧集, 即有界闭集, 其中 K 表示实数域 $\mathbb{R}$ 或复数域 $\mathbb{C}$. 事实上, 任给点列 $\{y_n\}_{n=1}^{\infty} \subset f(A)$, 都存在点列 $\{x_n\}_{n=1}^{\infty} \subset A$, 使得 $f(x_n) = y_n, n = 1, 2, \cdots$. 因 A 是紧集, 故存在收敛子列 $\{x_{n_k}\}_{k=1}^{\infty} \subset \{x_n\}_{n=1}^{\infty}$, 有 $\lim\limits_{k\to\infty} x_{n_k} = x_0 \in A$. 对应地, 存在子列 $\{y_{n_k}\}_{k=1}^{\infty} \subset \{y_n\}_{n=1}^{\infty}$, 使得 $f(x_{n_k}) = y_{n_k}, k = 1, 2, \cdots$. 注意到 $f(x)$ 是连续函数, 从而

$$\lim_{k\to\infty} y_{n_k} = \lim_{k\to\infty} f(x_{n_k}) = f\left(\lim_{k\to\infty} x_{n_k}\right) = f(x_0).$$

于是存在 $x_1, x_2 \in A$, 使得

$$f(x_1) = \max_{x\in A} f(x), \ f(x_2) = \min_{x\in A} f(x).$$ □

1.5 不动点定理及应用

1.5.1 压缩映射原理

在求解代数方程、微分方程、积分方程、函数方程以及抽象的算子方程时, 解的存在唯一性及近似解的收敛性是非常重要的课题. 各种形式的不动点定理是处理这类问题的重要工具. 在常微分方程中, 用皮卡 (Picard) 逐步逼近法证明了在一定条件下, 一阶微分方程 $\dfrac{\mathrm{d}y}{\mathrm{d}x} = f(x)$ 的解具有存在唯一性 (具体条件见 1.5.2 节的应用部分). 受此启发, 巴拿赫从抽象高度基于完备度量空间获得了压缩映射原理, 这是一个基本且重要的不动点定理. 此后, 随着应用的广泛和深入, 不动点理论已成为非线性泛函分析的主要内容之一.

定义 1.5.1 给定度量空间 $(X, d(,))$ 及映射 $T : X \to X$. 若存在一个正数 $\alpha\ (0 < \alpha < 1)$,

使得对于任何 $x, y \in X$, 都有

$$d(Tx, Ty) \leqslant \alpha d(x, y),$$

则称 T 是 X 上的压缩映射.

易证, 压缩映射是连续映射.

设 X 是度量空间. 给定映射 $G: X \to X$, 若存在 $x_0 \in X$, 使得 $Gx_0 = x_0$, 则称 x_0 是映射 G 的一个不动点.

定理 1.5.1 (压缩映射原理) 设 $(X, d(,))$ 为完备度量空间, $T: X \to X$ 是一个压缩映射, 则 T 有唯一的不动点.

证明: 任取 $X_0 \in X$. 令 $x_1 = Tx_0$. 归纳定义 $x_{n+1} = Tx_n$, $n = 1, 2, \cdots$, 得到一个点列 $\{x_n\}_{n=1}^{\infty} \subset X$. 下证 $\{x_n\}_{n=1}^{\infty}$ 是柯西列. 当 $n \geqslant 1$ 时, 因

$$d(x_{n+1}, x_n) = d(Tx_n, Tx_{n-1}) \leqslant \alpha d(x_n, x_{n-1}) \leqslant \cdots \leqslant \alpha^n d(x_1, x_0),$$

故对于任意正整数 p, 有

$$d(x_{n+p}, x_n) \leqslant \sum_{i=1}^{p} d(x_{n+i}, x_{n+i-1}) \leqslant \frac{\alpha^n}{1-\alpha} d(x_1, x_0) \to 0, \quad n \to \infty.$$

于是 $\{x_n\}_{n=1}^{\infty}$ 是 X 中的柯西列. 注意到 X 是完备的, 从而

$$\lim_{n \to \infty} x_n = \overline{x} \in X.$$

因 T 连续, 故对等式 $Tx_n = x_{n+1}$ 两边取极限, 得

$$\lim_{n \to \infty} Tx_n = T(\lim_{n \to \infty} x_n) = T\overline{x} = \lim_{n \to \infty} x_{n+1} = \overline{x},$$

即 $T\overline{x} = \overline{x}$. 于是 $\overline{x}$ 是 T 的一个不动点.

再证唯一性. 若还有一点 x', 也满足 $Tx' = x'$, 则

$$d(\overline{x}, x') = d(T\overline{x}, Tx') \leqslant \alpha d(\overline{x}, x').$$

因 $0 < \alpha < 1$, 故 $d(\overline{x}, x') = 0$, 从而 $\overline{x} = x'$. □

1.5.2 应用举例

下面利用压缩映射原理证明一类常微分方程初值问题的解的存在唯一性.

【例 1.5.1】 考虑满足初值条件 $x(t_0) = x_0$ 的微分方程

$$\frac{\mathrm{d}x}{\mathrm{d}t} = f(t, x). \tag{1}$$

求解上面的微分方程 (1) 等价于求解下面的积分方程

$$x(t)=x_0+\int_{t_0}^{t} f(s,x(s))\mathrm{d}s. \tag{2}$$

为讨论上述方程解的存在唯一性, 需要对二元函数 $f(t,x)$ 附加一定的条件. 首先, 设 $f(t,x)$ 在闭矩形区域 $D=\{(t,x)||t-t_0|\leqslant a,|x-x_0|\leqslant b\}$ 上连续. 其次, 设 $f(t,x)$ 在区域 D 上满足利普希茨 (Lipschitz) 条件: 存在常数 $L>0$, 对于任何 $(t,x_1),(t,x_2)\in D$, 都有

$$|f(t,x_1)-f(t,x_2)|\leqslant L|x_1-x_2|.$$

令 $M=\max\limits_{(t,x)\in D}\{|f(t,x)|\}$. 取 h 满足 $0<h<\min\left\{a,\dfrac{b}{M},\dfrac{1}{L}\right\}$. 考虑连续函数空间 $C[t_0-h,t_0+h]$, 它关于度量 $d(x_1,x_2)=||x_1-x_2||_\infty$ 是完备的. 令 $X=\{x(t)\in C[t_0-h,t_0+h]:|x(t)-x_0|\leqslant Mh,t\in[t_0-h,t_0+h]\}$. 易证 X 是 $C[t_0-h,t_0+h]$ 中的闭子集. 于是由推论 1.3.1 知, X 作为子空间是完备的.

定义映射

$$(Tx)(t)=x_0+\int_{t_0}^{t} f(s,x(s))\mathrm{d}s,\quad x(t)\in X. \tag{3}$$

因

$$|(Tx)(t)-x_0|=\left|\int_{t_0}^{t} f(s,x(s))\mathrm{d}s\right|\leqslant M|t-t_0|\leqslant Mh.$$

故当 $x(t)\in X$ 时, 有 $(Tx)(t)\in X$, 表明 T 是从 X 到 X 的映射. 于是在区间 $[x_0-h,x_0+h]$ 上讨论积分方程 (2) 的解的存在唯一性, 等价于讨论方程 (3) 中映射 T 的不动点的存在唯一性, 即是否存在唯一的连续函数 $x(t)\in X$, 使得 $Tx=x$. 对于任何 $x_1(t),x_2(t)\in X$, 由利普希茨条件结合定积分基本性质, 得

$$\begin{aligned}|(Tx_1)(t)-(Tx_2)(t)|&=\left|\int_{t_0}^{t}[f(s,x_1(s))-f(s,x_2(s))]\mathrm{d}s\right|\\&\leqslant|t-t_0|\cdot L\max_{t\in[a,b]}|x_1(t)-x_2(t)|\\&\leqslant Lh\,d(x_1,x_2).\end{aligned}$$

记 $\alpha=Lh<1$, 由上式得

$$d(Tx_1,Tx_2)\leqslant d(x_1,x_2).$$

这表明 T 是一个压缩映射. 于是由定理 1.5.1 知, T 在 X 中存在唯一的不动点 $x(t)\in X$.

习题一

1. 设 $C^\infty[a,b]$ 是定义在有限闭区间 $[a,b]$ 上无限次可微函数全体的集合. 对于任意的 $x(t),y(t)\in C^\infty[a,b]$, 令

$$d(x,y)=\sum_{n=0}^{\infty}\frac{1}{2^n}\max_{t\in[a,b]}\frac{|x^{(n)}(t)-y^{(n)}(t)|}{1+|x^{(n)}(t)-y^{(n)}(t)|}.$$

证明: $d(x,y)$ 是 $C^\infty[a,b]$ 上的度量, 从而 $(C^\infty[a,b],d(,))$ 成为度量空间. 其中 $x^{(n)}(t)$ 表示函数 $x(t)$ 的 n $(n\geqslant 1)$ 阶导函数, $x^{(0)}(t)$ 表示函数 $x(t)$ 本身.

2. 设 (X,d) 是一个度量空间. 证明:

$$d_1(x,y)=\frac{d(x,y)}{1+d(x,y)},\quad x,y\in X$$

也是 X 上的一个度量, 从而 X 关于 $d_1(,)$ 也成为度量空间.

3. 给定度量空间 $(C[a,b],d(,))$, 其中度量

$$d(x,y)=\max_{t\in[a,b]}|x(t)-y(t)|,\quad x(t),y(t)\in C[a,b].$$

设 A 是 $[a,b]$ 的一个非空真子集. 给定一个正数 α, 令 $O(A,\alpha)=\{x(t)\in C[a,b]:|x(t)|<\alpha,\ t\in A\}$. 证明: $O(A,\alpha)$ 是 $C[a,b]$ 中开集的充要条件是: A 是 $[a,b]$ 中的闭集. 其中 $[a,b]$ 关于度量 $d(a,b)=|a-b|,a,b\in[a,b]$ 为度量空间.

4. 设 (X,d) 是度量空间. 给定非空真子集 A 和 B 且满足

$$d(A,B)=\inf_{x\in A,y\in B}d(x,y)>0.$$

证明: 存在开集 O_1 和 O_2, 使得 $O_1\cap O_2=\varnothing$, 而且 $A\subset O_1,B\subset O_2$.

5. 证明: 定义在 $[a,b]$ 上的有界实函数 f 连续的充要条件是: 集合 $G_f=\{(x,f(x))\in\mathbb{R}^2:x\in[a,b]\}$ 是欧氏空间 $\mathbb{R}^2$ 中的闭集.

6. 设 (X,d) 是度量空间. 给定实函数 $f(x),x\in X$. 证明: $f(x)$ 连续的充要条件是: 对于任给的实数 λ, 集合 $E_1=\{x\in X:f(x)\leqslant\lambda\}$ 和 $E_2=\{x\in X:f(x)\geqslant\lambda\}$ 均为 X 中的闭子集.

7. 设 $B[a,b]$ 是定义在 $[a,b]$ 上的有界实函数全体的集合. 任给 $x(t),y(t)\in B[a,b]$, 令 $d(x,y)=\max\limits_{t\in[a,b]}|x(t)-y(t)|$. 证明: $(B[a,b],d)$ 是不可分度量空间.

8. 设 X 是度量空间. 证明: X 中的柯西列有界.

9. 设 X 是完备度量空间. 给定 X 中一列稠密的开集 $\{O_n\}_{n=1}^\infty$. 证明: $\bigcap\limits_{n=1}^{\infty}O_n$ 也是 X 中的稠密集.

10. 证明推论 1.3.1.

11. 设 X 是紧空间. 给定 X 中一列单调递减的非空闭子集列 $\{F_n\}_{n=1}^{\infty}$ (即每个 F_n $(n=1,2,\cdots)$ 均为非空闭子集), 满足 $F_1\supset F_2\cdots\supset F_n\supset\cdots$. 证明: $\bigcap\limits_{n=1}^{\infty}F_n\neq\varnothing$.

12. 设 (X,d) 是度量空间. 给定 X 中的闭集 F 及紧集 G. 证明: 若 $d(F,G)=0$, 则 $F\cap G\neq\varnothing$.

13. 举例说明, 完全有界集不一定是列紧集.

14. 设 X 是完备度量空间. 给定 X 中的非空子集 A. 证明: A 是列紧集的充要条件是: 对于任给的正数 ε, A 都存在列紧的 ε-网.

15. 设 A 是 $(C[a,b],d(,))$ 中的有界集, 其中度量 $d(x,y)=\max\limits_{t\in[a,b]}|x(t)-y(t)|$, $x(t),y(t)\in C[a,b]$. 令 $G=\left\{\widetilde{x}(t)=\displaystyle\int_a^t x(s)\mathrm{d}s : x(t)\in A\right\}$. 证明: G 是 $(C[a,b],d_\infty)$ 中的列紧集.

16. 设 X 是紧空间. 给定 X 上的连续函数列 $\{f_n(x)\}_{n=1}^{\infty}$ 及连续函数 $f(x)$. 对于任意固定的 $x\in X$, 数列 $\{f_n(x)\}_{n=1}^{\infty}$ 都单调, 而且 $\lim\limits_{n\to\infty}f_n(x)=f(x)$. 证明: 函数列 $\{f_n(x)\}_{n=1}^{\infty}$ 一致收敛于 $f(x)$.

17. 设 T 是度量空间 X 上的压缩映射. 证明: T 是连续映射.

18. 设 M 是 $(\mathbb{R}^n,d)$ 中的有界闭集. 给定映射 $T:M\to M$. 对于任何 $x,y\in M$, 当 $x\neq y$ 时, 有

$$d(Tx,Ty)<d(x,y).$$

证明: T 在 M 中存在唯一不动点.

19. 设 (X,d) 是度量空间. 给定 X 中的列紧集 A 及映射 $T:X\to A$. 对于任何 $x,y\in X(x\neq y)$, 下式成立:

$$d(Tx,Ty)<d(x,y).$$

证明: T 在 X 上存在唯一不动点.

20. 给定函数 $x_0(t)\in C[0,1]$ 及常数 α $(|\alpha|<1)$. 设积分方程

$$x(t)-\alpha\int_0^t \mathrm{e}^{t-s}x(s)\mathrm{d}s=x_0(t).$$

证明: 上述积分方程在 $C[0,1]$ 中有唯一解.

/ 第 2 章 /

赋范线性空间和有界线性算子

赋范线性空间和有界线性算子是泛函分析研究的主要对象. 第 1 章学习了度量空间, 例如欧氏空间 $\mathbb{R}^n$ 是度量空间, 但同时它还是一个线性空间. 若把欧氏空间中点到原点的欧氏距离称为范数, 则欧氏空间就成为赋范线性空间, 它可看作一般赋范线性空间的退化情形. 类似地, 前面给出的度量空间实例, 如 $C[a,b]$, $L[a,b]$ 等均可引入线性运算使其成为线性空间, 同时均可通过赋范使其成为赋范线性空间. 一般地, 在泛函分析中仅仅基于非空点集考虑度量空间是远远不够的, 需要对线性空间进行赋范使其成为赋范线性空间. 即所考察的空间不但要有极限运算, 还要有线性运算, 而且二者是和谐的. 另外, 有界线性算子的退化情形是从 $\mathbb{R}^m$ 到 $\mathbb{R}^n$ 的线性变换. 由线性代数理论知, 在 $\mathbb{R}^m$ 中固定一组基后, 线性变换全体的集合与 $n \times m$ 阶矩阵全体的集合之间可以建立一一对应的关系, 而且保持线性结构. 因此矩阵可以看作有界线性算子的退化模型.

本章主要介绍赋范线性空间和有界线性算子的概念和基本性质, 给出有界线性算子的正则集和谱集的概念, 刻画连续线性泛函和对偶空间: 引入一类重要的完备赋范线性空间, 即巴拿赫空间, 特别对于 L^p $(p \geqslant 1)$ 空间的结构进行详细的讲解. 这为后面几章讲解具体的算子进而学习算子理论和算子代数奠定了基础.

2.1 线性空间及相关概念

2.1.1 线性空间

为定义抽象线性空间, 先回顾一下欧氏空间 $\mathbb{R}^n$ 的线性运算的本质特征. $\mathbb{R}^n$ 中向量的加法和数乘满足下面八条运算律:

(1) (加法交换律) 任给两个向量 $x = (x_i)_{i=1}^{\infty}, y = (y_i)_{i=1}^{\infty} \in \mathbb{R}^n$, 有 $x + y = y + x$.

(2) (加法结合律) 任给三个向量 $x, y, z \in \mathbb{R}^n$, 有 $(x + y) + z = x + (y + z)$.

(3) (零元素存在性) 存在零向量 θ, 使得对于任给的向量 $x \in \mathbb{R}^n$, 都有 $x + \theta = x$.

(4) (负元素存在性) 任给 $x \in \mathbb{R}^n$, 都存在向量 $x' \in \mathbb{R}^n$, 使得 $x + x' = \theta$. 记 $x' = -x$, 称为 x 的负元素.

(5) 任给 $x \in \mathbb{R}^n$, 有 $1 \cdot x = x$, 其中 1 就是正整数 1.

(6) (数乘结合律) 任给 $\alpha, \beta \in \mathbb{R}$ 及向量 $x \in \mathbb{R}^n$, 有 $\alpha(\beta x) = (\alpha\beta)x$.

(7) (分配率之一) 任给 $\alpha, \beta \in \mathbb{R}$ 及向量 $x \in \mathbb{R}^n$, 有 $(\alpha + \beta)x = \alpha x + \beta x$.

(8) (分配率之二) 任给 $\alpha \in \mathbb{R}$ 及向量 $x, y \in \mathbb{R}^n$, 有 $\alpha(x + y) = \alpha x + \alpha y$.

由于 $\mathbb{R}^n$ 中向量的加法满足的运算律 (1) ~ (4) 符合交换群的定义, 因此称 $\mathbb{R}^n$ 关于加法运算构成一个交换群. 另外, 在不产生混淆的情况下, 零元素简记为 0.

下面给出抽象线性空间的定义.

定义 2.1.1　给定非空点集 X. 若在 X 中定义了加法 "+", 即任给 $x, y \in X$, 则 $x + y \in X$, 以及数乘 "·", 即任给 $\alpha \in K$ 和 $x \in X$, 则 $\alpha \cdot x \in X$. 而且若 X 中元素的加法和数乘满足上面欧氏空间中向量所满足的八条运算律, 则称 X 是一个线性空间. 线性空间也叫作向量空间, 其中的加法运算和数乘运算称为线性运算, 数域 K 表示实数域 $\mathbb{R}$ 或复数域 $\mathbb{C}$. 今后 $\alpha \cdot x$ 简记为 αx.

在线性空间中, 点、元素、向量等称谓通用.

注 2.1.1　(1) 在定义 2.1.1 中, 若数域 K 是实数域 $\mathbb{R}$, 则线性空间 X 称为实空间; 若 K 是复数域 $\mathbb{C}$, 则 X 称为复空间.

(2) 易证, 在定义 2.1.1 中, 零元素是唯一的; 每个向量的负向量也是唯一的.

定义 2.1.2　给定线性空间 X 及其非空子集 Y. 若 Y 关于 X 中的加法运算和数乘运算封闭, 即对于任何 $y_1, y_2 \in Y$, 都有 $y_1 + y_2 \in Y$; 对于任何 $\alpha \in K$ 及任何 $y \in Y$, 都有 $\alpha y \in Y$, 则称 Y 是 X 的一个线性子空间, 简称子空间.

显然, X 和 $\{0\}$ 是 X 的两个子空间, 称为 X 的平凡子空间. 除此之外的子空间称为非平凡子空间, 或叫作真子空间.

例如, 例 1.1.1 中给出的序列空间 S, 定义其中向量的加法运算为对应分量相加, 定义数乘运算为数乘以给定向量的每个分量. 验证易知, 这样定义的线性运算满足八条运算律, 于是 S 是一个线性空间.

对于 $C[a, b]$, 规定线性运算如下. 任给 $x(t), y(t) \in C[a, b]$ 及任意 $\alpha \in K$, 定义加法运算

$$(x + y)(t) = x(t) + y(t), \quad t \in [a, b],$$

以及数乘运算

$$(\alpha \cdot x)(t) = \alpha \cdot x(t), \quad t \in [a, b].$$

由数学分析知, $C[a, b]$ 中任何两个连续函数的和函数仍然连续, 任何一个数乘以连续函数得到的函数也连续, 于是上面定义的线性运算在 $C[a, b]$ 中是封闭的. 另外, 零函数 θ 即为 $\theta(t) = 0, t \in [a, b]$; 任给 $x(t) \in C[a, b]$, 其负函数即为 $-x(t)$. 然后验证易知, $C[a, b]$ 中规定的上述运算满足八条运算律, 因此 $C[a, b]$ 是一个线性空间.

类似于 $C[a,b]$ 那样定义线性运算, 例 1.1.2 中的可测函数空间、例 1.1.3 中的勒贝格可积函数空间和例 1.1.4 中的本性有界函数空间均为线性空间.

2.1.2 线性无关集和线性基

在欧氏空间 $\mathbb{R}^n$ 中, 存在 n 个线性无关的向量, 由它们组成的极大无关组可以线性生成 $\mathbb{R}^n$, 这个极大无关组叫作 $\mathbb{R}^n$ 的一个基. 基是变化的, 即不是唯一的, 比如一个基中的向量乘以任意给定的非零数后仍然是一个基. 但基的个数是个不变量, 称为维数. 因此 $\mathbb{R}^n$ 是 n 维欧氏空间. 研究线性空间结构, 基是核心概念之一. 推而广之, 有下面的定义.

定义 2.1.3 给定线性空间 X. 设 $\{x_1,x_2,\cdots,x_m\}$ 为 X 中有限个点组成的子集, 若代数方程 $\sum\limits_{k=1}^{m}\lambda_k x_k=0$ 只有零解 $\lambda_k=0, k=1,2,\cdots,m$, 则称该子集为线性无关的. 否则, 称为线性相关的. 此时至少存在一个非零数 $\lambda_j\ (j\in\{1,2,\cdots,m\})$ 使得 $\sum\limits_{k=1}^{m}\lambda_k x_k=0$ 成立.

给定线性空间 X 的非空子集 A. 若 A 中任何有限多个元素组成的子集都是线性无关的, 则称 A 是一个线性无关集. 记 $\mathrm{span}A\triangleq\left\{x=\sum\limits_{k=1}^{n}\lambda_k x_k: x_k\in A\ (k=1,2,\cdots,n), n\in\mathbb{N}\right\}$, 即 $\mathrm{span}A$ 是 A 中任意有限个元素的线性组合全体形成的集合, 称为 A 的线性包. 若 $\mathrm{span}A=X$, 则称 A 是一个极大线性无关集. 极大线性无关集叫作线性基, 在不产生混淆的情况下简称基. 若基 A 中只含有限多个元素, 则称 X 是有限维线性空间, A 中点的个数叫作 X 的维数, 记为 $\dim X$. 若基 A 中含有无穷多个元素, 则称 X 是无穷维线性空间.

定理 2.1.1 任何多于一点的线性空间都存在线性基.

证明: 设线性空间 X 中元素个数多于一个. 记 $\mathfrak{A}$ 为以 X 中所有线性无关集作为元素形成的集合. 因 X 中存在非零元 x_0, 而单点集 $\{x_0\}$ 是线性无关的, 故 $\mathfrak{A}$ 非空. $\mathfrak{A}$ 关于集合的包含关系 " $\subset$ " 形成一个偏序集. 任取 $\mathfrak{A}$ 的一个全序子集链, 记为 $\{A_n\}_{n=1}^{\infty}$. 令 $A=\bigcup\limits_{n=1}^{\infty}A_n$. 由于 $A_1\subset A_2\subset\cdots\subset A_n\subset\cdots$, 由实变函数理论知, $A=\lim\limits_{n\to\infty}A_n$, 易知 A 是 $\{A_n\}_{n=1}^{\infty}$ 的上界. 再证 A 是线性无关集. 任取有限个元素 $x_1,x_2,\cdots,x_n\in A$. 由 A 的构造知, 当 n 充分大时有 $\{x_1,x_2,\cdots,x_n\}\subset A_n$. 因 A_n 是线性无关集, 故 $\{x_1,x_2,\cdots,x_n\}$ 线性无关. 于是由线性无关集的定义知 A 是线性无关集, 从而 $A\in\mathfrak{A}$. 于是 X 符合佐恩 (Zorn) 引理的条件, 因此 $\mathfrak{A}$ 中存在极大元, 记为 M. 最后证明 M 是线性基. 反证, 假设 $\mathrm{span}M\neq X$, 则存在一点 $x_1\in X\setminus\mathrm{span}M$. 于是 $M_1=M\cup\{x_1\}$ 是线性无关集, 而且 M_1 真包含 M. 这与 M 是极大元矛盾. 此即表明 M 是 X 的线性基. □

在线性代数中, 固定 $\mathbb{R}^m$ 的一组基, 则 $n\times m$ 阶矩阵全体关于矩阵的加法和数乘矩阵形成的线性空间, 与从 $\mathbb{R}^m$ 到 $\mathbb{R}^n$ 的线性变换全体关于线性变换的加法和数乘线性变换形成的线性空间是线性同构的. 线性同构的意义在于用相对具体的线性空间表示抽象的线性空间. 本节最后基于抽象线性空间给出线性同构的概念, 为后面的应用奠定基础.

定义 2.1.4　给定两个线性空间 X 和 Y 及映射 $T: X \to Y$. 若 T 是一一对应的, 而且保持线性运算, 即若对于任意 $x, y \in X$ 及任意 $\alpha \in K$, 都有

$$T(\alpha x + y) = \alpha Tx + Ty,$$

则称 T 是从 X 到 Y 的一个线性同构映射. 此时称 X 与 Y 线性同构, 记为 $X \cong Y$.

注 2.1.2 (佐恩引理)　若偏序集 M 中的每个全序子集都存在上界, 则 M 存在极大元.

非空集合 M 称为一个偏序集, 指若在其部分元素之间定义了一种偏序关系, 即满足下面三个条件的关系 $\prec$:

(1) 任给 $x \in M$, 有 $x \prec x$;

(2) 任给 $x, y \in M$, 若 $x \prec y$ 且 $y \prec x$, 则 $x = y$;

(3) 任给 $x, y, z \in M$, 若 $x \prec y$ 且 $y \prec z$, 则 $x \prec z$.

特别地, 若对于 M 中任何两个元素 $x, y \in M$, 要么 $x \prec y$, 要么 $y \prec x$, 则称 M 是全序集.

给定非空子集 $A \subset M$. 设点 $x_0 \in M$, 若对于任何 $x \in A$, 都有 $x \prec x_0$, 则称点 x_0 为 A 的一个上界. 设点 $\overline{x} \in M$, 若不存在 $x' \in M$, $x' \neq \overline{x}$, 使得 $\overline{x} \prec x'$, 则称点 $\overline{x}$ 为 M 的一个极大元. 等价地, 若对于任何 $x' \in M$ 满足 $\overline{x} \prec x'$, 都有 $x' = \overline{x}$, 则称 $\overline{x}$ 是 M 的一个极大元.

说明一点, 对于偏序集而言, 极大元若存在, 一般不是唯一的, 而且两个极大元之间没有关系. 类似地, 可定义下界和极小元的概念.

例如, 任给一个非空集合 M, 记 2^M 为 M 的所有子集 (包括空集在内) 构成的集族. 2^M 关于集合的包含关系 “ $\subset$ ” 是一个偏序集. 而实数集 $\mathbb{R}$ 关于不等关系 “ $\leqslant$ ” 是全序集.

2.2　赋范线性空间

2.2.1　赋范线性空间的定义

定义 2.2.1　给定数域 K 上的线性空间 X. 若存在映射 $p: X \to \mathbb{R}^+$, 满足下面三个条件:

(1) (正定性) 对于任何 $x \in X$, 都有 $p(x) \geqslant 0$, 且 $p(x) = 0 \Leftrightarrow x = 0$,

(2) (齐次性) 对于任何 $x \in X$ 及任何 $\alpha \in K$, 都有 $p(\alpha x) = |\alpha| p(x)$,

(3) (三角不等式) 对于任何 $x, y \in X$, 都有 $p(x + y) \leqslant p(x) + p(y)$,

则称映射 $p(x)$ 为线性空间 X 上的一个范数, 其中 $\mathbb{R}^+=[0,+\infty)$. 赋予了范数的线性空间称为赋范线性空间, 简称赋范空间. 通常把范数记为 $\|x\|_X$, 在不产生混淆的情况下记为 $\|x\|$.

X 的线性子空间关于 X 上的范数也是一个赋范空间, 称为 X 的赋范线性子空间, 简称赋范子空间. 在不产生混淆的情况下简称子空间.

实数集 $\mathbb{R}$ 关于其加法和乘法是最简单的线性空间, 进一步关于绝对值函数 $|\cdot|:\mathbb{R}\to\mathbb{R}^+, x\mapsto|x|$ 形成最简单的赋范线性空间. 因此, 范数可看作绝对值函数的推广或抽象.

设 X 是一个赋范空间. 对于任意 $x,y\in X$, 令 $d(x,y)\triangleq\|x-y\|$. 由定义 1.1.1 易证, $d(,)$ 定义了 X 上的一个度量, 称为由范数导出的度量. 于是第 1 章中度量空间的相关概念、命题, 作为共性可平移到赋范空间中来, 不再赘述.

说明一点, 若 X 中的点列 $\{x_i\}_{i=1}^{\infty}$ 按由范数导出的度量 $d(,)$ 收敛于 $x\in X$, 即 $\|x_n-x\|\to 0, n\to\infty$, 则称该点列依范数收敛于 x.

注 2.2.1 对于赋范空间 X, 由定义 2.2.1 易知, 由范数导出的度量 $d(,)$ 有下面的特性:

$$d(x,y)=d(x-y,0),\quad d(\alpha x,0)=|\alpha|d(x,0),\quad x,y\in X,\alpha\in K. \tag{1}$$

反之, 若非空点集 X 上定义的度量具有式 (1) 的特性. 令 $\|x\|\triangleq d(x,0),\forall x\in X$. 易证, 这样定义的映射 $\|\cdot\|$ 是 X 上的一个范数, 称为由度量导出的范数. 因此, 式 (1) 是非空点集上的度量与范数相互导出的充要条件. 其意义在于由范数导出的度量能保证线性运算作为二元函数是连续的, 称为极限运算与线性运算和谐.

例如, 在 $C[a,b]$ 上定义映射:

$$\|\cdot\|_\infty: C[a,b]\to\mathbb{R}^+,\quad x(t)\mapsto\max_{t\in[a,b]}|x(t)|.$$

验证可知, 上述映射满足定义 2.1.1 中的条件, 因此是一个范数. 再令

$$d(x,y)\triangleq\|x-y\|_\infty,\quad x(t),y(t)\in C[a,b],$$

则 $d(,)$ 是范数 $\|\cdot\|_\infty$ 导出的度量. 推导可知, $d(,)$ 满足注 2.2.1 中式 (1).

另外, 1.1 节中给出的勒贝格可积函数空间 $L[a,b]$, 本性有界函数空间 $L^\infty([a,b])$, 以及 c_0,l^1 和 l^∞, 其度量均满足注 2.2.1 中式 (1), 因此按上面的方式赋范后均为赋范空间.

但对于例 1.1.1 中的序列空间和例 1.1.2 中的可测函数空间, 易证其度量不满足注 2.2.1 中式 (1). 因此例 1.1.1 和例 1.1.2 定义的度量不能导出范数.

再给出几个赋范空间的例子.

【例 2.2.1】 空间 $C^m(\overline{\Omega})$. 设 Ω 是 $\mathbb{R}^n$ 中的有界开区域. $C^m(\overline{\Omega})$ 表示定义在 $\overline{\Omega}$ 上具有直到 m 阶连续偏导数的函数全体形成的线性空间. 对于任意 $f\in C^m(\overline{\Omega})$, 令

$$\|f\|=\max_{|\alpha|\leqslant m}\max_{x\in\overline{\Omega}}|\partial^\alpha f(x)|,$$

其中, $\alpha=(\alpha_1,\alpha_2,\cdots,\alpha_n)$ 表示多重指标, $|\alpha|=\alpha_1+\alpha_2+\cdots+\alpha_n$ 是 α 的次数. 多重微分算子 $\partial^\alpha=\left(\dfrac{\partial}{\partial x_1}\right)^{\alpha_1}\cdots\left(\dfrac{\partial}{\partial x_n}\right)^{\alpha_n}$. 容易验证, 上面定义的映射是范数. 于是赋予此范数后 $C^m(\overline{\Omega})$ 是赋范空间.

【例 2.2.2】 空间 $\Lambda^\alpha(\mathbb{R})$ 是由 $\mathbb{R}$ 上满足指数 α $(0<\alpha\leqslant 1)$ 的霍尔德 (Hölder) (或利普希茨) 条件

$$\sup_{s_1,s_2\in\mathbb{R},s_1\neq s_2}\frac{|f(s_1)-f(s_2)|}{|s_1-s_2|^\alpha}<+\infty$$

的有界函数全体形成的线性空间. 对于任意 $f\in\Lambda^\alpha(\mathbb{R})$, 令

$$\|f\|=\sup_{x\in\mathbb{R}}|f(x)|+\sup_{x_1\neq x_2}\frac{|f(x_1)-f(x_2)|}{|x_1-x_2|^\alpha}.$$

容易验证, 上述映射定义了 $\Lambda^\alpha(\mathbb{R})$ 上的一个范数, 使之成为赋范空间.

注 2.2.2 (1) 因 $C[a,b]$ 是 $L[a,b]$ 的线性子空间, 故 $C[a,b]$ 自身关于 $L[a,b]$ 上的范数 $\|x\|_1=\displaystyle\int_{[a,b]}|x(t)|\mathrm{d}t$ 也是赋范空间. 结合前面的观察知, 若一个线性空间能赋范, 范数可能有多种定义形式, 具体形式根据实际问题的需要而定. 若仅仅从定义形式上看甚至有无限多种情形. 比如在实数集 $\mathbb{R}$ 上定义函数族: 任意固定 $\delta>0$, 令 $p_\delta(z)=\delta|x|, x\in\mathbb{R}$. 则函数族 $\{p_\delta:\delta>0\}$ 中每个函数都是 $\mathbb{R}$ 上的范数.

(2) 上面的赋范空间实例都是在相应的线性空间上具体构造出了某种范数. 但不是每个线性空间都可以赋范, 这就需要从理论上进行探讨. 这也是理论发展的动因之一. 相关知识已超出本科泛函分析的范围, 可参阅参考文献 [9].

2.2.2　等价范数和有限维赋范空间

给定线性空间 X. 若 X 上存在两个范数 $\|\cdot\|_1$ 和 $\|\cdot\|_2$, 则分别导出 X 上两个度量 $d_1(x,y)=\|x-y\|_1$ 和 $d_2(x,y)=\|x-y\|_2, \forall x,y\in X$, 从而得到两个度量空间 $(X,d_1(,))$ 和 $(X,d_2(,))$. 尽管它们的底空间都是 X, 但因其度量不同, 故 X 中点列的收敛性就可能不同. 但对于等价范数来说, 其导出的度量空间具有相同的敛散性. 具体地, 有下面的定义.

定义 2.2.2 设线性空间 X 上存在两个范数 $\|\cdot\|_1$ 和 $\|\cdot\|_2$. 若存在常数 $M_1>0$ 和 $M_2>0$, 使得对于任何 $x\in X$, 都有

$$M_1\|x\|_1\leqslant\|x\|_2\leqslant M_2\|x\|_1,$$

则称定义在 X 上的这两个范数是等价的. 若上述关系式只有右侧成立, 则称范数 $\|\cdot\|_1$ 比范数 $\|\cdot\|_2$ 强, 也叫作范数 $\|\cdot\|_2$ 比范数 $\|\cdot\|_1$ 弱; 若只有左侧成立, 则称范数 $\|\cdot\|_2$ 比范数 $\|\cdot\|_1$ 强.

命题 2.2.1 设 $\|\cdot\|_1$ 和 $\|\cdot\|_2$ 是线性空间 X 上的两个范数. 范数 $\|\cdot\|_1$ 与范数 $\|\cdot\|_2$ 等价的充要条件是: X 中任何点列关于范数 $\|\cdot\|_1$ 的敛散性等价于关于范数 $\|\cdot\|_2$ 的敛散性.

证明: 先证必要性. 设 $\|\cdot\|_1$ 与 $\|\cdot\|_2$ 等价. 于是由定义 2.2.2 知, 存在常数 $M_1>0$ 和 $M_2>0$, 使得对于任何 $x\in X$, 都有

$$M_1\|x\|_1\leqslant\|x\|_2\leqslant M_2\|x\|_1.$$

因此, 若 X 中的点列 $\{x_n\}_{n=1}^{\infty}$ 满足 $\|x_n-x\|_1\to 0, n\to\infty$, 则有

$$\|x_n-x\|_2\leqslant M_2\|x_n-x\|_1\to 0,\quad n\to\infty.$$

反之, 若 $\|x_n-x\|_2\to 0, n\to\infty$, 则

$$\|x_n-x\|_1\leqslant\frac{1}{M_1}\|x_n-x\|_2\to 0,\quad n\to\infty.$$

再证充分性. 设 X 中任何点列关于 $\|\cdot\|_1$ 的敛散性等价于关于 $\|\cdot\|_2$ 的敛散性. 先证结论: 若 X 中的点列由关于 $\|\cdot\|_1$ 收敛可推出关于 $\|\cdot\|_2$ 收敛, 则 $\|\cdot\|_1$ 比 $\|\cdot\|_2$ 强, 即证存在常数 $M_2>0$, 使得对于任何 $x\in X$, 都有

$$\|x\|_2\leqslant M_2\|x\|_1. \tag{2}$$

假若式 (2) 不成立, 则对于任意正整数 n, 都存在 $x_n\in X$, 使得 $\|x_n\|_2>n\|x_n\|_1$. 令 $x'_n=\dfrac{x_n}{\|x_n\|_2}$, 则 $\|x'_n\|_2=1, n=1,2,\cdots$. 再由 $\|x_n\|_1<\dfrac{1}{n}\|x_n\|_2$ 得

$$0<\|x'_n\|_1<\frac{1}{n}\to 0,\quad n\to\infty,$$

从而由题设得 $\|x'_n\|_2\to 0, n\to\infty$, 这与 $\|x'_n\|_2=1, n=1,2,\cdots$ 矛盾.

同理可证, 若 X 中的点列由关于 $\|\cdot\|_2$ 收敛可推出关于 $\|\cdot\|_1$ 收敛, 则 $\|\cdot\|_2$ 比 $\|\cdot\|_1$ 强.

综上所证, 由 X 中点列关于 $\|\cdot\|_1$ 的敛散性等价于关于 $\|\cdot\|_2$ 的敛散性可推出 $\|\cdot\|_1$ 与 $\|\cdot\|_2$ 等价. □

下面考虑有限维赋范空间. 不妨在实数域上考虑, 即考虑实空间. 复空间情况可类似处理. 设 X 是一个 n 维赋范空间. 下面的定理说明, X 作为线性空间线性同构于 $\mathbb{R}^n$, 同时作为度量空间还同胚于 $\mathbb{R}^n$, 即 X 与 $\mathbb{R}^n$ 具有相同的线性结构和相同的敛散性 (具有相同敛散性, 现代数学称之为具有相同的拓扑结构), 因此称为同构同胚.

定理 2.2.1 设 X 是有限维赋范空间. 给定 X 的一组基 $\{e_1,e_2,\cdots,e_n\}$. 任给 $x=\sum\limits_{k=1}^{n}\alpha_k e_k$, $\alpha_k\in\mathbb{R}\ (k=1,2,\cdots,n)$, 令 $T:X\to\mathbb{R}^n$, $x\mapsto(\alpha_1,\alpha_2,\cdots,\alpha_n)$, 则 T 是从 X 到 $\mathbb{R}^n$ 的同构同胚映射.

证明: 先证 T 是一一对应的. 事实上, 对于任何 $\alpha=(\alpha_1,\alpha_2,\cdots,\alpha_n)\in\mathbb{R}^n$, 令 $x=\sum_{k=1}^{n}\alpha_k e_k\in X$. 由 T 的定义知, $Tx=\alpha$, 此即表明 T 是满射. 若 $Tx=(\alpha_1,\alpha_2,\cdots,\alpha_n)=0$, 则 $\alpha_k=0$, $k=1,2,\cdots,n$. 于是 $x=\sum_{k=1}^{n}\alpha_k e_k=0$, 即 T 还是单射, 从而 T 是一一对应的. 容易验证, T 保持加法和数乘运算. 因此 T 是一个线性同构映射.

现在证明 X 和 $\mathbb{R}^n$ 作为度量空间是同胚的. 等价地, 证明存在常数 $M_1>0$ 和 $M_2>0$, 使得

$$M_1\|x\|\leqslant\|Tx\|_2\leqslant M_2\|x\|,\quad x\in X.\tag{3}$$

在 $\mathbb{R}^n$ 上赋予欧氏距离 $\|\cdot\|_2$: 任给 $\alpha=(\alpha_1,\alpha_2,\cdots,\alpha_n)\in\mathbb{R}^n$, $\|\alpha\|_2=\left(\sum_{k=1}^{n}|\alpha_k|^2\right)^{\frac{1}{2}}$. 任给 $x=\sum_{k=1}^{n}\alpha_k e_k\in X$. 由范数的定义和欧氏空间中的柯西不等式, 得

$$\|x\|=\left\|\sum_{k=1}^{n}\alpha_k e_k\right\|\leqslant\sum_{k=1}^{n}|\alpha_k|\,\|e_k\|\leqslant\left(\sum_{k=1}^{n}|\alpha_k|^2\right)^{\frac{1}{2}}\cdot\left(\sum_{k=1}^{n}\|e_k\|^2\right)^{\frac{1}{2}},$$

由上式得

$$\|x\|\leqslant\left(\sum_{k=1}^{n}\|e_k\|^2\right)^{\frac{1}{2}}\|Tx\|_2.$$

记 $M_1=\dfrac{1}{\left(\sum_{k=1}^{n}\|e_k\|^2\right)^{\frac{1}{2}}}>0$, 于是

$$M_1\|x\|\leqslant\|Tx\|_2.\tag{4}$$

考虑 $\mathbb{R}^n$ 中单位球面 $S_0=\left\{\alpha=(\alpha_1,\alpha_2,\cdots,\alpha_n)\in\mathbb{R}^n:\sum_{k=1}^{n}|\alpha_k|^2=1\right\}$ 上的函数

$$f(\alpha)=\left\|\sum_{k=1}^{n}\alpha_k e_k\right\|=\|x\|,$$

其中 $x=\sum_{k=1}^{n}\alpha_k e_k\in X$. 由 $f(\alpha)$ 的定义知, 对于任何 $\alpha\in S_0$, 都有 $f(\alpha)>0$. 任给 $\alpha,\beta\in S_0$, 由范数的定义和不等式的基本性质, 得

$$|f(\alpha)-f(\beta)|=\left|\left\|\sum_{k=1}^{n}\alpha_k e_k\right\|-\left\|\sum_{k=1}^{n}\beta_k e_k\right\|\right|\leqslant\left\|\sum_{k=1}^{n}(\alpha_k e_k-\beta_k e_k)\right\|$$

$$= \left\| \sum_{k=1}^{n} (\alpha_k - \beta_k) e_k \right\| \leqslant \frac{1}{M_1} \|\alpha - \beta\|_2.$$

由此表明 $f(\alpha)$ 在 S_0 上是一致连续的. 因 S_0 是 $\mathbb{R}^n$ 中的有界闭集, 故 S_0 是紧集. 于是由定理 1.4.3 知, 存在一点 $\alpha_0 \in S_0$, 使得 $\min\limits_{\alpha \in S_0} f(\alpha) = f(\alpha_0) > 0$.

任给非零元 $x = \sum\limits_{k=1}^{n} \alpha_k e_k \in X$, 因 $\left\| \dfrac{\alpha}{\|\alpha\|_2} \right\|_2 = 1$, 故 $\dfrac{\alpha}{\|\alpha\|_2} \in S_0$. 由上面证明得

$$f\left(\frac{\alpha}{\|\alpha\|_2} \right) = \left\| \frac{\|x\|}{\|Tx\|_2} \right\| \geqslant \min_{\alpha \in S_0} f(\alpha).$$

记 $M_2 = \dfrac{1}{\min\limits_{\alpha \in S_0} f(\alpha)}$. 由上式得

$$\|Tx\|_2 \leqslant M_2 \|x\|. \tag{5}$$

式 (5) 对于 $x = 0$ 也成立. 于是式 (4) 结合式 (5) 即得式 (3). □

由定理 2.2.1 立即可得下面的推论.

推论 2.2.1 (1) 有限维线性空间上任何不同的范数都是相互等价的;

(2) 有限维赋范空间是完备的;

(3) 任何赋范空间的有限维子空间都是闭的.

本节最后再给出有限维赋范空间的一个等价刻画.

定理 2.2.2 赋范空间 X 为有限维空间的充要条件是: X 的闭单位球 $S = \{x \in X : \|x\| \leqslant 1\}$ 是紧集.

先给出一个引理.

引理 2.2.1 (里斯引理) 设 X 是一个赋范空间, Y 是 X 的非平凡闭子空间, 则对于任给的 δ, $0 < \delta < 1$, 都存在单位向量 $x_\delta \in X$, 使得 $d(x_\delta, Y) > \delta$.

证明: 因 $Y \neq X$, 故可取 $x_1 \in X \setminus Y$. 又因 Y 是闭的, 故 $d(x_1, Y) > 0$. 记 $a = d(x_1, Y)$. 注意到 $\delta^{-1} a > a$, 于是存在 $x'_\delta \in Y$ 使得 $\|x_1 - x'_\delta\| < \delta^{-1} a$. 令 $x_\delta = \dfrac{x_1 - x'_\delta}{\|x_1 - x'_\delta\|}$, 则 $\|x_\delta\| = 1$. 任给 $x \in Y$, 注意到 Y 是子空间, 于是 $x'_\delta + \|x_1 - x'_\delta\| x \in Y$, 从而

$$\|x_1 - (x'_\delta + \|x_1 - x'_\delta\| x)\| \geqslant a.$$

因此

$$\|x_\delta - x\| = \left\| \frac{x_1 - x'_\delta}{\|x_1 - x'_\delta\|} - x \right\|$$

$$
\begin{aligned}
&= \frac{1}{\|x_1 - x'_\delta\|}\|x_1 - (x'_\delta + \|x_1 - x'_\delta\|x)\| \\
&\geqslant \frac{a}{\|x_1 - x'_\delta\|}.
\end{aligned}
$$

由上面证明得

$$
d(x_\delta, Y) \geqslant \frac{a}{\|x_1 - x'_\delta\|} > \delta. \qquad \square
$$

定理 2.2.2 的证明: 先证必要性. 设 X 是一个 n 维赋范空间. 由定理 2.2.1 知, 存在同构同胚映射 $T: X \to \mathbb{R}^n$. 因 $\mathbb{R}^n$ 中的闭单位球 S' 是紧集, 故 X 的闭单位球 $S = T^{-1}(S')$ 也是紧集.

再证充分性. 设赋范空间 X 的闭单位球 S 是紧集. 用反证法. 假设 X 是无穷维的. 任取一个单位向量 $x_1 \in X$. 记 $X_1 = \{\alpha x_1 : \alpha \in \mathbb{R}\}$, X_1 是由 x_1 生成的一维子空间. 于是 X_1 是 X 的非平凡闭子空间. 由引理 2.2.1 知, 存在单位向量 $x_2 \in X$, 使得 $d(x_2, X_1) \geqslant \dfrac{1}{2}$. 记 $X_2 = \text{span}\{x_1, x_2\}$, X_2 是由 x_1 和 x_2 生成的二维子空间. 对 X_2 再利用引理 2.2.1, 存在单位向量 x_3, 使得 $d(x_3, X_2) \geqslant \dfrac{1}{2}$. 照此一直进行下去, 获得 X 中一列单位向量 $\{x_1, x_2, \cdots, x_n, \cdots\}$ 及对应的一列非平凡闭子空间 $\{X_1, X_2, \cdots, X_n, \cdots\}$, 满足

$$
X_1 \subset X_2 \subset \cdots \subset X_n \subset \cdots,
$$

且

$$
d(x_{i+1}, X_i) \geqslant \frac{1}{2}, \quad i = 1, 2, \cdots.
$$

任给正整数 n, m, 不妨设 $m > n$. 此时 $x_n \in X_{m-1}$. 于是

$$
\|x_m - x_n\| \geqslant d(x_m, X_{m-1}) \geqslant \frac{1}{2}.
$$

上式表明单位球 S 中的点列 $\{x_i\}_{i=1}^{\infty}$ 不存在收敛子列, 这与题设 S 是紧集矛盾. $\square$

2.3　巴拿赫空间

2.3.1　巴拿赫空间的基本概念

定义 2.3.1　完备的赋范线性空间称为巴拿赫空间.

例如, 例 1.3.1、例 1.3.2 和例 1.3.3 分别证明了 $(C[a,b], \|\cdot\|_\infty)$, $(L[a,b], \|\cdot\|_1)$ 及 $(L^\infty([a,b]), \|\cdot\|_\infty)$ 是完备的, 于是它们均为巴拿赫空间.

【例 2.3.1】 l^∞, l^1 和 c_0 均为巴拿赫空间.

事实上, 由前面的分析知, 它们分别关于向量的加法和数乘运算构成线性空间.

考虑 l^∞. 任给向量 $x=(x_i)_{i=1}^\infty \in l^\infty$. 令 $\|x\|_\infty=\sup\{|x_i|: i=1,2,\cdots\}$. 易证, $\|\cdot\|_\infty$ 是 l^∞ 上的范数. 现在证明 $(l^\infty, \|\cdot\|_\infty)$ 是巴拿赫空间. 设 $\{x^{(n)}\}_{n=1}^\infty$ 是 l^∞ 上的柯西列, 其中每个 $x^{(n)}=(x_j^{(n)})_{j=1}^\infty \in l^\infty\ (n=1,2,\cdots)$. 于是对于任给的 $\varepsilon>0$, 都存在正整数 N_ε, 使得对于任意正整数 $n,m \geqslant N_\varepsilon$, 都有

$$\left\|x^{(n)}-x^{(m)}\right\|_\infty<\varepsilon.$$

任意固定 $j\ (j=1,2,\cdots)$, 由于

$$|x_j^{(n)}-x_j^{(m)}| \leqslant \|x^{(n)}-x^{(m)}\|_\infty,$$

从而当 $n,m \geqslant N_\varepsilon$ 时, 有

$$|x_j^{(n)}-x_j^{(m)}| \leqslant \varepsilon. \tag{1}$$

因此 $\{x_j^{(n)}\}_{n=1}^\infty$ 是数域 K 中的柯西列, 从而 $\lim\limits_{n\to\infty} x_j^{(n)}=x_j \in K$. 记 $x=(x_j)_{j=1}^\infty$. 在式 (1) 中令 $m\to\infty$, 得

$$|x_j^{(n)}-x_j| \leqslant \varepsilon. \tag{2}$$

注意到式 (2) 对于任何 $j\ (j=1,2,\cdots)$ 都成立, 于是可得

$$\left\|x^{(n)}-x\right\|_\infty \leqslant \varepsilon\ (n \geqslant N_\varepsilon).$$

此即表明 $\lim\limits_{n\to\infty} x^{(n)}=x$, 且 $x^{(n)}-x \in l^\infty$. 由此得

$$x=x^{(n)}-(x^{(n)}-x) \in l^\infty,$$

故 l^∞ 是巴拿赫空间. l^1 的完备性可类似证明.

对于 c_0, 因 c_0 关于上确界范数是 l^∞ 的子空间, 故为证 c_0 是巴拿赫空间, 由推论 1.3.1, 只要证明 c_0 在 l^∞ 中是闭的即可. 设 $x \in \overline{c_0}$. 于是存在 c_0 中的点列 $\{x^{(n)}\}_{n=1}^\infty$ 收敛于 x, 即对于任给的 $\varepsilon>0$, 总存在正整数 N_ε, 使得当 $n \geqslant N_\varepsilon$ 时, 有

$$\left\|x^{(n)}-x\right\|_\infty<\varepsilon. \tag{3}$$

从而对每个 $j\ (j=1,2,\cdots)$, 有

$$\begin{aligned}|x_j| &\leqslant \left|x_j-x_j^{(N_\varepsilon)}\right|+\left|x_j^{(N_\varepsilon)}\right| \\ &\leqslant \left\|x-x^{(N_\varepsilon)}\right\|_\infty+\left|x_j^{(N_\varepsilon)}\right|<\varepsilon+\left|x_j^{(N_\varepsilon)}\right|.\end{aligned} \tag{4}$$

因向量 $x^{(N_\varepsilon)}=(x_j^{(N_\varepsilon)})_{j=1}^\infty \in c_0$, 故 $\lim\limits_{j\to\infty} x_j^{(N_\varepsilon)}=0$. 注意到在式 (4) 中无穷小量 ε 独立于 j, 于是有 $\lim\limits_{j\to\infty} x_j \to 0$. 此即表明向量 $x=(x_j)_{j=1}^\infty \in c_0$, 因此 c_0 是闭的.

下面的命题给出了巴拿赫空间的一个等价刻画.

命题 2.3.1　设赋范空间 $X \neq \{0\}$. 则 X 是巴拿赫空间当且仅当其单位球面 $S_0 = \{x \in X : \|x\| = 1\}$ 是完备的.

证明: 先证必要性. 设 X 是巴拿赫空间. 因 S_0 是 X 中的闭集, 故由推论 1.3.1 知 S_0 是完备的.

再证充分性. 设 S_0 是完备的. 任给 X 中的柯西列 $\{x_n\}_{n=1}^{\infty}$. 由范数的基本性质知

$$\big|\, \|x_n\| - \|x_m\| \,\big| \leqslant \|x_n - x_m\|. \tag{5}$$

于是 $\{\|x_n\|\}_{n=1}^{\infty}$ 是数域 K 中的柯西数列, 从而收敛. 记 $\lim\limits_{n\to\infty} \|x_n\| = \kappa \in K$. 若 $\kappa = 0$, 则由 $\lim\limits_{n\to\infty} \|x_n\| = 0$, 得 $\lim\limits_{n\to\infty} x_n = 0 \in X$. 因此下面不妨设 $\kappa > 0$. 于是存在正整数 N_0, 使得当 $n \geqslant N_0$ 时, 有

$$\|x_n\| > \frac{1}{6}\kappa.$$

令 $x_n' = \dfrac{x_n}{\|x_n\|}$ $(n \geqslant N_0)$, 则 $\|x_n'\| = 1$ $(n \geqslant N_0)$, 从而点列 $\{x_n'\}_{n\geqslant N_0}^{\infty} \subset S_0$. 当 $n, m \geqslant N_0$ 时, 因

$$\begin{aligned}
\|x_n' - x_m'\| &= \left\| \frac{x_n}{\|x_n\|} - \frac{x_m}{\|x_m\|} \right\| \\
&\leqslant \left\| \frac{x_n}{\|x_n\|} - \frac{x_m}{\|x_n\|} \right\| + \|x_m\| \cdot \left\| \frac{\|x_m\| - \|x_n\|}{\|x_m\| \cdot \|x_n\|} \right\| \\
&\leqslant \frac{1}{\|x_n\|}\|x_n - x_m\| + \frac{1}{\|x_n\|}\|x_n - x_m\| \\
&= \frac{2}{\|x_n\|}\|x_n - x_m\| < \frac{12}{\kappa}\|x_n - x_m\|,
\end{aligned}$$

故 $\{x_n'\}_{n\geqslant N_0}^{\infty}$ 是完备子空间 S_0 中的柯西列, 从而收敛于 S_0 中的点 x_0. 于是

$$\lim_{n\to\infty} x_n = \lim_{n\to\infty} (\|x_n\| x_n') = \kappa x_0 \in X.$$

此即表明 X 是完备的赋范空间, 即巴拿赫空间. □

众所周知, 级数理论是数学分析的重要组成部分. 下面把级数概念从实数域 $\mathbb{R}$ 推广到抽象赋范空间上, 然后以此为工具给出巴拿赫空间的一个等价刻画.

定义 2.3.2　给定赋范空间 X 上的点列 $\{x_i\}_{i=1}^{\infty}$. 令 $S_n = \sum\limits_{i=1}^{n} x_i$ $(n = 1, 2, \cdots,)$. 若存在点 $x \in \widetilde{X}$ ($\widetilde{X}$ 表示 X 的完备化空间), 使得点列 $\{S_n\}_{n=1}^{\infty}$ 依 X 上的范数收敛于 x, 则称级数 $\sum\limits_{i=1}^{\infty} x_i$ 依范数收敛, 且其和为 x, 记为 $\sum\limits_{i=1}^{\infty} x_i = x$. 否则, 称级数 $\sum\limits_{i=1}^{\infty} x_i$ 发散.

给定赋范空间 X 上的点列 $\{x_i\}_{i=1}^{\infty}$, 可写出抽象级数 $\sum\limits_{i=1}^{\infty} x_i$ 及数项级数 $\sum\limits_{i=1}^{\infty} \|x_i\|$. 对于任何正整数 $n, m\ (m > n)$, 由范数的定义知

$$\left\|\sum_{i=n+1}^{m} x_i\right\| \leqslant \sum_{i=n+1}^{m} \|x_i\|.$$

于是由柯西收敛原理结合定义 2.3.2 可知, 若 $\sum\limits_{i=1}^{\infty} \|x_i\|$ 收敛, 则 $\sum\limits_{i=1}^{\infty} x_i$ 收敛, 但其极限不一定属于 X. 下面的结论说明, 由 $\sum\limits_{i=1}^{\infty} \|x_i\|$ 收敛推出 $\sum\limits_{i=1}^{\infty} x_i$ 收敛于 X 中的点, 是 X 为巴拿赫空间的本质刻画.

定理 2.3.1 给定赋范空间 X. 则下述结论等价:

(1) X 是巴拿赫空间;

(2) 对于任何点列 $\{x_i\}_{i=1}^{\infty}$, 若 $\sum\limits_{i=1}^{\infty} \|x_i\| < \infty$, 则级数 $\sum\limits_{i=1}^{\infty} x_i$ 依范数收敛于 X 中的点.

证明: (1) $\Rightarrow$ (2). 设 X 是巴拿赫空间. 任给 X 中点列 $\{x_i\}_{i=1}^{\infty}$, 满足 $\sum\limits_{i=1}^{\infty} \|x_i\| < \infty$. 下证级数 $\sum\limits_{i=1}^{\infty} x_i$ 在 X 中收敛. 记 $S_n = \sum\limits_{i=1}^{n} x_i$, $\overline{S_n} = \sum\limits_{i=1}^{n} \|x_i\|, n = 1, 2, \cdots$. 因数项级数 $\sum\limits_{i=1}^{\infty} \|x_i\|$ 收敛, 故对于任给的 $\varepsilon > 0$, 存在正整数 N_ε, 当 $n, m > N_\varepsilon\ (m > n)$ 时, 有

$$\left|\overline{S_m} - \overline{S_n}\right| < \varepsilon.$$

于是当 $n, m > N_\varepsilon\ (m > n)$ 时, 有

$$\begin{aligned}\|S_m - S_n\| &= \left\|\sum_{i=n+1}^{m} x_i\right\| \\ &\leqslant \sum_{i=n+1}^{m} \|x_i\| = \left|\overline{S_m} - \overline{S_n}\right| < \varepsilon.\end{aligned}$$

此即表明点列 $\{S_n\}_{n=1}^{\infty}$ 是 X 中的柯西列. 因 X 是完备的, 故 $\{S_n\}_{n=1}^{\infty}$ 收敛于 X 中的点 x. 由定义 2.3.2 知, 级数 $\sum\limits_{i=1}^{\infty} x_i$ 依范数收敛于 x.

(2) $\Rightarrow$ (1). 设结论 (2) 成立. 任给 X 中的柯西列 $\{x_n\}_{n=1}^{\infty}$. 于是存在严格递增的子列 $\{n_1, n_2, \cdots, n_k, \cdots\} \subset \{1, 2, \cdots, n, \cdots\}$, 使得

$$\|x_{n_{k+1}} - x_{n_k}\| < 2^{-k}, \quad k = 1, 2, \cdots,$$

由此得

$$\|x_{n_1}\| + \sum_{k=1}^{\infty} \|x_{n_{k+1}} - x_{n_k}\| < \infty.$$

利用结论 (2), 级数 $x_{n_1} + \sum\limits_{k=1}^{\infty}(x_{n_{k+1}} - x_{n_k})$ 收敛于 X 中的点 x, 即 $\{x_n\}_{n=1}^{\infty}$ 的子列 $\{x_{n_k}\}_{k=1}^{\infty}$ 收敛于 $x \in X$. 因而由命题 1.3.1 知, 柯西列 $\{x_n\}_{n=1}^{\infty}$ 收敛于 x. □

定理 2.3.1 提供了一种判断赋范空间是否完备的有效方法.

2.3.2 L^p $(1 \leqslant p \leqslant \infty)$ 空间

作为一类特殊而相对具体的巴拿赫空间族, L^p 空间理论在巴拿赫空间及其有界线性算子理论发展过程中占有重要位置. 同时 L^p $(1 \leqslant p \leqslant \infty)$ 空间族是连接实变函数和泛函分析理论的桥梁, 也是调和分析的理论基础, 而且在微分方程、随机分析等数学的许多领域和方向都有重要的应用价值.

本性有界函数空间 L^∞ 前面已定义过. 下面在欧氏空间 $\mathbb{R}^n$ 框架下给出 L^p $(1 \leqslant p < \infty)$ 空间的定义.

定义 2.3.3 设 E 是欧氏空间 $\mathbb{R}^n$ 中的可测集, 记 $\mathfrak{M}(E)$ 为定义在 E 上的勒贝格可测函数全体的集合. 设 $1 \leqslant p < \infty$, 令 $L^p(E) = \left\{f \in \mathfrak{M}(E) : \int_E |f(x)|^p \mathrm{d}x < \infty\right\}$, 则称 $L^p(E)$ 是定义在 E 上的 p 次勒贝格可积函数空间, 在不产生混淆的情况下简称 L^p 空间. 特别地, 当 $p = 1$ 时, $L^1(E)$ 即为前面讲过的勒贝格可积函数空间 $L(E)$.

在 $L^p(E)$ 中定义加法和数乘运算如下: 任给 $f(x), g(x) \in L^p(E)$ 及 $\alpha \in \mathbb{R}$, 令

$$(f+g)(x) = f(x) + g(x), \quad x \in E;$$

$$(\alpha f)(x) = \alpha f(x), \quad x \in E.$$

由

$$|f(x) + g(x)|^p \leqslant 2^p(|f(x)|^p + |g(x)|^p),$$

得

$$\int_E |f(x) + g(x)|^p \mathrm{d}x \leqslant 2^p \int_E |f(x)|^p \mathrm{d}x + 2^p \int_E |g(x)|^p \mathrm{d}x < \infty,$$

$$\int_E |\alpha f(x)|^p \mathrm{d}x \leqslant |\alpha|^p \int_E |f(x)|^p \mathrm{d}x < \infty.$$

因此, $(f+g)(x) \in L^p(E)$, $(\alpha f)(x) \in L^p(E)$, 即 $L^p(E)$ 关于上面定义的线性运算封闭. 例行演算可知, $L^p(E)$ $(1 \leqslant p < \infty)$ 均为线性空间.

任给 $f(x) \in L^p(E)$. 令 $\|f\|_p = \left(\int_E |f(x)|^p \mathrm{d}x\right)^{\frac{1}{p}}$. 下面要证明 $\|\cdot\|_p$ 是 $L^p(E)$ $(1 \leqslant p < \infty)$ 上的范数, 而且 $(L^p(E), \|\cdot\|_p)$ $(1 \leqslant p < \infty)$ 关于上述范数导出的度量完备, 即均为巴拿赫空间. 为此, 下面先给出霍尔德不等式.

给定数对 $1 \leqslant p, q \leqslant \infty$. 若 $\frac{1}{p} + \frac{1}{q} = 1$, 则称 (p, q) 为共轭数对. 1 的共轭数是 ∞, ∞ 的共轭数是 1. 当 $1 < p < \infty$ 时, 由 $\frac{1}{p} + \frac{1}{q} = 1$ 可解出 $q = \frac{p}{p-1}$.

命题 2.3.2 (霍尔德不等式) 记号同上. 设 $1 \leqslant p$, $q \leqslant \infty$ 为共轭数对, 则对于任何 $f \in L^p(E)$, $g \in L^q(E)$, 都有 $fg \in L^1(E)$, 而且下面的不等式成立:

$$\left|\int_E f(x)g(x)\mathrm{d}x\right| \leqslant \left|\int_E |f(x)|^p \mathrm{d}x\right|^{\frac{1}{p}} \cdot \left|\int_E |g(x)|^q \mathrm{d}x\right|^{\frac{1}{p}}, \tag{6}$$

即

$$\|fg\|_1 \leqslant \|f\|_p \|g\|_q.$$

证明: 若 $p = 1$, $q = \infty$, 则由

$$\int_E |f(x)g(x)|\mathrm{d}x \leqslant \|g\|_\infty \int_E |f(x)|\mathrm{d}x$$

知, 不等式 (6) 显然成立. 若 $q = 1$, $p = \infty$, 则与前面情况一样, 结论成立. 因此, 下面只需考虑 $1 < p$, $q < \infty$ 的情况.

若 $\|f\|_p = 0$ 或 $\|g\|_q = 0$, 则有 $f(x)g(x) = 0$, a.e. $x \in E$, 从而不等式 (6) 显然成立. 因此不妨设 $\|f\|_p > 0$ 且 $\|g\|_q > 0$. 在不等式

$$a^{\frac{1}{p}} b^{\frac{1}{q}} \leqslant \frac{1}{p}a + \frac{1}{q}b \ (a > 0, b > 0)$$

中, 令 $a = \frac{|f(x)|^p}{\|f\|_p^p}$, $b = \frac{|g(x)|^q}{\|g\|_q^q}$, 得

$$\frac{|f(x)g(x)|}{\|f\|_p \|g\|_q} \leqslant \frac{1}{p}\frac{|f(x)|^p}{\|f\|_p^p} + \frac{1}{q}\frac{|g(x)|^q}{\|g\|_q^q}.$$

对上面的不等式两边分别在 E 上积分, 并利用积分基本性质, 得

$$\begin{aligned}\int_E \frac{|f(x)g(x)|}{\|f\|_p \|g\|_q}\mathrm{d}x &\leqslant \int_E \frac{1}{p}\frac{|f(x)|^p}{\|f\|_p^p}\mathrm{d}x + \int_E \frac{1}{q}\frac{|g(x)|^q}{\|g\|_q^q}\mathrm{d}x \\ &= \frac{1}{p}\frac{\|f\|_p^p}{\|f\|_p^p} + \frac{1}{q}\frac{\|g\|_q^q}{\|g\|_q^q} = \frac{1}{p} + \frac{1}{q} = 1,\end{aligned}$$

此即表明 $fg \in L(E)$, 而且有

$$\left|\int_E f(x)g(x)\mathrm{d}x\right| \leqslant \left|\int_E |f(x)|^p \mathrm{d}x\right|^{\frac{1}{p}} \left|\int_E |g(x)|^q \mathrm{d}x\right|^{\frac{1}{p}}. \qquad \square$$

特别地, 当 $p = q = 2$ 时, $f, g \in L^2(E)$, 上述不等式 (6) 称为柯西–施瓦茨 (Cauchy-Schwarz) 不等式, 即

$$\|fg\|_1 \leqslant \|f\|_2\|g\|_2.$$

注 2.3.1 证明不等式

$$a^{\frac{1}{p}}b^{\frac{1}{q}} \leqslant \frac{1}{p}a + \frac{1}{q}b \left(a > 0, b > 0, 1 < p,\ q < \infty, \frac{1}{p} + \frac{1}{q} = 1\right).$$

作辅助函数 $f(x) = x^\lambda - \lambda x, x \in (0, +\infty)$ $(0 < \lambda < 1)$. 利用导数性质易证, $f(1)$ 是函数 $f(x)$ 在区间 $(0, +\infty)$ 上的最大值. 于是

$$f(x) \leqslant f(1) = 1 - \lambda, \quad x \in (0, +\infty),$$

即

$$x^\lambda \leqslant \lambda x + 1 - \lambda, \quad x \in (0, +\infty).$$

在上式中令 $x = \dfrac{a}{b}$, $\lambda = \dfrac{1}{p}$, 例行推导即得

$$a^{\frac{1}{p}}b^{\frac{1}{q}} \leqslant \frac{1}{p}a + \frac{1}{q}b.$$

由上面的霍尔德不等式可得闵可夫斯基 (Minkowski) 不等式.

命题 2.3.3 设 $p \geqslant 1$. 对于任何 $f, g \in L^p(E)$, 有下面的不等式成立:

$$\|f + g\|_p \leqslant \|f\|_p + \|g\|_p.$$

证明: 若 $p = 1$, 则由积分的基本性质立得. 若 $p = \infty$, 则由 $L^\infty(E)$ 上范数的定义即得. 下面设 $1 < p < \infty$. 因

$$\begin{aligned}\int_E |f(x) + g(x)|^p \mathrm{d}x &= \int_E |f(x) + g(x)|\,|f(x) + g(x)|^{p-1} \mathrm{d}x \\ &\leqslant \int_E |f(x)|\,|f(x) + g(x)|^{p-1} \mathrm{d}x \\ &\quad + \int_E |g(x)|\,|f(x) + g(x)|^{p-1} \mathrm{d}x, \end{aligned} \tag{7}$$

注意到 $\frac{1}{p}+\frac{1}{q}=1$, 于是 $\frac{1}{p}=1-\frac{1}{q}$, $p-1=\frac{p}{q}$. 分别对式 (7) 右侧两个加项利用霍尔德不等式, 得

$$\int_E |f(x)|\,|f(x)+g(x)|^{p-1}\mathrm{d}x \leqslant \|f\|_p \left(\int_E |f(x)+g(x)|^p \mathrm{d}x\right)^{\frac{1}{q}},$$

$$\int_E |g(x)|\,|f(x)+g(x)|^{p-1}\mathrm{d}x \leqslant \|g\|_p \left(\int_E |f(x)+g(x)|^p \mathrm{d}x\right)^{\frac{1}{q}}.$$

从而

$$\int_E |f(x)+g(x)|^p \mathrm{d}x \leqslant (\|f\|_p+\|g\|_p)\left(\int_E |f(x)+g(x)|^p \mathrm{d}x\right)^{\frac{1}{q}}. \tag{8}$$

若 $\int_E |f(x)+g(x)|^p\mathrm{d}x=0$, 则 $\|f+g\|_p=0$, 于是结论显然成立. 因此可设 $\int_E |f(x)+g(x)|^p\mathrm{d}x \neq 0$. 在式 (8) 两侧同除以 $\left(\int_E |f(x)+g(x)|^p \mathrm{d}x\right)^{\frac{1}{q}}$, 即得

$$\|f+g\|_p=\left(\int_E |f(x)+g(x)|^p \mathrm{d}x\right)^{1-\frac{1}{q}} \leqslant \|f\|_p+\|g\|_p. \qquad \square$$

定理 2.3.2 $(L^p(E),\|\cdot\|_p)$ $(p\geqslant 1)$ 均为巴拿赫空间.

证明: 当 $p=1$ 或 $p=\infty$ 时, $L^1(E)$ 和 $L^\infty(E)$ 作为赋范空间的完备性可类比例 1.3.2 和例 1.3.3 证明.

假设 $1<p<\infty$. 命题 2.3.3 就是映射 $\|\cdot\|_p: L^p(E)\to\mathbb{R}^+, f\mapsto \|f\|_p$ $(f\in L^p(E))$ 成为范数应满足的三角不等式. 另外, 范数所满足的齐次性和正定性由 p 次积分的定义和基本性质易得. 因此 $\|\cdot\|_p$ 是 $L^p(E)$ $(1<p<\infty)$ 上的范数, 于是 $(L^p(E),\|\cdot\|_p)$ $(1<p<\infty)$ 均为赋范空间. 另外, 平行于例 1.3.2 的证明, 可证 $L^p(E)$ $(1<p<\infty)$ 空间均是完备空间, 从而 $(L^p(E),\|\cdot\|_p)$ $(p\geqslant 1)$ 均为巴拿赫空间. $\square$

定义 2.3.4 记号同上. 若 $L^p(E)$ 中点列 $\{f_n\}_{n=1}^{\infty}$ 依范数 $\|\cdot\|_p$ 收敛于点 $f\in L^p(E)$, 即

$$\lim_{n\to\infty} d(f_n,f)=\lim_{n\to\infty}\|f_n-f\|_p=0,$$

当 $1\leqslant p<\infty$ 时, 称该点列 L^p 收敛或 p 次平均收敛, 记为 $L^p\text{-}\lim\limits_{n\to\infty} f_n=f$. 特别地, 当 $p=1$ 时也称为平均收敛, 当 $p=2$ 时也称为均方收敛, 当 $p=\infty$ 时即为前面 1.1.2 节提到的几乎一致收敛.

接下来给出 p 次平均收敛的两个基本性质.

命题 2.3.4　记号同上. 若 $L^p(E)$ $(1 \leqslant p < \infty)$ 中的点列 $\{f_n\}_{n=1}^{\infty}$ p 次平均收敛于点 f, 则 $\{f_n\}_{n=1}^{\infty}$ 依测度收敛于 f.

证明: 对于任意给定的正数 σ. 因

$$\begin{aligned}\|f_n - f\|_p &= \left(\int_E |f_n(x) - f(x)|^p \mathrm{d}x\right)^{\frac{1}{p}} \\ &\geqslant \left(\int_{E(|f_n - f| \geqslant \sigma)} |f_n(x) - f(x)|^p \mathrm{d}x\right)^{\frac{1}{p}} \\ &\geqslant \sigma \cdot m(E(|f_n - f| \geqslant \sigma)),\end{aligned} \tag{9}$$

又因 $\{f_n\}_{n=1}^{\infty}$ p 次平均收敛到于 f. 在不等式 (9) 中令 $n \to \infty$, 并注意到 σ 相对于 n 是常数, 故

$$E(|f_n - f| \geqslant \sigma) \to 0.$$

此即表明点列 $\{f_n\}_{n=1}^{\infty}$ 依测度收敛于点 f. □

命题 2.3.5 (L^p 控制收敛性定理)　记号同上. 给定 $\mathfrak{M}(E)$ 中的可测函数列 $\{f_n\}_{n=1}^{\infty}$ 及可测函数 $f \in \mathfrak{M}(E)$. 设 $\{f_n\}_{n=1}^{\infty}$ 依测度收敛于 f, 或几乎处处收敛于 f. 若存在函数 $F(x) \in L^p(E)$ $(1 \leqslant p < \infty)$, 使得

$$|f_n(x)| \leqslant F(x), \text{ a.e. } x \in E, \ n = 1, 2, \cdots,$$

则 $\{f_n\}_{n=1}^{\infty}$ p 次平均收敛于 f, 即 $L^p\text{-}\lim\limits_{n\to\infty} f_n = f$.

证明: 因 $F(x) \in L^p(E)$, 即 $\displaystyle\int_E |F(x)|^p \mathrm{d}x < \infty$, 故 $F^p(x) \in L^1(E)$. 又因对于任给的正整数 n, 都有

$$|f_n(x) - f(x)|^p \leqslant (|f_n(x)| + |f(x)|)^p \leqslant 2^p F^p(x), \text{ a.e. } x \in E,$$

于是由 $L^1(E)$ 上的勒贝格控制收敛定理, 得

$$\begin{aligned}\lim_{n\to\infty} \|f_n - f\|_p &= \lim_{n\to\infty} \left(\int_E |f_n(x) - f(x)|^p \mathrm{d}x\right)^{\frac{1}{p}} \\ &= \left(\int_E \lim_{n\to\infty} |f_n(x) - f(x)|^p \mathrm{d}x\right)^{\frac{1}{p}} = 0,\end{aligned}$$

即 $L^p\text{-}\lim\limits_{n\to\infty} f_n = f$. □

下面讨论 $L^p(E)$ $(1 \leqslant p < \infty)$ 的可分性.

定理 2.3.3　巴拿赫空间族 $L^p(E)$ $(1 \leqslant p < \infty)$ 均为可分度量空间.

不妨设 E 是全空间 $\mathbb{R}^n$. 记 $C_c(\mathbb{R}^n)=\{f\in C(\mathbb{R}^n):$ 存在紧集 $B_f, f|_{\mathbb{R}^n\setminus B_f}=0\}$. $C_c(\mathbb{R}^n)$ 中的函数称为具有紧支集的连续函数, 其中紧集 B_f 一般随 f 的不同而不同.

引理 2.3.1 $\overline{C_c(\mathbb{R}^n)}=L^p(\mathbb{R}^n)$.

证明: 由实变函数中积分理论的相关结论易知, 每个函数 $f\in L^p(\mathbb{R}^n)$ $(1\leqslant p<\infty)$ 都可用可测简单函数列逼近. 即存在可测简单函数列 $\{\varphi_i\}_{i=1}^{\infty}\subset\mathfrak{M}(\mathbb{R}^n)$ 且 $|\varphi_i(x)|\leqslant|f(x)|$, $x\in\mathbb{R}^n, i=1,2,\cdots$, 使得

$$\|\varphi_i-f\|_p\to 0,\quad i\to\infty.$$

因此不妨设 f 是特征函数, 即存在可测集 $A\subset\mathbb{R}^n$ 满足 $m(A)<\infty$, 使得 $f=\chi_A$. 对于任给的 $\varepsilon>0$, 存在 $\mathbb{R}^n$ 中的紧集 F 和开集 G, 使得 $F\subset A\subset G$, 且 $m(G\setminus F)<\varepsilon$. 再取开球 $O(0,r)$, 使得 $F\subset O(0,r)$. 令 $B=(O(0,r)\cap G)^c$, 则 B 是闭集, 且 $F\cap B=\varnothing$. 构造 $\mathbb{R}^n$ 上的函数 $g(x)$ 如下:

$$g(x)=\frac{d(x,B)}{d(x,F)+d(x,B)},\quad x\in\mathbb{R}^n.$$

由例 1.1.7 知, $d(x,B)$ 及 $d(x,F)$ 均为关于 x 的连续函数, 因此 $g(x)$ 是 $\mathbb{R}^n$ 上的连续函数. 又因 B 和 F 均为闭集且 $F\cap B=\varnothing$, 于是当 $x\in B$ 时, $d(x,B)=0$ 且 $d(x,F)>0$; 当 $x\in F$ 时, $d(x,F)=0$ 且 $d(x,B)>0$. 因而得 $0\leqslant g(x)\leqslant 1$, 而且 $g|_F\equiv 1, g|_B\equiv 0$. 由于 $O(0,r)^c\subset B$, 于是 $g|_{O(0,r)^c}\equiv 0$. 又由于 $F\subset O(0,r)\subset\overline{O(0,r)}$, 而闭球 $\overline{O(0,r)}$ 是 $\mathbb{R}^n$ 中有界集, 从而是紧集. 由此表明 $g(x)\in C_c(\mathbb{R}^n)$. 而且有

$$\begin{aligned}\|f-g\|_p&=\left(\int_{\mathbb{R}^n}|f(x)-g(x)|^p\mathrm{d}x\right)^{\frac{1}{p}}\\&=\left(\int_{\mathbb{R}^n}|\chi_A(x)-g(x)|^p\mathrm{d}x\right)^{\frac{1}{p}}\\&\leqslant(m(G\setminus F))^{\frac{1}{p}}<\varepsilon^{\frac{1}{p}}.\end{aligned}$$

由命题 1.2.1 知 $\overline{C_c(\mathbb{R}^n)}=L^p(\mathbb{R}^n)$. □

定理 2.3.3 的证明: 记 $\mathfrak{I}(\mathbb{R}^n)$ 为形如 $\sum\limits_{i=1}^{m}c_i\chi_{I_i}(x)$ $(c_i\in\mathbb{Q}, i=1,2,\cdots,m)$ 的具有紧支集阶梯函数全体的集合. 其中 $I_i=\{x=(x_1,x_2,\cdots,x_n)\in\mathbb{R}^n:\exists\, k_i\in\mathbb{N}, |x_j|\leqslant k_i\ (j=1,2,\cdots,n)\}, i=1,2,\cdots,m$. 因 $\mathfrak{I}(\mathbb{R}^n)$ 中每个函数的系数均取值于有理数域, 故 $\mathfrak{I}(\mathbb{R}^n)$ 为可数集. 易证, 每个具有紧支集的连续函数均可由 $\mathfrak{I}(\mathbb{R}^n)$ 中的函数列逼近, 于是 $\mathfrak{I}(\mathbb{R}^n)$ 在 $C_c(\mathbb{R}^n)$ 中稠密. 再由引理 2.3.1 得 $\overline{\mathfrak{I}(\mathbb{R}^n)}=L^p(\mathbb{R}^n)$. 此即表明 $L^p(\mathbb{R}^n)$ 是可分空间. □

注 2.3.2 定理 1.2.1 中证明了 $L[a,b]$ 是可分度量空间. 例 1.2.2 说明 $L^{\infty}[a,b]$ 是不可分度量空间, 类似可证 $L^{\infty}(E)$ 是不可分度量空间.

注 2.3.3 类似于欧氏空间的情形, 也可以在抽象测度空间上定义 L^p 空间.

给定抽象测度空间 $(X,\mathfrak{B},\mu)$. 记 $\mathfrak{M}(X)$ 为定义在 X 上关于测度 μ 可测的函数全体的集合. 设 $1\leqslant p<\infty$, 记 $L^p(X)=\{f(x)\in\mathfrak{M}(X):\int_X|f(x)|^p\mathrm{d}\mu(x)<\infty\}$, 称为定义在 X 上关于测度 μ 的 p 次可积函数空间. 可证 $L^p(X)(1\leqslant p<\infty)$ 也具有上面的性质.

现在考虑 L^p $(p\geqslant 1)$ 空间的包含关系. 有下面的结论.

定理 2.3.4 给定可测集 $E\subset\mathbb{R}^n$, $m(E)<\infty$. 若 $1\leqslant p<q\leqslant\infty$, 则下述结论成立:

$$L^\infty(E)\subset L^q(E)\subset L^p(E)\subset L^1(E),$$

而且对于任何 $f\in L^\infty(E)$, 都有

$$\lim_{p\to\infty}\|f\|_p=\|f\|_\infty.$$

证明: 因 $m(E)<\infty$, 故定义在 E 上的本性有界函数都是 p $(1\leqslant p<\infty)$ 次可积的, 即

$$L^\infty(E)\subset L^p(E)\ (1\leqslant p<\infty).$$

再证当 $1\leqslant p<\infty$ 时, $L^p(E)\subset L^1(E)$. 事实上, 任给 $f\in L^p(E)$. 令 $E_0=E(|f|\geqslant 1)$, $E_1=E(|f|<1)$. 由

$$\begin{aligned}\int_E|f(x)|\mathrm{d}x&=\int_{E_0}|f(x)|\mathrm{d}x+\int_{E_1}|f(x)|\mathrm{d}x\\&\leqslant\int_{E_0}|f(x)|^p\mathrm{d}x+\int_{E_1}\mathrm{d}x\\&\leqslant\int_{E_0}|f(x)|^p\mathrm{d}x+m(E_1)<\infty,\end{aligned}$$

可知 $f\in L^1(E)$, 即 $L^p(E)\subset L^1(E)$.

现在证明当 $1\leqslant p\leqslant q<\infty$ 时, 有 $L^q(E)\subset L^p(E)$. 令 $p'=\dfrac{q}{p}>1, q'=\dfrac{q}{q-p}$, 则 (p',q') 是共轭数对, 即 $\dfrac{1}{p'}+\dfrac{1}{q'}=1$. 于是对于任何 $f\in L^q(E)$, 由命题 2.3.2 (霍尔德不等式), 得

$$\begin{aligned}\int_E|f(x)|^p\mathrm{d}x&=\int_E|f(x)|^p\cdot 1\mathrm{d}x\\&\leqslant\left(\int_E|f(x)|^{pp'}\mathrm{d}x\right)^{\frac{1}{p'}}\left(\int_E 1^{q'}\mathrm{d}x\right)^{\frac{1}{q'}}\\&=m(E)^{\frac{1}{q'}}\left(\int_E|f(x)|^q\mathrm{d}x\right)^{\frac{p}{q}}<\infty.\end{aligned}$$

由此表明 $f \in L^p(E)$, 从而 $L^q(E) \subset L^p(E)$.

最后证明 $\lim\limits_{p\to\infty} \|f\|_p = \|f\|_\infty$. 任给 $f \in L^\infty(E)$, 记 $L = \|f\|_\infty$. 因

$$\|f\|_p \leqslant \left(\int_E L^p \mathrm{d}x\right)^{\frac{1}{p}} = Lm(E)^{\frac{1}{p}},$$

故

$$\overline{\lim_{p\to\infty}} \|f\|_p \leqslant L. \tag{10}$$

另外, 任取 $0 < \widetilde{L} < L$. 记 $\widetilde{E} = E(|f| > \widetilde{L})$. 由于

$$\begin{aligned}\|f\|_p &= \left(\int_E |f(x)|^p \mathrm{d}x\right)^{\frac{1}{p}} \\ &\geqslant \left(\int_{\widetilde{E}} |f(x)|^p \mathrm{d}x\right)^{\frac{1}{p}} \geqslant \widetilde{L}m(\widetilde{E})^{\frac{1}{p}},\end{aligned}$$

因此

$$\underline{\lim_{p\to\infty}} \|f\|_p \geqslant \widetilde{L}.$$

令 $\widetilde{L} \to L$, 得

$$\underline{\lim_{p\to\infty}} \|f\|_p \geqslant L. \tag{11}$$

由式 (10) 和式 (11), 得

$$\lim_{p\to\infty} \|f\|_p = \|f\|_\infty. \qquad \square$$

若 $m(E) = \infty$, 则定理 2.3.4 的结论一般不成立, 即 $L^p(E)$ $(p \geqslant 1)$ 空间之间没有包含关系.

【例 2.3.2】 设 $E = (0, +\infty) \subset \mathbb{R}$. 令 $f(x) = \dfrac{\sin x}{x}, x \in (0, +\infty)$, 则 f 在 $(0, +\infty)$ 上不是勒贝格可积的. 事实上, 因 $\displaystyle\int_0^{+\infty} \left|\frac{\sin x}{x}\right| \mathrm{d}x = +\infty$, 故 $f \notin L^1(0, +\infty)$. 但由于 $\displaystyle\int_0^{+\infty} \left|\frac{\sin x}{x}\right|^p \mathrm{d}x < +\infty$, 因此 $f \in L^p(0, +\infty)$ $(1 < p < \infty)$.

注 2.3.4 前面讲过空间 l^1 和 l^∞ 均为巴拿赫空间. 一般地, 考虑 l^p $(1 \leqslant p < \infty)$ 空间: $l^p = \left\{x = (x_i)_{i=1}^\infty : \displaystyle\sum_{i=1}^\infty |x_i|^p < \infty\right\}$. 令 $\|x\|_p = \left(\displaystyle\sum_{i=1}^\infty |x_i|^p\right)^{\frac{1}{p}}$. 可以证明, 当 $1 \leqslant p < \infty$ 时, l^p 关于范数 $\|\cdot\|_p$ 是巴拿赫空间. 当 $1 \leqslant p < q \leqslant \infty$ 时, 由数学分析中数项级数理论易证, 下面的包含关系成立:

$$l^1 \subset l^p \subset l^q \subset l^\infty.$$

2.4　有界线性算子

下面先刻画线性算子.

定义 2.4.1　给定两个线性空间 X 和 Y. 设 X_1 是 X 的一个非空子空间. 若映射 $T: X_1 \to Y$ 满足:

(1) 任给 $x_1, x_2 \in X_1$, 都有 $T(x_1 + x_2) = Tx_1 + Tx_2$,

(2) 任给 $x \in X_1$ 及 $\alpha \in K$, 都有 $T(\alpha x) = \alpha Tx$,

则称 T 为从 X_1 到 Y 的线性算子. 原像集 X_1 称为 T 的定义域, 重新记为 $D(T)$, 像集 $\{Tx : x \in D\} \subset Y$ 称为 T 的值域, 记作 $R(T)$. (1) 和 (2) 两个条件合称保持线性运算.

由定义 2.4.1 易证, 对于线性算子 T, 有 $T(0) = 0$. 此处左侧的 0 代表 X 的原点, 右侧的 0 代表 Y 的原点. 若不是特别强调, 一般都简记为 0.

【例 2.4.1】 在 $(C[a,b], \|\cdot\|)$ 上定义线性算子

$$T: C[a,b] \to C[a,b],\ x(t) \mapsto \int_a^t x(\tau)\mathrm{d}\tau, \quad t \in [a,b],$$

其中 $\|x\| = \max\limits_{t\in[a,b]} |x(t)|, x(t) \in C[a,b]$. 由变限积分函数的性质知, 当 $x(t) \in C[a,b]$ 时, 有 $(Tx)(t) \in C[a,b]$. 再由定积分的线性性质易得, T 符合定义 2.4.1 中的条件. 因此 T 是线性算子.

【例 2.4.2】(微分算子)　记 $P[a,b]$ 是定义在有限闭区间 $[a,b]$ 上的多项式函数全体的集合. 关于函数的数乘运算及函数的点点相加, $P[a,b]$ 是 $C[a,b]$ 的线性子空间. 在 $P[a,b]$ 上定义微分算子

$$T: P[a,b] \to P[a,b], \quad x(t) \mapsto \frac{\mathrm{d}}{\mathrm{d}t}x(t), \quad x(t) \in P[a,b].$$

由微分运算的线性性质知, T 符合定义 2.4.1 中的条件. 因此 T 是线性算子.

2.4.1　有界线性算子的定义

定义 2.4.2　给定两个赋范线性空间 $(X, \|\cdot\|_X)$ 和 $(Y, \|\cdot\|_Y)$. 设 $D(T)$ 是 X 的一个非空子空间, $T: D(T) \to Y$ 是线性算子. 若存在常数 $M > 0$, 对于任何 $x \in D(T)$, 都有

$$\|Tx\|_Y \leqslant M\|x\|_X,$$

则称 T 是从 $D(T)$ 到 Y 的有界线性算子.

在不产生混淆的情况下, 有界线性算子可简称有界算子, $\|\cdot\|_X$ 和 $\|\cdot\|_Y$ 可统一简写成 $\|\cdot\|$. 另外, 由于 $D(T)$ 自身也是赋范空间, 因此可把 T 直接限制到 $D(T)$ 上考虑, 因此不妨设 $D(T)$ 或 $\overline{D(T)}$ 就是全空间.

给定赋范空间 X 及非零常数 $\lambda \in K$. 令 $T_\lambda : X \to X$, $x \mapsto \lambda x, x \in X$, 称为相似算子. 易知 T_λ 符合定义 2.4.2 的条件, 因此是有界线性算子. 特别地, 若 λ 取为数 1, 则 T_1 即为单位算子 I_X.

后面还会给出更为复杂且有重要应用价值的有界线性算子的实例.

接下来给出有界线性算子的一系列等价刻画.

命题 2.4.1 设 X 和 Y 是赋范线性空间, $T : X \to Y$ 是线性算子. 则下述条件等价:

(1) T 是有界线性算子;

(2) T 把 X 中的有界集映成 Y 中的有界集;

(3) T 是连续线性算子;

(4) T 在 X 的某一点处连续;

(5) $\sup\{\|Tx\|/\|x\| : x \in X, x \neq 0\} < +\infty$;

(6) $\sup\{\|Tx\| : x \in X, \|x\| = 1\} < +\infty$.

证明: (1) $\Rightarrow$ (2). 设 T 是有界线性算子. 于是存在常数 $M > 0$, 使得对于任何 $x \in X$, 都有

$$\|Tx\| \leqslant M\|x\|.$$

任给一个有界集 $A \subset X$. 则存在常数 $L > 0$, 使得对于任何 $x \in A$ 都有 $\|x\| \leqslant L$. 因此当 $x \in A$ 时, 有

$$\|Tx\| \leqslant M\|x\| \leqslant ML.$$

由此表明 $T(A) = \{T(x) : x \in A\}$ 是有界集.

(2) $\Rightarrow$ (1). 设条件 (2) 成立. 因 X 的单位球面 $S_0 = \{x \in X : \|x\| = 1\}$ 是有界集, 故由条件 (2) 得, $T(S_0)$ 在 Y 中有界. 于是存在常数 $L > 0$, 当 $x \in S_0$ 时, 有 $\|Tx\| \leqslant L$. 任给非零元 $x \in X$. 因 $\dfrac{x}{\|x\|} \in S_0$, 故 $\left\|T\left(\dfrac{x}{\|x\|}\right)\right\| \leqslant L$. 再由范数的齐次性, 得

$$\|Tx\| \leqslant L\|x\|.$$

上式当 $x = 0$ 时显然成立, 故 T 是有界线性算子.

(1) $\Rightarrow$ (3). 任意固定 $x \in X$. 对于 X 中任何收敛于 x 的点列 $\{x_n\}_{n=1}^{\infty}$, 利用条件 (1), 得

$$\|Tx_n - Tx\| = \|T(x_n - x)\| \leqslant M\|x_n - x\| \to 0, \quad n \to \infty.$$

于是由定理 1.1.1 知, T 在点 x 处连续. 注意到 $x \in X$ 的任意性, 因此 T 是连续线性算子.

(3) $\Rightarrow$ (1). 设 T 是连续线性算子. 用反证法, 假设 T 无界, 则对于任何正整数 n ($n=1,2,\cdots$), 都存在 $x_n \in X$, $x_n \neq 0$, 使得

$$\|Tx_n\| \geqslant n\|x_n\|.$$

一方面, 令 $\overline{x_n} = \dfrac{x_n}{n\|x_n\|}, n=1,2,\cdots$. 于是有

$$\|\overline{x_n}\| = \frac{1}{n} \to 0, \quad n \to \infty,$$

从而得 $\overline{x_n} \to 0, n \to \infty$. 利用条件 (3), 由 T 的连续性, 得

$$T\overline{x_n} \to 0, \quad n \to \infty.$$

但另一方面, 对于任何正整数 n, 都有

$$\|T\overline{x_n}\| = \left\|T\left(\frac{x_n}{n\|x_n\|}\right)\right\| = \frac{\|Tx_n\|}{n\|x_n\|} \geqslant \frac{n\|x_n\|}{n\|x_n\|} = 1,$$

矛盾. 因此 T 是有界线性算子.

(3) $\Rightarrow$ (4) 显然.

(4) $\Rightarrow$ (3). 设 T 在 X 中某一点 x_0 处连续. 因 T 是线性算子, 故不妨设 $x_0=0$. 任意固定一点 $x \in X$. 任给点列 $\{x_n\}_{n=1}^{\infty} \subset X$ 满足 $\lim\limits_{n\to\infty} x_n = x$, 于是 $\lim\limits_{n\to\infty}(x_n - x) = 0$. 利用 T 在 $x_0 = 0$ 点的连续性, 得

$$\lim_{n\to\infty} T(x_n - x) = T\left(\lim_{n\to\infty}(x_n - x)\right) = T(0) = 0,$$

由此得 $\lim\limits_{n\to\infty} Tx_n = Tx$. 此即表明 T 在点 x 处连续. 再由 $x \in X$ 的任意性得, T 是连续线性算子.

(1) $\Leftrightarrow$ (5). 由有界线性算子的定义立得.

最后证明 (5) $\Leftrightarrow$ (6). 一方面, 因

$$\{\|Tx\| : x \in X, \|x\| = 1\} \subset \left\{\frac{\|Tx\|}{\|x\|} : x \in X, x \neq 0\right\},$$

故

$$\sup\{\|Tx\| : x \in X, \|x\| = 1\} \leqslant \sup\left\{\frac{\|Tx\|}{\|x\|} : x \in X, x \neq 0\right\}.$$

即由条件 (5) 可推出条件 (6).

另一方面, 任取 $x \in X$, $x \neq 0$. 因 $\left\|\dfrac{x}{\|x\|}\right\| = 1$, 故

$$\frac{\|Tx\|}{\|x\|} = \left\|T\left(\frac{x}{\|x\|}\right)\right\| \leqslant \sup\{\|Tx\| : x \in X, \|x\| = 1\},$$

于是

$$\sup\left\{\frac{\|Tx\|}{\|x\|}: x\in X, x\neq 0\right\}\leqslant \sup\{\|Tx\|: x\in X, \|x\|=1\}.$$

即由条件 (6) 可推出条件 (5). 因此条件 (5) 与条件 (6) 等价. □

注 2.4.1 (1) 由命题 2.4.1 中等价条件 (1) 和 (3) 知, 对于从赋范空间映射到赋范空间的线性算子, 其有界性等价于其连续性.

(2) 记 $\|T\|=\sup\{\|Tx\|: x\in X, \|x\|=1\}$, 称为算子 T 的范数. 易证

$$\|T\|=\sup\{\|Tx\|: x\in X, \|x\|\leqslant 1\}.$$

【例 2.4.3】 在例 2.4.1 中, 因

$$\|Tx\|=\max_{t\in[a,b]}\left|\int_a^t x(\tau)\mathrm{d}\tau\right|\leqslant \|x\|\max_{t\in[a,b]}\left|\int_a^t \mathrm{d}\tau\right|=(b-a)\|x\|,$$

故由定义 2.4.2 知, T 是有界线性算子, 而且有

$$\|T\|=\sup\{\|Tx\|: x\in X, \|x\|=1\}\leqslant b-a.$$

另外, 取常值函数 $x_1(t)\equiv 1, t\in[a,b]$, 则 $\|x_1\|=1$. 于是

$$\|T\|\geqslant \|Tx_1\|=\max_{t\in[a,b]}\left|\int_a^t \mathrm{d}\tau\right|=\max_{t\in[a,b]}(t-a)=b-a.$$

综上所证, 即得 $\|T\|=b-a$.

【例 2.4.4】 下面在 $(C[0,1],\|\cdot\|)$ 上定义积分算子. 设 $K(t,s)$ 是定义在矩形 $I=[0,1]\times[0,1]$ 上的二元连续函数. 令

$$T: C[0,1]\to C[0,1],\quad (Tx)(t)=\int_0^1 K(t,s)x(s)\mathrm{d}s,\ x(\cdot)\in C[0,1].$$

由含参变量积分的线性性质易知, 上面定义的算子 T 是线性的. 因矩形 I 是 $\mathbb{R}^2$ 中的有界闭集, 故 I 是 $\mathbb{R}^2$ 中的紧子集, 从而连续函数 $K(t,s)$ 在 I 上有界. 由此知含参变量积分函数 $\int_0^1 |K(t,s)|\mathrm{d}s$ 关于 t 在 $[0,1]$ 上连续, 于是可取到最大值. 记 $K=\max\limits_{t\in[0,1]}\int_0^1 |K(t,s)|\mathrm{d}s$. 由于

$$\begin{aligned}\|Tx\|&=\max_{t\in[0,1]}\left|\int_0^1 K(t,s)x(s)\mathrm{d}s\right|\\&\leqslant \max_{t\in[0,1]}\int_0^1 |K(t,s)x(s)|\mathrm{d}s\end{aligned}$$

$$\leqslant \|x\| \max_{t\in[0,1]} \int_0^1 |K(t,s)|\mathrm{d}s = K\|x\|,$$

因此由定义 2.4.2 知, T 是有界线性算子. 进一步, 取常值函数 $x(t)\equiv 1, t\in[0,1]$. 类似于例 2.4.3 的处理方式易证, $\|T\|=K$. 上述算子 T 叫作积分算子, 其中 $K(t,s)$ 叫作积分核.

给定赋范空间 X 和 Y. 记 $B(X,Y)$ 为从 X 到 Y 的有界线性算子全体的集合, 若 $X=Y$, 则记为 $B(X)$. 任给 $T,G\in B(X,Y)$. 对于任何 $x\in X$ 及任何数 $\alpha\in K$, 定义加法 $(T+G)(x)=Tx+Gx$, 以及数乘 $(\alpha T)(x)=\alpha Tx$. 零算子即为将 X 中任何元素都映到 Y 中原点 0 的映射. 任给 $T\in B(X,Y)$, 定义 $(-T)(x)=-T(x)$. 由

$$\|T+G\| = \sup\{\|Tx+Gx\| : \|x\|=1\} \leqslant \sup\{\|Tx\|+\|Gx\| : \|x\|=1\}$$

$$\leqslant \sup\{\|Tx\| : \|x\|=1\} + \sup\{\|Gx\| : \|x\|=1\} < +\infty,$$

得 $T+G\in B(X,Y)$. 同理可证, $\alpha T\in B(X,Y)$. 这表明上面定义的加法和数乘运算在 $B(X,Y)$ 中是封闭的. 例行验证知, $B(X,Y)$ 关于上面定义的线性运算形成一个线性空间.

由命题 2.4.1 和上面的分析可知, 映射 $\|\cdot\| : B(X,Y)\to\mathbb{R}^+, T\mapsto\|T\|, T\in B(X,Y)$ 符合范数定义中的条件. 因此 $B(X,Y)$ 是一个赋范空间.

在 $B(X)$ 中, 进一步引入乘法运算, 即算子的复合运算: 任给 $T,G\in B(X)$, 定义乘法 $(TG)(x)=T(G(x)), x\in X$. 易证 $B(X)$ 关于上面定义的乘法运算是封闭的, 而且乘法运算满足结合律, 乘法与线性运算满足分配率. 另外, $B(X)$ 中的单位元 I 即单位算子. 因而 $B(X)$ 是一个代数, 称为算子代数. 算子代数是泛函分析的重要研究方向和分支, 同时也是量子统计力学、量子概率、量子信息和量子计算等学科和方向的数学基础. 第 5 章将对算子代数的相关概念和性质做初步介绍.

在 $B(X,Y)$ 中, 若 Y 是巴拿赫空间, 则 $B(X,Y)$ 也是巴拿赫空间. 此即下面的定理.

定理 2.4.1　设 X 是赋范空间, Y 是巴拿赫空间, 则 $B(X,Y)$ 关于算子范数是巴拿赫空间.

证明: 上面已证明 $B(X,Y)$ 是赋范空间. 现在只需证明 $B(X,Y)$ 是完备的. 为此, 任给柯西列 $\{T_n\}_{n=1}^{\infty}\subset B(X,Y)$. 下证 $\{T_n\}_{n=1}^{\infty}$ 收敛于 $B(X,Y)$ 中的点. 由柯西列定义, 任给 $\varepsilon>0$, 存在正整数 N_ε, 当 $n,m\geqslant N_\varepsilon$ 时, 有

$$\|T_m - T_n\| \leqslant \varepsilon.$$

任意固定 $x\in X$. 当 $n,m\geqslant N_\varepsilon$ 时, 由

$$\|T_m x - T_n x\| \leqslant \|T_m - T_n\|\,\|x\| \leqslant \varepsilon\|x\| \tag{1}$$

知, $\{T_n x\}_{n=1}^{\infty}$ 是 Y 中的柯西列. 因 Y 是完备的, 故 $\lim\limits_{n\to\infty} T_n x = Tx\in Y$. 在此基础上, 定义算子 $T: X\to Y, x\mapsto Tx, x\in X$. 由于 T_n $(n=1,2,\cdots)$ 均为线性算子, 再结合极限运算

的线性性质易证, T 是一个线性算子. 在式 (1) 中令 $m \to \infty$, 得

$$\|Tx - T_n x\| \leqslant \varepsilon \|x\| \ (n \geqslant N_\varepsilon, x \in X). \tag{2}$$

由此表明 $T - T_{N_\varepsilon}$ 是有界线性算子, 从而 $T = (T - T_{N_\varepsilon}) + T_{N_\varepsilon} \in B(X, Y)$. 而且由式 (2) 结合命题 1.4.1, 对于上述 $\varepsilon > 0$ 及 N_ε, 当 $n \geqslant N_\varepsilon$ 时, 有

$$\|T - T_n\| \leqslant \varepsilon,$$

即

$$\lim_{n\to\infty} T_n = T \in Y.$$

因此 $B(X, Y)$ 是完备的赋范空间, 即巴拿赫空间. □

在实际问题中, 线性算子往往定义在某个赋范空间的稠密子空间上, 在一定条件下可延拓到全空间. 因此下面的命题在后面的应用中尤为重要.

命题 2.4.2 给定两个巴拿赫空间 X 和 Y. 设 X_1 是 X 的一个稠密子空间. 对于线性算子 $T: X_1 \to Y$, 若存在常数 $M > 0$, 使得

$$\|Tx\|_Y \leqslant M\|x\|_X, \quad x \in X_1,$$

则存在唯一的算子 $\widetilde{T} \in B(X, Y)$, 使得 $\widetilde{T}\big|_{X_1} = T$ 且 $\|\widetilde{T}x\|_Y \leqslant M\|x\|_X, x \in X$. 其中 $\widetilde{T}\big|_{X_1}$ 是 $\widetilde{T}$ 在 X_1 上的限制, 即 $\widetilde{T}(x) = T(x), x \in X_1$. $\widetilde{T}$ 也叫作 T 在 X 上的扩张或延拓.

证明: 任给 $x \in X$. 因 $\overline{X_1} = X$, 故在 X_1 中存在点列 $\{x_n\}_{n=1}^\infty$, 使得 $\|x_n - x\|_X \to 0, n \to \infty$. 对于任意正整数 n, m, 由于

$$\|T(x_n) - T(x_m)\|_Y = \|T(x_n - x_m)\|_Y \leqslant M\|x_n - x_m\|_X,$$

因而 $\{T(x_n)\}_{n=1}^\infty$ 是 Y 中的柯西列. 又因 Y 是巴拿赫空间, 故 $\{T(x_n)\}_{n=1}^\infty$ 收敛于 Y 中的点, 记其极限为 $\widetilde{T}(x)$. 易证, $\widetilde{T}(x)$ 和 $\{x_n\}_{n=1}^\infty$ 的选取无关. 于是得到一个映射 $\widetilde{T}: X \to Y, x \mapsto \widetilde{T}(x)$. 特别地, 若 $x \in X_1$, 选取 X_1 中的常数列 $\{x, x, \cdots, x, \cdots\}$, 则 $\widetilde{T}(x) = T(x)$, 即 $\widetilde{T}\big|_{X_1} = T$.

下证 $\widetilde{T}$ 是线性算子. 对于任意 $x_1, x_2 \in X$ 及任意 $\lambda \in K$, 存在 X_1 中的点列 $\{x_n\}_{n=1}^\infty$ 和 $\{x'_n\}_{n=1}^\infty$, 使得

$$\lim_{n\to\infty} x_n = x_1, \quad \lim_{n\to\infty} x'_n = x_2.$$

于是由 T 的线性性质, 得

$$\begin{aligned}\widetilde{T}(x_1 + \lambda x_2) &= \lim_{n\to\infty} T(x_n + \lambda x'_n) \\ &= \lim_{n\to\infty} T(x_n) + \lambda \lim_{n\to\infty} T(x'_n)\end{aligned}$$

$$= \widetilde{T}(x_1) + \lambda\widetilde{T}(x_2).$$

最后证明 $\|\widetilde{T}x\|_Y \leqslant M\|x\|_X, x \in X$, 从而 $\widetilde{T} \in B(X,Y)$. 事实上, 由 $\widetilde{T}$ 的构造再结合范数的连续性, 得

$$\|\widetilde{T}x\|_Y = \lim_{n\to\infty} \|Tx_n\|_Y \leqslant M \lim_{n\to\infty} \|x_n\|_X = M\|x\|_X. \qquad \square$$

2.4.2　正则集和谱集

在线性代数中学习过欧氏空间上线性变换或矩阵的特征值和特征向量, 并且以此为工具刻画线性变换或矩阵的对角化及线性变换的不变子空间的存在性. 欧氏空间上的线性变换由其特征值和最小多项式完全确定. 在求解积分方程和微分方程时也会用到特征值和特征向量的概念. 在泛函分析中研究线性算子结构的重要工具是算子的谱. 线性算子的谱是有限维线性空间中线性变换或矩阵的特征值的推广, 但比有限维空间情形复杂得多. 说明一点, 本节出现的赋范空间均为复空间.

定义 2.4.3　设 X 是赋范空间. 给定有界线性算子 $T \in B(X)$ 及复数 $\lambda \in \mathbb{C}$. 若 $\lambda I - T$ 可逆且 $(\lambda I - T)^{-1} \in B(X)$ 存在, 即 $\lambda I - T$ 存在有界逆算子, 则称 λ 是 T 的一个正则点, 其中 I 是 X 上的单位算子. 正则点全体的集合称为 T 的正则集或预解集, 记为 $\rho(T)$. 若 λ 不是正则点, 则称为 T 的谱点. 谱点全体的集合称为 T 的谱集, 简称谱, 记为 $\sigma(T)$. 于是, $\sigma(T) = \mathbb{C} \setminus \rho(T)$. 当 λ 是 T 的正则点时, 称 $R(\lambda, T) = (\lambda I - T)^{-1}$ 为 T 的预解算子, 简记为 $R(\lambda, T) = (\lambda - T)^{-1}$.

给定赋范空间 X 及有界线性算子 $T \in B(X)$, 则 $\sigma(T)$ 中的点可分割成互不相交的三部分, 即三种类型:

(1) 若 $\lambda \in \sigma(T)$, 且算子方程 $(\lambda I - T)x = 0$ 在 X 中有非零解, 则 λ 称为 T 的特征值, 也称为 T 的点谱, 对应的非零向量 x 称为 T 的特征向量. 点谱全体的集合记为 $\sigma_p(T)$. 特别地, 当 X 退化成有限维空间时, 此特征值和特征向量即为线性变换或矩阵的特征值和特征向量.

(2) 若 $\lambda \in \sigma(T)$, 且算子方程 $(\lambda I - T)x = 0$ 只有零解, $\lambda I - T$ 的值域是 X 的稠密真子空间, 则称 λ 是 T 的连续谱. 连续谱全体的集合记为 $\sigma_c(T)$.

(3) 若 $\lambda \in \sigma(T)$, 且算子方程 $(\lambda I - T)x = 0$ 只有零解, $\lambda I - T$ 的值域的闭包是 X 的真子空间, 则称 λ 是 T 的剩余谱. 剩余谱全体的集合记为 $\sigma_r(T)$.

注 2.4.2　对于定义在赋范空间 X 上的具体有界线性算子 T 而言, $\sigma_p(T)$, $\sigma_c(T)$ 与 $\sigma_r(T)$ 这三种类型中可能会有空集.

例如, 在 l^2 上定义单侧移位算子

$$T: l^2 \to l^2, x = (x_1, x_2, \cdots, x_n, \cdots) \mapsto (0, x_1, x_2, \cdots, x_n, \cdots).$$

下证 $\sigma_p(T)=\varnothing$. 事实上, 由 $(\lambda I-T)x=0$, 得

$$\begin{aligned}&(\lambda x_1,\lambda x_2,\cdots,\lambda x_n,\cdots)-(0,x_1,x_2,\cdots,x_n,\cdots)\\=&(\lambda x_1,\lambda x_2-x_1,\cdots,\lambda x_n-x_{n-1},\cdots)=0.\end{aligned}$$

然后分 $\lambda=0$ 和 $\lambda\neq 0$ 两种情形讨论, 易得 $x=0$, 从而表明 $\sigma_p(T)=\varnothing$.

给定巴拿赫空间 X. 由定理 2.4.1 知, $B(X)$ 也是巴拿赫空间. 设 $T\in B(X)$. 若 T^{-1} 存在且 $T^{-1}\in B(X)$, 则称 T 是可逆元. 记 $\mathrm{Inv}(X)$ 为 $B(X)$ 中可逆元全体的集合. 由定义 2.4.3 知, $\sigma(T)=\{\lambda\in\mathbb{C}:\lambda-T\notin \mathrm{Inv}(X)\}$. 考虑从复数域 $\mathbb{C}$ 到 $B(X)$ 的连续映射 $f(\lambda)=\lambda-T,\lambda\in\mathbb{C}$, 于是 $\rho(T)=f^{-1}(\mathrm{Inv}(X))$. 为刻画预解集 $\rho(T)$, 先给出 $\mathrm{Inv}(X)$ 的基本性质.

命题 2.4.3 给定巴拿赫空间 X 及有界线性算子 $T\in B(X)$. 若 $\|T\|<1$, 则 $1-T\in \mathrm{Inv}(X)$, 而且下式成立:

$$(1-T)^{-1}=\sum_{n=0}^{\infty}T^n.$$

证明: 因 $\|T\|<1$, 故 $\|T^n\|\leqslant\|T\|^n\to 0,n\to\infty$, 从而 $T^n\to 0,n\to\infty$. 又因

$$\sum_{n=0}^{\infty}\|T^n\|\leqslant\sum_{n=0}^{\infty}\|T\|^n=(1-\|T\|)^{-1}<\infty,$$

故由定理 2.3.1 知, 级数 $\sum\limits_{n=0}^{\infty}T^n$ 在 $B(X)$ 中收敛, 记其极限为 $\overline{T}\in B(X)$. 例行计算知

$$(1-T)\sum_{k=0}^{n}T^k=\sum_{k=0}^{n}T^k(1-T)=1-T^{n+1}.$$

在上式中令 $n\to\infty$, 即得 $\overline{T}=(1-T)^{-1}$. □

推论 2.4.1 给定巴拿赫空间 X 及有界线性算子 $T\in B(X)$. 若复数 λ 满足 $|\lambda|>\|T\|$, 则 $\lambda\in\rho(T)$.

事实上, 由 $|\lambda|>\|T\|$ 得 $\left\|\dfrac{1}{\lambda}T\right\|<1$. 于是由命题 2.4.3 知 $\lambda-T=\lambda\left(1-\dfrac{1}{\lambda}T\right)$ 可逆. 故由定义 2.4.3 知 $\lambda\in\rho(T)$.

命题 2.4.4 给定巴拿赫空间 X, 则 $\mathrm{Inv}(X)$ 是 $B(X)$ 中的开集.

证明: 任给 $T_0\in\mathrm{Inv}(X)$. 令 $r=\|T_0^{-1}\|^{-1}$. 记 $O(T_0,r)=\{T\in B(X):\|T-T_0\|<r\}$, 即 $O(T_0,r)$ 是 $B(X)$ 中以 T_0 为中心、以 r 为半径的开球. 对于任意 $T\in O(T_0,r)$, 因

$$\|TT_0^{-1}-1\|\leqslant\|T-T_0\|\,\|T_0^{-1}\|<1,$$

故由命题 2.4.3 知, $TT_0^{-1} \in \mathrm{Inv}(X)$. 由此得 $T = (TT_0^{-1})T_0 \in \mathrm{Inv}(X)$, 即 $O(T_0, r) \subset \mathrm{Inv}(X)$, 表明 $\mathrm{Inv}(X)$ 是开集. □

推论 2.4.2　给定巴拿赫空间 X 及有界线性算子 $T \in B(X)$, 则 $\rho(T)$ 是复数域 $\mathbb{C}$ 中的开集, 从而 $\sigma(T) = \mathbb{C} \setminus \rho(T)$ 是 $\mathbb{C}$ 中的闭集.

事实上, 由上面的观察知, $\rho(T)$ 是 $\mathrm{Inv}(X)$ 在连续映射 $f(\lambda) = \lambda - T, \lambda \in \mathbb{C}$ 下的逆像. 由命题 2.4.4 知 $\mathrm{Inv}(X)$ 是开集, 于是由定理 1.1.2 得, $\rho(T) = f^{-1}(\mathrm{Inv}(X))$ 是 $\mathbb{C}$ 中的开集, 从而 $\sigma(T) = \mathbb{C} \setminus \rho(T)$ 是 $\mathbb{C}$ 中的闭集.

以此为基础, 第 5 章将进一步讨论预解集和谱集的性质及应用.

2.4.3　连续线性泛函和对偶空间

在有界线性算子定义 2.4.2 中, 若赋范空间 Y 退化成实数域或复数域, 则有界线性算子就叫作有界线性泛函. 由命题 2.4.1 知, 连续线性泛函和有界线性泛函是统一的. 换个角度, 连续线性泛函是特殊的连续线性算子. 因此, 前面给出的关于有界线性算子的共性对于连续线性泛函均成立.

设 X 是赋范空间, $f: X \to K$ 是连续线性泛函, 其中 K 表示实数域 $\mathbb{R}$ 或复数域 $\mathbb{C}$. 记 $N(f) = \{x \in X : f(x) = 0\}$, 称为 $f(x)$ 的零空间. 零空间也可记作 $\ker f$. 实际上 $N(f) = f^{-1}(0)$. 下面给出连续线性泛函的一系列等价刻画.

命题 2.4.5　给定赋范空间 X 及不恒为零的线性泛函 $f: X \to K$, 下述条件等价:

(1) $f(x)$ 是连续线性泛函;

(2) $N(f)$ 是 X 中的闭子空间;

(3) $\overline{N(f)} \neq X$.

证明: (1) ⇒ (2). 设 $f(x)$ 是定义在 X 上的连续线性泛函. 因单点集 $\{0\}$ (简记为 0) 是数域 K 中的闭子集, 于是由定理 1.1.2 知, $N(f) = f^{-1}(0)$ 是 X 中的闭子集.

(2) ⇒ (3). 设条件 (2) 成立. 用反证法, 假设 $\overline{N(f)} = X$. 由条件 (2) 成立知, $N(f) = \overline{N(f)}$, 从而得 $N(f) = X$, 此即 $f(x) = 0, \forall x \in X$, 亦即 $f \equiv 0$, 这与 f 不恒为零的前提矛盾.

(3) ⇒ (1). 设条件 (3) 成立. 因 $N(f)$ 在 X 中不稠密, 故存在以 x_0 为中心、以 δ_0 为半径的开球, 使得 $N(f) \cap O(x_0, \delta_0) = \varnothing$. 易知 $x_0 + O(0, \delta_0) = O(x_0, \delta_0)$. 下证 $f(O(0, \delta_0))$ 是 K 中的有界集, 由此即得 $f(x)$ 在原点处连续, 进而由命题 2.4.1 知, $f(x)$ 是连续泛函.

用反证法, 假设 $f(O(0, \delta_0))$ 是 K 中的一个无界集, 则对于任给的数 $\alpha \in K$, 都存在 $x \in O(0, \delta_0)$, 使得 $f(x) = \alpha$. 特别地, 对于 $-f(x_0) \in K$, 存在 $x' \in O(0, \delta_0)$, 使得 $f(x') = -f(x_0)$. 由此得

$$f(x' + x_0) = f(x') + f(x_0) = 0,$$

从而 $x' + x_0 \in N(f) \cap O(x_0, \delta_0)$. 这与 $N(f) \cap O(x_0, \delta_0) = \varnothing$ 矛盾. □

定义 2.4.4 给定赋范空间 X. 定义在 X 上的连续线性泛函全体的集合形成的线性空间称为 X 的对偶空间, 也叫作共轭空间, 记为 X^*.

作为特殊的有界线性算子, 连续线性泛函的范数定义如下: 对于任给的 $f \in X^*$, $\|f\| = \sup\{|f(x)| : x \in X, \|x\| = 1\}$. 于是 X^* 关于上述范数成为赋范空间. 又因实数域或复数域都是完备的, 故由定理 2.4.1 知赋范空间的对偶空间是巴拿赫空间.

【例 2.4.5】 在 $(C[a,b], \|\cdot\|)$ 上定义泛函如下:

$$f : C[a,b] \to K, f(x) = \int_a^b x(t)\mathrm{d}t, \quad \forall\, x(t) \in C[a,b].$$

由定积分的线性性质知, 上面定义的泛函是线性泛函. 又因

$$\begin{aligned} |f(x)| &= \left|\int_a^b x(t)\mathrm{d}t\right| \leqslant \int_a^b |x(t)|\mathrm{d}t \\ &\leqslant \|x\| \int_a^b \mathrm{d}t = (b-a)\|x\|, \end{aligned} \tag{3}$$

于是由命题 2.4.1 知, $f(x)$ 是连续线性泛函.

下面计算 $f(x)$ 的范数. 由式 (3) 知, 当 $\|x\| = 1$ 时, $|f(x)| \leqslant b - a$, 从而有

$$\|f\| = \sup\{|f(x)| : \|x\| = 1\} \leqslant b - a. \tag{4}$$

另外, 取 $C[a,b]$ 中的常函数 $x_1(t) \equiv 1, t \in [a,b]$, 于是

$$f(x_1) = \int_a^b x_1(t)\mathrm{d}t = \int_a^b \mathrm{d}t = b - a.$$

这表明式 (4) 的上确界可以达到. 因此 $\|f\| = b - a$.

命题 2.4.6 c_0 的对偶空间是 l^1, l^1 的对偶空间是 l^∞. 也就是说, $(c_0)^* = l^1$, $(l^1)^* = l^\infty$ (在等距同构意义下).

证明: 任意固定 $y = (y_i)_{i=1}^\infty \in l^1$. 构造线性泛函

$$f_y : c_0 \to K,\ f_y(x) = \sum_{i=1}^\infty y_i x_i, \quad x = (x_i)_{i=1}^\infty \in c_0.$$

因

$$|f_y(x)| = \left|\sum_{i=1}^\infty y_i x_i\right| \leqslant \sum_{i=1}^\infty |y_i x_i|$$

$$\leqslant \|x\|_\infty \sum_{i=1}^{\infty} |y_i| = \|x\|_\infty \|y\|_1 < \infty,$$

故 $f_y \in (c_0)^*$, 而且 $\|f_y\| \leqslant \|y\|_1$. 令

$$U : l^1 \to (c_0)^*, \quad y \mapsto f_y.$$

易知 U 是线性映射.

下证 U 是等距映射. 由上面的分析知, 只需证明 $\|f_y\| \geqslant \|y\|_1$. 任给 $y = (y_i)_{i=1}^{\infty} \in l^1$ 及 $i \in \mathbb{N}$, 令

$$\lambda_i = \begin{cases} \dfrac{|y_i|}{y_i}, & y_i \neq 0, \\ 0, & y_i = 0. \end{cases} \tag{5}$$

于是 $|\lambda_i| \leqslant 1$, 且 $y_i \lambda_i = |y_i|$ $(i \in \mathbb{N})$. 对于任意给定的正整数 $n \in \mathbb{N}$, 令 $x_n = \sum\limits_{i=1}^{n} \lambda_i e_i \in c_0$, 其中 $e_i = (\underbrace{0, 0, \cdots, 1}_{i}, 0, \cdots) \in c_0$ $(i = 1, 2, \cdots)$. 易知 $\|x_n\|_\infty \leqslant 1, n \in \mathbb{N}$. 于是

$$f_y(x_n) = \sum_{i=1}^{n} y_i \lambda_i = \sum_{i=1}^{n} |y_i|,$$

由此得

$$\sum_{i=1}^{n} |y_i| = |f_y(x_n)| \leqslant \|f_y\| \, \|x_n\|_\infty \leqslant \|f_y\|.$$

在上式中令 $n \to \infty$, 即得 $\|y\|_1 \leqslant \|f_y\|$. 综上所证, 得 $\|y\|_1 = \|f_y\|$. 因此 U 是等距映射.

最后证明 U 是满射, 从而 U 是一个等距同构映射. 任取 $f \in (c_0)^*$, 记 $y_i = f(e_i), i = 1, 2, \cdots$, 令 $y = (y_i)_{i=1}^{\infty}$. 设 $x_n = \sum\limits_{i=1}^{n} \lambda_i e_i, n \in \mathbb{N}$, 其中 λ_i $(i = 1, 2, \cdots)$ 如式 (5) 所示, 则每个 $x_n \in c_0$, 且 $\|x_n\|_\infty \leqslant 1, n \in \mathbb{N}$. 于是

$$f(x_n) = \sum_{i=1}^{n} \lambda_i f(e_i) = \sum_{i=1}^{n} |y_i|.$$

类似于前面的证明可得 $\|y\|_1 \leqslant \|f\|$, 从而 $y \in l^1$. 设 $x = (x_i)_{i=1}^{\infty} \in c_0$. 令

$$\widetilde{x_n} = \sum_{i=1}^{n} x_i e_i = (x_1, x_2, \cdots, x_n, 0, 0, \cdots) \in c_0.$$

于是

$$\|x - \widetilde{x_n}\|_\infty = \sup_{i > n} |x_i| \to 0, \quad n \to \infty,$$

从而 $f(\widetilde{x_n}) \to f(x), n \to \infty$. 由此得

$$f(x) = \lim_{n\to\infty} f(\widetilde{x_n}) = \lim_{n\to\infty} \sum_{i=1}^{n} x_i f(e_i) = \sum_{i=1}^{\infty} x_i y_i = f_y(x).$$

上式表明 $f = f_y = U(y)$, 即 U 是满射.

类似可证 $(l^1)^* = l^\infty$. 详细过程作为练习. □

注 2.4.3 当 $1 < p, q < \infty$, 且 $\frac{1}{p} + \frac{1}{q} = 1$ 时, 可以证明 $(l^p)^* = l^q$ (在等距同构意义下).

对于 L^p $(1 \leqslant p \leqslant \infty)$ 也有类似的结论, 第 4 章会进一步叙述.

习题二

1. 设 X 是定义在 $[a,b]$ 上的多项式函数全体的集合.

(1) 证明: X 关于多项式的加法和数乘运算是线性空间.

(2) 对于任给的多项式 $P_n(x) = \sum_{k=0}^{n} a_k x^k \in X$, 令 $\|P_n\| = \sum_{k=1}^{n} |a_k|$. 证明: $\|\cdot\| : X \to \mathbb{R}^+, P_n \mapsto \|P_n\|, P_n \in X$ 是 X 上的范数, 从而 X 关于此范数成为一个赋范空间.

2. 设 $C(0,1]$ 是定义在半开半闭区间 $(0,1]$ 上的有界连续函数全体的集合. 它关于函数的点点相加和数乘运算形成一个线性空间. 对于任给的函数 $x(t) \in C(0,1]$, 令 $\|x\| = \sup\{|x(t)| : t \in (0,1]\}$.

(1) 证明: 上面定义的映射 $\|\cdot\|$ 是 $C(0,1]$ 上的范数.

(2) 证明: l^∞ 等距同构于 $C(0,1]$ 的一个子空间.

3. 设 X 是赋范空间. $X \times X = \{(x,y) : x, y \in X\}$ 为 X 与其自身的笛卡儿乘积空间. 对于任给的 $(x,y) \in X \times X$, 令 $\|(x,y)\| = (\|x\|^2 + \|y\|^2)^{\frac{1}{2}}$.

(1) 证明: 映射 $\|\cdot\|$ 是 $X \times X$ 上的范数, 从而使得 $X \times X$ 成为赋范空间.

(2) 令 $f : X \times X \to X, f((x,y)) = x + y$. 证明: f 是从赋范空间 $X \times X$ 到赋范空间 X 的连续映射.

4. 设 $X = C[0,1]$. 任给 $x(t) \in X$, 令 $\|x\|_1 = \left(\int_0^1 |x(t)|^2 \mathrm{d}t\right)^{\frac{1}{2}}, \|x\|_2 = \left(\int_0^1 (1+t) \cdot |x(t)|^2 \mathrm{d}t\right)^{\frac{1}{2}}$. 证明: $\|\cdot\|_1$ 和 $\|\cdot\|_2$ 是 $C[0,1]$ 上的两个等价范数.

5. 证明: $l^p = \left\{x = (x_n)_{n=1}^\infty : \sum_{n=1}^{\infty} |x_n|^p < \infty\right\} (1 < p < \infty)$ 关于范数 $\|x\|_p =$

$\left(\sum_{n=1}^{\infty}|x_n|^p\right)^{\frac{1}{p}}$ 均为巴拿赫空间.

6. 设 X 是巴拿赫空间. 证明: 其笛卡儿乘积空间 $X \times X = \{(x,y) : x, y \in X\}$ 关于范数 $\|(x,y)\| = \|x\| + \|y\|$ 是巴拿赫空间.

7. 设 $f(x) \in L^{\infty}[a,b], g(x) \in L^1[a,b]$, $g(x) > 0$ 且 $\int_a^b g(x)\mathrm{d}x = 1$. 证明:

$$\lim_{p\to\infty}\left(\int_a^b |f(x)|^p g(x)\mathrm{d}x\right)^{\frac{1}{p}} = \|f\|_{\infty}.$$

8. 设 $0 < p, q < \infty$. 证明: $L^p[a,b] \cdot L^q[a,b] = L^{\frac{pq}{p+q}}[a,b]$, 其中 $L^p[a,b] \cdot L^q[a,b] = \{f(x)g(x) : f(x) \in L^p[a,b], g(x) \in L^q[a,b]\}$.

9. 设 $1 \leqslant p < q < \infty$. 给定函数列 $\{f_n\}_{n=1}^{\infty} \subset L^q[a,b]$ 及函数 $f \in L^q[a,b]$. 设 $\lim\limits_{n\to\infty}\|f_n - f\|_q = 0$. 证明: $\lim\limits_{n\to\infty}\|f_n - f\|_p = 0$.

10. 给定函数列 $\{f_n\}_{n=1}^{\infty} \subset L^p[a,b]$ 及函数 $f \in L^p[a,b]$. 设 $\lim\limits_{n\to\infty}\|f_n - f\|_p = 0$. 证明:

$$\lim_{n\to\infty}\int_a^t f_n(x)\mathrm{d}x = \int_a^t f(x)\mathrm{d}x, \quad t \in [a,b].$$

11. 设 $1 \leqslant p < \infty$. 给定函数 $f(x) \in L^p(-\infty, +\infty)$. 证明:

$$\lim_{t\to 0}\int_{-\infty}^{+\infty}|f(x+t) - f(x)|^p\mathrm{d}x = 0.$$

12. 设 X 和 Y 均为有限维赋范空间, T 是从 X 到 Y 的线性算子. 证明: T 是连续的.

13. 设 X 和 Y 均为赋范空间且 $X \neq \{0\}$. 给定有界线性算子 $T \in B(X,Y)$. 证明: 存在由单位向量组成的点列 $\{x_n\}_{n=1}^{\infty} \subset X$, 使得 $\lim\limits_{n\to\infty}\|T(x_n)\| = \|T\|$.

14. 设 X 是定义在实数集 $\mathbb{R}$ 上的有界实函数全体形成的集合, 它关于范数 $\|x\| = \sup\{|x(t)| : t \in \mathbb{R}\}$ 是赋范空间. 定义映射

$$T : X \to X, x(t) \mapsto x(t-1), \quad x(t) \in X,$$

即 $(Tx)(t) = x(t-1), x(t) \in X$. 证明 T 是 X 上的有界线性算子, 并求出其范数 $\|T\|$.

15. 设 X 和 Y 均为赋范空间. 给定线性算子 $T : X \to Y$. 证明下述结论等价:

(1) $T \in B(X,Y)$, 即 T 连续;

(2) 任给柯西列 $\{x_n\}_{n=1}^{\infty} \subset X$, 则 $\{T(x_n)\}_{n=1}^{\infty}$ 为 Y 中的柯西列;

(3) 任给收敛点列 $\{x_n\}_{n=1}^{\infty} \subset X$, 则 $\{T(x_n)\}_{n=1}^{\infty}$ 为 Y 中的收敛点列.

16. 设 $X = l^p$ $(1 \leqslant p \leqslant \infty)$. 给定有界线性算子 $T \in B(X)$, 使得对于任何 $x = (x_n)_{n=1}^{\infty} \in X$, 都有 $Tx = (x_{n+1})_{n=1}^{\infty}$. 计算 $\sigma(T)$.

17. 给定函数 $x_0(t) \in C[0,1]$. 定义 $C[0,1]$ 上的线性泛函 $f(x) = \int_0^1 x_0(t)x(t)\mathrm{d}t, x(t) \in C[0,1]$. 证明 $f(x)$ 是 $C[0,1]$ 上的连续线性泛函, 并求出其范数 $\|f\|$.

18. 给定 $C[-1,1]$ 上的线性泛函

$$f(x) = \int_{-1}^0 x(t)\mathrm{d}t - \int_0^1 x(t)\mathrm{d}t, \quad x(t) \in C[-1,1].$$

证明 $f(x)$ 是 $C[-1,1]$ 上的连续线性泛函, 并计算其范数 $\|f\|$.

19. 设 X 是巴拿赫空间. 给定非零算子 $f \in X^*$. 令 $d = \inf\{\|x\| : f(x) = 1, x \in X\}$. 证明: $\|f\| = \dfrac{1}{d}$.

20. 证明: $(l^1)^* = l^\infty$, $(l^p)^* = l^q$, 其中 (p,q) 是共轭数对, 即 $0 < p, q < \infty$, 且 $\dfrac{1}{p} + \dfrac{1}{q} = 1$.

/ 第 3 章 /

希尔伯特空间几何学

希尔伯特空间是一类特殊的巴拿赫空间, 其特殊性在于具有内积结构. 早在泛函分析作为理论出现之前, 希尔伯特在求解线性积分方程时, 就曾以现在记为 l^2 的空间为工具, 将其转化为无穷维线性方程组来处理. 后来随着抽象度量空间的引入, 以及对其可分性、完备性和紧性的刻画和探讨, 逐步认识到 L^2 与 l^2 具有相同的几何结构, 而且 L^2 与 l^2 是等距同构的. 因此, L^2 与 l^2 成为可分希尔伯特空间的模型. 抽象希尔伯特空间理论随之发展起来.

在 $\mathbb{R}^2$ 和 $\mathbb{R}^3$ 中有两个重要概念, 即向量的长度和向量之间的夹角. 特别地, 若夹角为 $90°$, 则称两个向量垂直或正交. 由此构建起平面几何和立体几何. 进而, 借助于内积把向量的长度和夹角概念推广到一般欧氏空间 $\mathbb{R}^n$ 中, 从而构建起欧氏空间几何学. 抽象的内积空间和希尔伯特空间理论平行于欧氏空间, 因其有内积结构, 故可引入正交、正交基、正交分解等概念, 继而构建起希尔伯特空间几何学.

本章首先介绍希尔伯特空间以及正交和正交基的概念, 给出投影定理, 刻画希尔伯特空间的正交分解, 证明里斯表示定理 (该定理揭示了希尔伯特空间具有自对偶性), 由此出发引入弱收敛的概念, 证明希尔伯特空间中的有界闭子集均为弱紧集. 然后介绍定义在希尔伯特空间上的几类重要算子, 即共轭算子、自伴算子、正常算子、酉算子、投影算子和紧算子等, 并刻画它们的基本性质, 这为第 4 章刻画酉算子、自伴算子和紧算子的谱分解奠定了基础. 最后给出希尔伯特空间在概率论和调和分析中的应用.

3.1 希尔伯特空间的基本概念

3.1.1 内积空间和希尔伯特空间

定义 3.1.1 设 X 是数域 K 上的线性空间, 其中 K 表示实数域 $\mathbb{R}$ 或复数域 $\mathbb{C}$. 若存在映射 $\varphi: X \times X \to K, (x, y) \mapsto \varphi(x, y), x, y \in X$, 使得对于任意 $x, y, z \in X$, 以及任意 $\alpha, \beta \in K$, 下面的条件均成立:

(1) φ 关于第一个变量线性: $\varphi(\alpha x + \beta y, z) = \alpha\varphi(x, z) + \beta\varphi(y, z)$,

(2) φ 关于第二个变量共轭线性: $\varphi(x, \alpha y+\beta z)=\overline{\alpha}\varphi(x,y)+\overline{\beta}\varphi(x,z)$,

(3) φ 具有正定性: $\varphi(x,x)\geqslant 0$, 而且 $\varphi(x,x)=0$ 的充要条件是 $x=0$,

则称 φ 是 X 上的一个内积. 赋予了内积的线性空间称为内积空间. 今后内积用符号 $\langle , \rangle$ 表示.

注 3.1.1 (1) 简而言之, 内积是一个关于第一个变量线性且关于第二个变量共轭线性的正定的二元函数;

(2) 定义 3.1.1 中的共轭线性等价于下面的条件:

(共轭对称性) 对于任何 $x,y\in X$, 都有 $\varphi(x,y)=\overline{\varphi(y,x)}$.

另外, 若 K 是实数域 $\mathbb{R}$, 上述条件就是对称性. 此时, 内积是一个正定的双线性二元函数.

若定义 3.1.1 中的条件 (3) 改为 $\varphi(x,x)\geqslant 0$, 其余条件不变, 则称为半内积.

例如, 欧氏空间 $\mathbb{R}^n$ $(n\in\mathbb{N})$ 关于内积

$$\langle x,y\rangle=\sum_{i=1}^{n}x_iy_i,\quad x=(x_i)_{i=1}^{n}, y=(y_i)_{i=1}^{n}\in\mathbb{R}^n$$

是实数域上的内积空间. 类似地, 酉空间 $\mathbb{C}^n$ $(n\in\mathbb{N})$ 关于内积

$$\langle x,y\rangle=\sum_{i=1}^{n}x_i\overline{y_i},\quad x=(x_i)_{i=1}^{n}, y=(y_i)_{i=1}^{n}\in\mathbb{C}^n$$

是复数域上的内积空间.

下面再给出两个无穷维内积空间的例子.

【例 3.1.1】 $C[a,b]$ 关于内积

$$\langle x,y\rangle=\int_a^b x(t)\overline{y(t)}\mathrm{d}t,\quad x(t),y(t)\in C[a,b]$$

是内积空间.

【例 3.1.2】 设 $\Omega\subset\mathbb{R}^n$ 是非空开集, $\overline{\Omega}$ 为其在 $\mathbb{R}^n$ 中的闭包. 记 $C(\Omega)$ 为定义在 Ω 上的连续函数全体的集合形成的线性空间. 令 $C^m(\overline{\Omega})=\{f\in C(\overline{\Omega}):\partial^\alpha f\in C(\overline{\Omega}), |\alpha|\leqslant m\}$, 其中多重指标 $\alpha=(\alpha_1,\alpha_2,\cdots,\alpha_n)$, 每个分量 α_i $(i=1,2,\cdots,n)$ 均为非负整数, α 的次数 $|\alpha|=\alpha_1+\alpha_2+\cdots+\alpha_n$, 多重微分算子 $\partial^\alpha=\left(\dfrac{\partial}{\partial x_1}\right)^{\alpha_1}\cdots\left(\dfrac{\partial}{\partial x_n}\right)^{\alpha_n}$. 在 $C^m(\overline{\Omega})$ 中定义映射:

$$\langle f,g\rangle=\sum_{|\alpha|\leqslant m}\int_\Omega \partial^\alpha f(x)\overline{\partial^\alpha g(x)}\mathrm{d}x,\quad f(x),g(x)\in C^m(\overline{\Omega}).$$

易证上述映射满足定义 3.1.1 中的条件. 于是 $C^m(\overline{\Omega})$ 关于上述内积成为一个内积空间.

给定内积空间 X. 令 $\|x\|=\sqrt{\langle x,x\rangle}, x\in X$. 则下述不等式成立.

命题 3.1.1 (柯西–施瓦茨不等式) 设 X 是内积空间. 任给 $x,y\in X$, 则下式成立:

$$|\langle x,y\rangle|\leqslant\|x\|\cdot\|y\|, \tag{1}$$

其中等号成立的充要条件是 x 与 y 线性相关.

证明: 因复空间关于数乘运算限制在实数域即为实空间, 故不妨设 X 是复空间. 若 $y=0$, 则由内积定义知, 对于任何 $x\in X$, 都有 $\langle x,0\rangle=0$. 于是不等式 (1) 显然成立. 下面设 $y\neq 0$. 由内积定义, 对于任何复数 λ, 都有

$$0\leqslant\langle x-\lambda y,x-\lambda y\rangle=\langle x,x\rangle-\overline{\lambda}\langle x,y\rangle-\lambda(\langle y,x\rangle-\overline{\lambda}\langle y,y\rangle).$$

在上式中令 $\overline{\lambda}=\dfrac{\langle y,x\rangle}{\langle y,y\rangle}$, 注意到 $\langle x,x\rangle=\|x\|^2$ 及 $\langle x,y\rangle\langle y,x\rangle=|\langle x,y\rangle|^2$, 于是

$$0\leqslant\|x\|^2-\frac{|\langle x,y\rangle|^2}{\|y\|^2},$$

由此得

$$|\langle x,y\rangle|^2\leqslant\|x\|^2\|y\|^2,$$

上式开方即得不等式 (1).

进而, 若 x 与 y 线性相关, 则例行推导得式 (1) 中等号成立. 反之, 设式 (1) 中等号成立. 若 $y=0$, 则显然与 x 线性相关. 若 $y\neq 0$, 令 $\lambda=\dfrac{\langle x,y\rangle}{\langle y,y\rangle}$. 类似于上述推导过程可得

$$\langle x-\lambda y,x-\lambda y\rangle=0.$$

由此得 $x=\lambda y$. □

由命题 3.1.1 易知, $\|x\|=\sqrt{\langle x,x\rangle}, x\in X$ 是内积空间 X 上的范数, 称为由内积导出的范数. 今后用到的内积空间上的范数均为由给定的内积导出的范数. 事实上, 范数定义的正定性可由内积的正定性推出, 齐次性由内积定义易得. 关键是证明范数的三角不等式. 因

$$\begin{aligned}\|x+y\|^2&=\langle x+y,x+y\rangle\\&=\langle x,x\rangle+\langle y,x\rangle+\langle x,y\rangle+\langle y,y\rangle\\&=\|x\|^2+2\mathrm{Re}\langle x,y\rangle+\|y\|^2,\end{aligned}$$

其中 $\mathrm{Re}\langle x,y\rangle$ 表示复数 $\langle x,y\rangle$ 的实部, 由命题 3.1.1 知

$$\mathrm{Re}\langle x,y\rangle\leqslant|\langle x,y\rangle|\leqslant\|x\|\cdot\|y\|,$$

故

$$\|x+y\|^2\leqslant\|x\|^2+2\|x\|\cdot\|y\|+\|y\|^2=(\|x\|+\|y\|)^2,$$

开方得范数的三角不等式.

命题 3.1.2 给定内积空间 X, 则内积 $\varphi(x,y)=\langle x,y\rangle$ 是关于 x 和 y 的二元连续函数.

证明: 任意给定 $x,y\in X$. 设 X 中的点列 $\{x_n\}_{n=1}^{\infty}$ 及 $\{y_n\}_{n=1}^{\infty}$ 满足

$$\lim_{n\to\infty}\|x_n-x\|=0,$$

且

$$\lim_{n\to\infty}\|y_n-y\|=0.$$

因

$$\begin{aligned}|\langle x_n,y_n\rangle-\langle x,y\rangle| &\leqslant |\langle x_n,y_n\rangle-\langle x,y_n\rangle|+|\langle x,y_n\rangle-\langle x,y\rangle|\\ &\leqslant \|x_n-x\|\cdot\|y_n\|+\|x\|\cdot\|y_n-y\|,\end{aligned}$$

注意到 $\|y_n\|$ $(n=1,2,\cdots)$ 有界, 故上式当 $n\to\infty$ 时趋于零. □

给定复内积空间 X. 由内积定义例行推导可得, 内积和由它导出的范数满足下面的关系式, 称为极化恒等式:

$$\langle x,y\rangle=\frac{1}{4}(\|x+y\|^2-\|x-y\|^2+\mathrm{i}\|x+\mathrm{i}y\|^2-\mathrm{i}\|x-\mathrm{i}y\|^2),\quad x,y\in X.$$

若 X 是实内积空间, 极化恒等式简化为

$$\langle x,y\rangle=\frac{1}{4}(\|x+y\|^2-\|x-y\|^2),\quad x,y\in X.$$

在平面几何中, 平行四边形的两条对角线的平方和等于两条邻边的平方和的两倍, 称为平行四边形公式. 由内积定义易证, 平行四边形公式可推广到一般内积空间 X 中:

$$\|x+y\|^2+\|x-y\|^2=2(\|x\|^2+\|y\|^2),\quad x,y\in X. \tag{2}$$

注 3.1.2 由上面的分析知, 由内积可导出范数. 因此, 内积空间均为赋范空间. 反之, 赋范空间满足什么条件时, 其范数可以导出内积? 可以证明, 赋范空间成为内积空间的充要条件是, 其范数满足上面的平行四边形公式. 此时, 内积可通过极化恒等式导出.

定义 3.1.2 设 H 是一个内积空间. 若它作为赋范空间是完备的, 则称为希尔伯特空间.

【例 3.1.3】 $l^2=\left\{x=(x_i)_{i=1}^{\infty}:\sum\limits_{i=1}^{\infty}|x_i|^2<\infty\right\}$ 是希尔伯特空间. 事实上, 对于任何 $x=(x_i)_{i=1}^{\infty},y=(y_i)_{i=1}^{\infty}\in l^2$, 令

$$\langle x,y\rangle=\sum_{i=1}^{\infty}x_i\overline{y_i}. \tag{3}$$

利用类似于命题 3.1.1 的证明过程可证, 式 (3) 满足柯西–施瓦茨不等式, 因此右侧有意义. 而且例行推导知, 式 (3) 定义了 l^2 上的内积. 由此可导出范数 $\|x\|_2 = \left(\sum_{i=1}^{n} |x_i|^2\right)^{\frac{1}{2}}$. 由注 2.4.3 再结合定理 2.4.1 知, l^2 关于范数 $\|\cdot\|_2$ 完备. 因此 l^2 是一个希尔伯特空间.

【例 3.1.4】 设 $(X, \mathfrak{B}, \mu)$ 是一个测度空间. 记 $\mathfrak{M}(X)$ 为定义在 X 上关于测度 μ 可测的复函数全体的集合. 令 $L^2(X) = \left\{f(x) \in \mathfrak{M}(X) : \int_X |f(x)|^2 \mathrm{d}\mu(x) < \infty\right\}$. 对于任意 $f(x), g(x) \in L^2(X)$, 定义

$$\langle f, g\rangle = \int_X f(x)\overline{g(x)}\mathrm{d}\mu(x). \tag{4}$$

利用类似于命题 3.1.1 的证明过程可证, 式 (4) 满足柯西–施瓦茨不等式, 于是右侧有意义. 例行推导知, 式 (4) 符合内积定义, 于是 $L^2(X)$ 是一个内积空间. 由此导出范数 $\|f\|_2 = \left(\int_X |f(x)|^2 \mathrm{d}\mu(x)\right)^{\frac{1}{2}}$. 由定理 2.3.2 知, $L^2(X)$ 关于此范数完备, 因此 $L^2(X)$ 是一个希尔伯特空间.

注 3.1.3　由引理 2.3.1 可知, $C[a, b]$ 关于范数 $\|\cdot\|_2$ 的闭包是 $L^2[a, b]$. 因此, 例 3.1.1 的内积空间不是希尔伯特空间. 另外, 例 3.1.2 的空间也不是希尔伯特空间, 其闭包记为 $H^m(\overline{\Omega})$, 称为索伯列夫 (Sobolev) 空间.

3.1.2　投影定理和正交分解

内积空间具有内积结构, 故可把欧氏空间中向量的夹角概念推广到无穷维的内积空间及希尔伯特空间, 进而可引入正交概念. 给定希尔伯特空间 H 及非零向量 $x, y \in H$. 令

$$\theta = \arccos \frac{|\langle x, y\rangle|}{\|x\| \cdot \|y\|},$$

则 θ 称为 x 与 y 之间的夹角, 从而 $\langle x, y\rangle = 0 \Leftrightarrow \theta = \frac{\pi}{2}$.

定义 3.1.3　设 H 是一个希尔伯特空间. 给定 $x, y \in H$. 若 $\langle x, y\rangle = 0$, 则称 x 与 y 正交或垂直, 记为 $x \perp y$. 给定 H 中的两个非空子集 A 和 B. 若对于任何 $x \in A, y \in B$, 都有 $x \perp y$, 则称 A 与 B 正交, 记为 $A \perp B$. 特别地, 若点 x 与非空子集 A 正交, 则记为 $x \perp A$. 进而, 集合 $\{x \in H : x \perp A\}$ 称为子集 A 的正交补, 记为 $A^{\perp}$.

由定义 3.1.3 结合内积特性易得下面的基本性质.

命题 3.1.3　给定希尔伯特空间 H. 下面的结论成立:

(1) (推广的勾股定理) 若 H 中元素 $x_1, x_2, \cdots, x_n$ 相互正交, $x = \sum_{i=1}^{n} x_i$, 则

$$\|x\|^2 = \sum_{i=1}^{n} \|x_i\|^2.$$

(2) 给定 H 中两个非空子集 M 和 N. 若 $M \subset N$, 则 $M^\perp \supset N^\perp$.

(3) 任给 H 中的非空子集 M, 则 $M^\perp$ 是 H 中的闭子空间且 $M^\perp = \overline{\mathrm{span}(M)}^\perp$, $(M^\perp)^\perp = \overline{\mathrm{span}(M)}$. 其中 $\overline{\mathrm{span}(M)}$ 是 M 在 H 中张成的闭子空间.

接下来考虑希尔伯特空间的正交分解问题. 给定希尔伯特空间 H 及其闭子空间 H_1 和 H_2. 若 $H_1 \perp H_2$, 则闭子空间 $\{x_1 + x_2 : x_1 \in H_1, x_2 \in H_2\}$ 称为 H_1 和 H_2 的正交和, 记为 $H_1 \oplus H_2$. 易知, 若 $x \in H_1 \oplus H_2$, 则存在唯一的 $x_1 \in H_1, x_2 \in H_2$, 使得 $x = x_1 + x_2$.

定义 3.1.4 设 H_1 是希尔伯特空间 H 的闭子空间. 给定点 $x \in H$. 若存在 $x_1 \in H_1$ 和 $x_2 \in H_1^\perp$, 使得 $x = x_1 + x_2$, 则称 x_1 是 x 在 H_1 上的正交投影, 简称投影.

定理 3.1.1 (投影定理) 设 H_1 是希尔伯特空间 H 的闭子空间. 任意给定 $x \in H$, 则它在 H_1 中的投影唯一存在. 即存在唯一的元素 $x' \in H_1$ 和 $x'' \in H_1^\perp$, 使得 $x = x' + x''$. 于是 $H = H_1 \oplus H_1^\perp$.

注 3.1.4 若定理 3.1.1 中 H 不完备, 即 H 仅为内积空间, H_1 就需要加强为完备子空间, 结论才成立.

例如, 若 H 退化为 $\mathbb{R}^2$, 则在平面直角坐标系下, 投影定理刻画的就是平面向量在某条从原点出发的直线上投影的存在唯一性.

另外, 因一般巴拿赫空间没有内积结构, 故投影定理在一般巴拿赫空间中不成立.

为证明定理 3.1.1, 需要下面的变分引理, 也称为极小化向量定理. 为此, 先给出线性空间中凸子集的概念.

设 X 是一个线性空间. 给定两点 $x, y \in X$. 取 $\lambda \in [0,1]$, 称 $(1-\lambda)x + \lambda y$ 为 x 和 y 的凸组合. x 和 y 的所有凸组合的集合称为以 x 和 y 为端点的线段, 记为 $[x, y]$, 即 $[x, y] = \{(1-\lambda)x + \lambda y : \lambda \in [0,1]\}$.

给定非空子集 $A \subset X$. 若对于任何 $x, y \in A$, 都有 $[x, y] \subset A$, 则称 A 是 X 中的凸子集. 简言之, 凸集就是关于凸组合封闭的集合. 进而, 若 X 是赋范空间, 则 X 的闭且凸的子集叫作闭凸集.

接下来再给出最佳逼近元的概念: 给定赋范空间 X 中的非空子集 M 及点 $x \in X$. 若存在 $x_0 \in M$, 使得

$$\|x - x_0\| = d(x, M) = \inf_{y \in M} \|x - y\|,$$

则称 x_0 是 x 在 M 中的一个最佳逼近元. 一般地, 最佳逼近元不一定存在, 即使存在也不一定唯一. 但下面的变分引理成立.

引理 3.1.1 (变分引理)　设 M 是希尔伯特空间 H 中的闭凸集. 任给 $x \in H$, 则 x 在 M 中存在唯一的最佳逼近元.

证明: 先证存在性. 记 $d = d(x, M) = \inf\limits_{y \in M} \|x - y\|$. 由下确界的定义知, 存在点列 $\{y_n\}_{n=1}^{\infty} \subset M$, 使得 $\lim\limits_{n\to\infty} \|x - y_n\| = d$. 下证 $\{y_n\}_{n=1}^{\infty}$ 是 M 中的柯西列. 任取正整数 m, n, 由平行四边形公式 (2), 得

$$\begin{aligned}\|y_n - y_m\|^2 &= \|(y_n - x) + (x - y_m)\|^2 \\ &= 2\|y_n - x\|^2 + 2\|x - y_m\|^2 - \|(y_n - x) - (x - y_m)\|^2. \end{aligned} \tag{5}$$

因 M 是凸集, 故 $\dfrac{y_n + y_m}{2} \in M$, 于是 $\left\|x - \dfrac{y_n + y_m}{2}\right\| \geqslant d$, 从而式 (5) 中的项

$$\|(y_n - x) - (x - y_m)\|^2 = \|y_n + y_m - 2x\|^2 = 4\left\|x - \frac{y_n + y_m}{2}\right\|^2 \geqslant 4d^2,$$

由此得

$$\|y_n - y_m\|^2 \leqslant 2\|y_n - x\|^2 + 2\|x - y_m\|^2 - 4d^2. \tag{6}$$

在式 (6) 中令 $n, m \to \infty$, 即得 $\|y_n - y_m\| \to 0$. 此即表明 $\{y_n\}_{n=1}^{\infty}$ 是 M 中的柯西列. 又因 M 是 H 中的闭集, 而 H 是完备的, 故由推论 1.3.1 知, M 自身也是完备的. 因而 $\lim\limits_{n\to\infty} y_n = y \in M$, 进而

$$\|x - y\| = \left\|x - \lim_{n\to\infty} y_n\right\| = \lim_{n\to\infty} \|x - y_n\| = d,$$

上式利用了范数的连续性. 由此表明 y 是 x 在 M 中的最佳逼近元.

再证唯一性. 设 y_1 也是 x 在 M 中的最佳逼近元. 由平行四边形公式 (2), 得

$$\begin{aligned}0 \leqslant \|y - y_1\|^2 &= \|(y - x) + (x - y_1)\|^2 \\ &= 2\|y - x\|^2 + 2\|x - y_1\|^2 - \|(y - x) - (x - y_1)\|^2 \\ &\leqslant 2d^2 + 2d^2 - 4d^2 = 0,\end{aligned}$$

于是 $y = y_1$. □

注 3.1.5　因希尔伯特空间中的闭子集一定是完备的, 故若引理 3.1.1 中的 H 仅是内积空间, 则 M 需加强为完备凸子集, 结论才成立.

推论 3.1.1　设 H_1 是希尔伯特空间 H 中的闭子空间, 则对于任何 $x \in H$, 都存在唯一的 $x' \in H_1$, 使得

$$\|x - x'\| = d(x, H_1) = \inf_{y \in H_1} \|x - y\|,$$

而且 $x - x' \perp H_1$. 反之, 若存在 $x' \in H_1$, 使得 $x - x' \perp H_1$, 则 $\|x - x'\| = d(x, H_1)$.

证明: 因闭子空间均为闭凸集, 故由引理 3.1.1 即得 x' 的存在唯一性. 下证 $x-x'\perp H_1$. 不妨设数域 K 是复数域. 记 $d=d(x,H_1)$. 任取非零元 $y\in H_1$ 及复数 α, 注意到 $x'+\alpha y\in H_1$, 于是

$$d^2\leqslant\|x-(x'+\alpha y)\|^2=\|x-x'\|^2-2\mathrm{Re}\langle\overline{\alpha}(x-x'),y\rangle+|\alpha|^2\|y\|^2. \tag{7}$$

注意到 $\|x-x'\|^2=d^2$, 于是由式 (7) 得

$$2\mathrm{Re}\langle\overline{\alpha}(x-x'),y\rangle-|\alpha|^2\|y\|^2\leqslant 0.$$

在上式中令 $\alpha=\dfrac{\langle x-x',y\rangle}{\|y\|^2}$, 即得

$$\frac{|\langle x-x',y\rangle|^2}{\|y\|^2}=0.$$

由此得 $\langle x-x',y\rangle=0$. 特别地, 当 $y=0$ 时此等式也成立. 注意到 $y\in H_1$ 的任意性, 故 $x-x'\perp H_1$.

反之, 若存在 $x'\in H_1$, 使得 $x-x'\perp H_1$, 则对于任何 $y\in H_1$, 因 $x'-y\in H_1$, 故 $x-x'\perp x'-y$. 由

$$\begin{aligned}\|x-y\|^2&=\|(x-x')+(x'-y)\|^2\\&=\|x-x'\|^2+\|x'-y\|^2\geqslant\|x-x'\|^2,\end{aligned}$$

表明 $\|x-x'\|=d(x,H_1)$. □

定理 3.1.1 的证明: 任给 $x\in H$. 由推论 3.1.1 知, 存在唯一的 $x_1\in H_1$, 使得 $x-x_1\in H_1^{\perp}$. 记 $x_2=x-x_1$, 于是 $x_2\in H_1^{\perp}$, 且 $x=x_1+x_2$. 由此表明, H 可以分解成 H_1 和 $H_1^{\perp}$ 的正交和, 即 $H=H_1\oplus H_1^{\perp}$.

3.1.3 希尔伯特空间的标准正交基

定义 3.1.5 设 $\mathfrak{E}=\{e_\alpha\}_{\alpha\in\Lambda}$ 是希尔伯特空间 H 中的一族非零向量. 若对于任何 $\alpha,\beta\in\Lambda$ $(\alpha\neq\beta)$, 都有 $\langle e_\alpha,e_\beta\rangle=0$, 即 $\mathfrak{E}$ 中的向量两两正交, 则称 $\mathfrak{E}$ 是 H 中的一个正交系. 进而, 若对于每个 $\alpha\in\Lambda$, 都有 $\|e_\alpha\|=1$, 即 $\mathfrak{E}$ 中每个向量均为单位向量, 则称 $\mathfrak{E}$ 是 H 中的一个标准正交系.

在希尔伯特空间中, 正交集也是线性无关集. 反之不真. 证明过程平行于欧氏空间情形.

【例 3.1.5】 在实空间 $L^2[0,2\pi]$ 中, 定义内积

$$\langle f,g\rangle=\frac{1}{\pi}\int_0^{2\pi}f(x)g(x)\mathrm{d}x,\quad f(x),g(x)\in L^2[0,2\pi].$$

简单计算知, $\mathfrak{E}=\left\{\dfrac{1}{\sqrt{2}},\cos x,\sin x,\cos 2x,\sin 2x,\cdots,\cos nx,\sin nx,\cdots\right\}$ 是 $L^2[0,2\pi]$ 中的一个标准正交系. 任给函数 $f(x)\in L^2[0,2\pi]$. 由级数理论可知

$$f(x)=\frac{a_0}{2}+\sum_{n=1}^{\infty}(a_n\cos nx+b_n\sin nx),$$

其中

$$a_0=\frac{1}{\sqrt{2}\pi}\int_0^{2\pi}f(x)=\left\langle f,\frac{1}{\sqrt{2}}\right\rangle,$$

$$a_n=\frac{1}{\pi}\int_0^{2\pi}f(x)\cos nx\mathrm{d}x=\langle f,\cos nx\rangle,\quad n=1,2,\cdots,$$

$$b_n=\frac{1}{\pi}\int_0^{2\pi}f(x)\sin nx\mathrm{d}x=\langle f,\sin nx\rangle,\quad n=1,2,\cdots$$

为函数 $f(x)$ 的傅里叶 (Fourier) 系数.

一般地, 给定希尔伯特空间 H 中的一个标准正交系 $\mathfrak{E}=\{e_\alpha\}_{\alpha\in\Lambda}$. 设 $x\in H$, 则称 $\langle x,e_\alpha\rangle$ $(\alpha\in\Lambda)$ 为 x 关于 $\mathfrak{E}$ 的傅里叶系数.

定理 3.1.2 (贝塞尔 (Bessel) 不等式)　设 $\mathfrak{E}=\{e_\alpha\}_{\alpha\in\Lambda}$ 是希尔伯特空间 H 中的一个标准正交系, 则对于任何 $x\in H$, 都有

$$\sum_{\alpha\in\Lambda}|\langle x,e_\alpha\rangle|^2\leqslant\|x\|^2. \tag{8}$$

证明: 任给 Λ 的有限子集 $\mathfrak{F}=\{\alpha_1,\alpha_2,\cdots,\alpha_n\}$. 由内积定义及 $\mathfrak{F}$ 中元素的两两正交性, 例行计算得

$$\left\|x-\sum_{i=1}^{n}\langle x,e_{\alpha_i}\rangle e_{\alpha_i}\right\|^2=\|x\|^2-\sum_{i=1}^{n}|\langle x,e_{\alpha_i}\rangle|^2.$$

由此得

$$\sum_{i=1}^{n}|\langle x,e_{\alpha_i}\rangle|^2\leqslant\|x\|^2. \tag{9}$$

任意固定 $n\in\mathbb{N}$, 由式 (9) 易知, 满足 $|\langle x,e_\alpha\rangle|>\dfrac{1}{n}$ 的指标 α 至多有限. 因此, 使得 $\langle x,e_\alpha\rangle\neq 0$ 的指标 α 至多可数. 不妨记满足 $\langle x,e_\alpha\rangle\neq 0$ 的指标为 $1,2,\cdots,n,\cdots$. 将式 (9) 改写为 $\sum\limits_{i=1}^{n}|\langle x,c_\imath\rangle|^2\leqslant\|x\|^2$. 在此式中令 $n\to\infty$, 即得

$$\sum_{i=1}^{\infty}|\langle x,e_i\rangle|^2\leqslant\|x\|^2,$$

从而贝塞尔不等式 (8) 成立. □

因 l^2 及 $L^2(X)$ (见例 3.1.4) 均为典型的可分希尔伯特空间的实例, 而且无论从理论角度还是应用层面看, 可分希尔伯特空间尤为重要, 故从现在开始考虑可分希尔伯特空间的情形.

定义 3.1.6 设 $\mathfrak{E}=\{e_1,e_2,\cdots,e_n,\cdots\}$ 是希尔伯特空间 H 中的一个标准正交系. 若对于任何 $x\in H$, 帕塞瓦尔 (Parseval) 等式

$$\|x\|^2=\sum_{n=1}^{\infty}|\langle x,e_n\rangle|^2$$

成立, 则称正交系 $\mathfrak{E}$ 是完备正交系; 若对于任何 $x\in H$, 都有

$$x=\sum_{n=1}^{\infty}\langle x,e_n\rangle e_n,$$

则称 $\mathfrak{E}$ 是 H 的一个标准正交基. 上述等式也叫作 x 的傅里叶级数展开式.

定理 3.1.3 设 $\mathfrak{E}=\{e_1,e_2,\cdots,e_n,\cdots\}$ 是希尔伯特空间 H 中的一个标准正交系, 则下述条件等价:

(1) $\mathfrak{E}$ 是标准正交基;

(2) $\mathfrak{E}$ 是完备正交系;

(3) 对于 H 中任何两点 x,y, 都有

$$\langle x,y\rangle=\sum_{n=1}^{\infty}\langle x,e_n\rangle\overline{\langle y,e_n\rangle}.$$

先证明下面的引理.

引理 3.1.2 $\mathfrak{E}=\{e_1,e_2,\cdots,e_n,\cdots\}$ 是希尔伯特空间 H 中的一个标准正交系, 则下面的结论成立:

(1) 级数 $\sum\limits_{n=1}^{\infty}\lambda_n e_n$ 在 H 中收敛的充要条件是: 数项级数 $\sum\limits_{n=1}^{\infty}|\lambda_n|^2$ 收敛. 若 $x=\sum\limits_{n=1}^{\infty}\lambda_n e_n\in H$, 则每个 λ_n 均为其对应的傅里叶系数, 即 $\lambda_n=\langle x,e_n\rangle$ $(n=1,2,\cdots)$.

(2) 对于任何 $x\in H$, 都有 $\sum\limits_{n=1}^{\infty}\langle x,e_n\rangle e_n\in H$, 而且

$$\left\|x-\sum_{n=1}^{\infty}\langle x,e_n\rangle e_n\right\|^2=\|x\|^2-\sum_{n=1}^{\infty}|\langle x,e_n\rangle|^2.$$

证明: (1) 记 $\sigma_n = \sum_{i=1}^{n} \lambda_i e_i, S_n = \sum_{i=1}^{n} |\lambda_i|^2$. 对于任意正整数 $n, m\ (m > n)$, 由命题 3.1.3(1) (推广的勾股定理) 得

$$\|\sigma_m - \sigma_n\|^2 = \left\| \sum_{i=n+1}^{m} \lambda_i e_i \right\|^2 = \sum_{i=n+1}^{m} |\lambda_i|^2.$$

由此知, $\{\sigma_n\}_{n=1}^{\infty}$ 是 H 中的柯西列等价于 $\{S_n\}_{n=1}^{\infty}$ 是数域 K (K 表示实数域或复数域) 中的柯西列. 再由 H 和 K 的完备性得, $\sum_{n=1}^{\infty} \lambda_n e_n$ 收敛等价于 $\sum_{n=1}^{\infty} |\lambda_n|^2$ 收敛.

若 $x = \sum_{i=1}^{\infty} \lambda_i e_i \in H$. 任给正整数 n, 由内积的连续性 (见命题 3.1.2), 得

$$\begin{aligned}\langle x, e_n \rangle &= \left\langle \sum_{i=1}^{\infty} \lambda_i e_i, e_n \right\rangle = \sum_{i=1}^{\infty} \langle \lambda_i e_i, e_n \rangle \\ &= \sum_{i=1}^{\infty} \lambda_i \langle e_i, e_n \rangle = \lambda_n,\end{aligned}$$

于是 $x = \sum_{n=1}^{\infty} \langle x, e_n \rangle e_n$.

(2) 由结论 (1) 及定理 3.1.2 知, 对于任何 $x \in H$, 都有 $\sum_{n=1}^{\infty} \langle x, e_n \rangle e_n \in H$. 例行计算知

$$x - \sum_{n=1}^{\infty} \langle x, e_n \rangle e_n \perp \sum_{n=1}^{\infty} \langle x, e_n \rangle e_n,$$

于是再由命题 3.1.3 (1) 得

$$\left\| x - \sum_{n=1}^{\infty} \langle x, e_n \rangle e_n \right\|^2 = \|x\|^2 - \sum_{n=1}^{\infty} |\langle x, e_n \rangle|^2.$$

□

定理 3.1.3 的证明: 条件 (1) 与条件 (2) 的等价性由引理 3.1.2 (2) 立得. 下面证明 (1) $\Leftrightarrow$ (3). 设条件 (1) 成立. 于是对于任意 $x, y \in H$, 有

$$x = \sum_{n=1}^{\infty} \langle x, e_n \rangle e_n, \quad y = \sum_{m=1}^{\infty} \langle y, e_m \rangle e_m.$$

注意到 $\mathfrak{E} = \{e_1, e_2, \cdots, e_n, \cdots\}$ 中的元素两两正交, 由命题 3.1.2 得

$$\langle x, y \rangle = \left\langle \sum_{n=1}^{\infty} \langle x, e_n \rangle e_n, \sum_{m=1}^{\infty} \langle y, e_m \rangle e_m \right\rangle$$

$$
\begin{aligned}
&= \sum_{n=1}^{\infty} \left\langle \langle x, e_n \rangle e_n, \sum_{m=1}^{\infty} \langle y, e_m \rangle e_m \right\rangle \\
&= \sum_{n=1}^{\infty} \langle x, e_n \rangle \left\langle e_n, \sum_{m=1}^{\infty} \langle y, e_m \rangle e_m \right\rangle \\
&= \sum_{n=1}^{\infty} \langle x, e_n \rangle \left(\sum_{m=1}^{\infty} \overline{\langle y, e_m \rangle} \langle e_n, e_m \rangle \right) \\
&= \sum_{n=1}^{\infty} \langle x, e_n \rangle \overline{\langle y, e_n \rangle},
\end{aligned}
$$

从而条件 (3) 成立. 反之, 若条件 (3) 成立. 令 $x = y$, 可得

$$
\|x\|^2 = \langle x, x \rangle = \sum_{n=1}^{\infty} \langle x, e_n \rangle \overline{\langle x, e_n \rangle} = \sum_{n=1}^{\infty} |\langle x, e_n \rangle|^2,
$$

即条件 (2) 成立. 再由条件 (2) 与条件 (1) 的等价性得条件 (1) 成立. □

在欧氏空间中, 线性无关集可通过格拉姆–施密特 (Gram-Schmidt) 正交化过程转化成正交集, 而且它们分别生成的线性子空间是相同的. 格拉姆–施密特正交化方法可推广到希尔伯特空间中.

设 $\mathfrak{G} = \{g_1, g_2, \cdots, g_n, \cdots\}$ 是希尔伯特空间 H 中的一个线性无关集. 下面构造一个标准正交系 $\mathfrak{E} = \{e_1, e_2, \cdots, e_n, \cdots\}$, 使得对于任意给定的正整数 n, 都有

$$
\operatorname{span}\{g_1, g_2, \cdots, g_n\} = \operatorname{span}\{e_1, e_2, \cdots, e_n\}.
$$

事实上, 令 $e_1 = \dfrac{g_1}{\|g_1\|}$, 于是 $\|e_1\| = 1$. 设 $e_2' = g_2 - \langle g_2, e_1 \rangle e_1$. 令 $e_2 = \dfrac{e_2'}{\|e_2'\|}$, 则 $\|e_2\| = 1$. 一般地, 设 $e_n' = g_n - \sum\limits_{i=1}^{n-1} \langle g_n, e_i \rangle e_i$. 令 $e_n = \dfrac{e_n'}{\|e_n'\|}$. 依此类推, 得标准正交系 $\mathfrak{E} = \{e_1, e_2, \cdots, e_n, \cdots\}$. 由上述构造过程知

$$
\operatorname{span}\{g_1, g_2, \cdots, g_n\} = \operatorname{span}\{e_1, e_2, \cdots, e_n\} \ (n \in \mathbb{N}).
$$

定理 3.1.4 任何希尔伯特空间都存在标准正交基.

证明: 因希尔伯特空间是线性空间, 故希尔伯特空间 H 存在线性基 $\mathfrak{G} = \{g_1, g_2, \cdots, g_n, \cdots\}$. 于是利用上面的格拉姆–施密特正交化方法得标准正交系 $\mathfrak{E} = \{e_1, e_2, \cdots, e_n, \cdots\}$, 而且

$$
\operatorname{span}\{g_1, g_2, \cdots, g_n\} = \operatorname{span}\{e_1, e_2, \cdots, e_n\} \ (n \in \mathbb{N}).
$$

于是

$$
\overline{\operatorname{span}\mathfrak{E}} = \overline{\operatorname{span}\mathfrak{G}} = H.
$$

由此表明 $\mathfrak{E}$ 是 H 的一个标准正交基. □

3.1.4 可分希尔伯特空间之间的等距同构

定理 3.1.5 任何两个可分希尔伯特空间都等距同构.

证明: 设 H_1 和 H_2 是两个可分希尔伯特空间. 记 $\{e_n\}_{n=1}^{\infty}$ 和 $\{e_n'\}_{n=1}^{\infty}$ 分别为 H_1 和 H_2 的标准正交基. 任给 $x=\sum\limits_{n=1}^{\infty}\langle x,e_n\rangle e_n\in H_1$. 定义映射

$$T:H_1\to H_2, x\mapsto\sum_{n=1}^{\infty}\langle x,e_n\rangle e_n',\quad x\in H_1.$$

由引理 3.1.2 (1) 知, 当 $x\in H_1$ 时, $Tx\in H_2$. 而且由 T 的构造结合定理 3.1.3 易得, T 是单射. 下证 T 是满射. 对于任给的 $y=\sum\limits_{n=1}^{\infty}\langle y,e_n'\rangle e_n'\in H_2$, 由引理 3.1.2 (1) 知, $\sum\limits_{n=1}^{\infty}|\langle y,e_n'\rangle|^2<\infty$. 令 $x=\sum\limits_{n=1}^{\infty}\langle y,e_n'\rangle e_n$. 再由引理 3.1.2 (1) 知, $x\in H_1$ 且 $\langle x,e_n\rangle=\langle y,e_n'\rangle$ $(n=1,2,\cdots)$, 从而得 $Tx=y$, 即 T 是满射. 对于任何 $x=\sum\limits_{n=1}^{\infty}\langle x,e_n\rangle e_n\in H_1$, 由定理 3.1.3 (3), 得

$$\|x\|^2=\langle x,x\rangle=\sum_{n=1}^{\infty}|\langle x,e_n\rangle|^2=\langle Tx,Tx\rangle=\|Tx\|^2.$$

于是, T 是从 H_1 到 H_2 的等距同构映射. □

由定理 3.1.5 立得下面的推论.

推论 3.1.2 任何可分希尔伯特空间都等距同构于 l^2 或 $L^2[a,b]$. 因此 l^2 或 $L^2[a,b]$ 可看作可分希尔伯特空间的一个模型或样本. 特别地, 若希尔伯特空间 H 退化成有限维空间, 则 H 等距同构于 $\mathbb{R}^n$ (当 H 为实空间时) 或 $\mathbb{C}^n$ (当 H 为复空间时), 其中 $n=\dim H$ 为 H 的维数.

3.2 里斯表示定理

3.2.1 里斯表示定理的刻画

欧氏空间 $\mathbb{R}^n$ 上的线性泛函均可用内积的形式表示. 事实上, 给定 $\mathbb{R}^n$ 的一组标准正交

基 $\{e_1, e_2, \cdots, e_n\}$. 任给 $x = \sum\limits_{i=1}^{n} \lambda_i e_i \in \mathbb{R}^n$, 则对于 $\mathbb{R}^n$ 上的任意线性泛函 f, 都有

$$f(x) = f\left(\sum_{i=1}^{n} \lambda_i e_i\right) = \sum_{i=1}^{n} \lambda_i f(e_i).$$

记 $e_f = \sum\limits_{i=1}^{n} f(e_i) e_i$. 由上式得 $f(x) = \langle x, e_f \rangle$. 而且进一步可证, $\|f\| = \|e_f\|$. 因而

$$T : (\mathbb{R}^n)^* \to \mathbb{R}^n, f \mapsto e_f$$

是从 $(\mathbb{R}^n)^*$ 到 $\mathbb{R}^n$ 的等距同构. 因此, 若把 $(\mathbb{R}^n)^*$ 和 $\mathbb{R}^n$ 等同起来 (在等距同构意义下), 则 $\mathbb{R}^n$ 为自对偶空间.

受上述结论的启发, 不禁要问: 希尔伯特空间是否也是自对偶空间? 下面的里斯表示定理给出了肯定的回答.

设 H 是一个希尔伯特空间. 给定点 $x_0 \in H$. 由内积定义结合命题 3.1.2 知, 映射 $f_0(x) = \langle x, x_0 \rangle, x \in H$ 是 H 上的连续线性泛函. 于是 $f_0 \in H^*$. 反之也成立, 即如下定理.

定理 3.2.1 (里斯表示定理) 设 H 是希尔伯特空间, 则对于 H 上的任何连续线性泛函 f, 都存在唯一的 $x_f \in H$, 使得

$$f(x) = \langle x, x_f \rangle, x \in H,$$

而且

$$\|f\| = \|x_f\|.$$

证明: 若 $f = 0$, 则取 $x_f = 0$ 即可. 下设 $f \neq 0$.

先证存在性. 因 f 连续, 故由命题 2.4.5 知, 其零空间 $N(f)$ 是 H 的真闭子空间. 由定理 3.1.1 知, 存在非零元 $x'_f \in N(f)^{\perp}$, 于是 $f(x'_f) \neq 0$. 对于任何 $x \in H$, 因

$$f\left(x - \frac{f(x)}{f(x'_f)} x'_f\right) = f(x) - \frac{f(x)}{f(x'_f)} f(x'_f) = 0,$$

故 $x - \dfrac{f(x)}{f(x'_f)} x'_f \in N(f)$. 于是

$$\left\langle x - \frac{f(x)}{f(x'_f)} x'_f, x'_f \right\rangle = 0,$$

由此得

$$f(x) = \left\langle x, \frac{\overline{f(x'_f)}}{\|x'_f\|^2} x'_f \right\rangle.$$

记 $x_f = \dfrac{\overline{f(x'_f)}}{\|x'_f\|^2}x'_f$. 则 $f(x) = \langle x, x_f\rangle, x \in H$.

再证唯一性. 假设还有 $x' \in H$, 使得 $f(x) = \langle x, x'\rangle, x \in H$. 于是 $\langle x, x_f - x'\rangle = 0$. 在此式中取 $x = x_f - x'$, 即得 $\langle x_f - x', x_f - x'\rangle = 0$, 因此 $x_f = x'$.

最后证明 $\|f\| = \|x_f\|$. 一方面, 由柯西–施瓦茨不等式得

$$|f(x)| = |\langle x, x_f\rangle| \leqslant \|x\| \cdot \|x_f\|,$$

于是

$$\|f\| = \sup\left\{\frac{|f(x)|}{\|x\|} : x \neq 0, x \in H\right\} \leqslant \|x_f\|.$$

另一方面, 令 $x = x_f$, 得

$$\|x_f\|^2 = \langle x_f, x_f\rangle = f(x_f) \leqslant \|f\| \cdot \|x_f\|,$$

由此得 $\|x_f\| \leqslant \|f\|$. 于是 $\|f\| = \|x_f\|$. □

在定理 3.2.1 的基础上, 构造映射

$$T : H^* \to H, f \mapsto x_f.$$

易证 T 是一一对应的. 由定理 3.2.1 的证明过程可以看出, 当数域 K 为复数域时, T 是共轭线性的, 即

$$T(\lambda f + \mu g) = x_{\lambda f + \mu g} = \overline{\lambda} x_f + \overline{\mu} x_g = \overline{\lambda} T(f) + \overline{\mu} T(g).$$

在共轭等距意义下, 把 H 与 H^* 看作同一个空间, 于是 H 是自对偶空间.

3.2.2　弱收敛与弱紧性

设 $\{e_1, e_2, \cdots, e_n, \cdots\}$ 是无穷维可分希尔伯特空间 H 的一组标准正交基. 于是 $\{e_1, e_2, \cdots, e_n, \cdots\} \subset S$, 其中 $S = \{x \in H : \|x\| \leqslant 1\}$ 为 H 的闭单位球. 对于任何 $i \neq j$ $(i, j = 1, 2, \cdots)$, 因

$$\|e_i - e_j\|^2 = \langle e_i - e_j, e_i - e_j\rangle = 2,$$

故 $\{e_1, e_2, \cdots, e_n, \cdots\}$ 中不存在收敛子列, 从而 S 关于范数收敛性不是紧集. 而由定理 2.2.2 知, S 是紧集的充要条件是, H 为有限维空间. 这表明在刻画希尔伯特空间中子集的紧性时, 范数收敛性太强, 导致对于无穷维可分希尔伯特空间来说, 其闭单位球不是紧集. 因此, 紧性条件需要减弱. 于是, 为刻画无穷维希尔伯特空间中子集的弱紧性, 先引入下面的弱收敛的概念.

定义 3.2.1　给定希尔伯特空间 H 中的点列 $\{x_n\}_{n=1}^{\infty}$. 若存在点 $x_0 \in H$, 使得对于任何 $f \in H^*$, $\{f(x_n)\}_{n=1}^{\infty}$ 都收敛于 $f(x_0)$, 则称 $\{x_n\}_{n=1}^{\infty}$ 弱收敛于 x_0, 记为 $w\text{-}\lim\limits_{n\to\infty} x_n = x_0$, 或 $x_n \xrightarrow{w} x_0$.

由定理 3.2.1 可知, 点列 $\{x_n\}_{n=1}^{\infty}$ 弱收敛于 x_0, 等价于对于任何 $x \in H$, $\{\langle x, x_n\rangle\}_{n=1}^{\infty}$ 都收敛于 $\langle x, x_0\rangle$.

参照定义 1.4.1, 再结合定义 3.2.1 可给出弱列紧集和弱紧集的概念. 下面的命题告诉我们, 希尔伯特空间中的有界集均是弱列紧集.

定理 3.2.2 设 M 是希尔伯特空间 H 中的有界集, 则 M 是弱列紧集. 于是 H 中的有界闭集都是弱紧集.

证明: 任给 M 中的点列 $\{x_n\}_{n=1}^{\infty}$. 因 M 有界, 故存在常数 $a>0$, 使得 $\|x_n\| \leqslant a, n=1,2,\cdots$.

若 H 是可分的, 则存在可数稠密子集 $\{\overline{x_m}\}_{m=1}^{\infty} \subset H$. 下面用对角线法构造 $\{x_n\}_{n=1}^{\infty}$ 中的弱收敛子列. 由于 $\{\langle x_n, \overline{x_1}\rangle\}_{n=1}^{\infty}$ 是有界数列, 因此存在收敛子列, 记为 $\{\langle x_{1i}, \overline{x_1}\rangle\}_{i=1}^{\infty}$. 类似地, $\{\langle x_{1i}, \overline{x_2}\rangle\}_{i=1}^{\infty}$ 也存在收敛子列, 记为 $\{\langle x_{2i}, \overline{x_2}\rangle\}_{i=1}^{\infty}$, 而且 $\{x_{2i}\}_{i=1}^{\infty} \subset \{x_{1i}\}_{i=1}^{\infty}$. 依此类推, 对于任意给定的 $\overline{x_k}$ $(k=2,3,\cdots)$, 有界数列 $\{\langle x_{k-1i}, \overline{x_k}\rangle\}_{i=1}^{\infty}$ 存在收敛子列, 记为 $\{\langle x_{ki}, \overline{x_k}\rangle\}_{i=1}^{\infty}$, 而且 $\{x_{ki}\}_{i=1}^{\infty} \subset \{x_{(k-1)i}\}_{i=1}^{\infty}$. 照此一直进行下去, 得到 $\{x_n\}_{n=1}^{\infty}$ 中的子列 $\{x_{ki}\}_{i=1}^{\infty}$ $(k=1,2,\cdots)$. 从中抽取对角线元素, 得点列 $\{x_{nn}\}_{n=1}^{\infty}$. 由上述构造知, 对于任给的 $\overline{x_k}$ $(k=1,2,\cdots)$, 数列 $\{\langle x_{nn}, \overline{x_k}\rangle\}_{n=1}^{\infty}$ 都收敛.

下证对于任何 $x \in H, \{\langle x_{nn}, x\rangle\}_{n=1}^{\infty}$ 都收敛, 由此表明点列 $\{x_n\}_{n=1}^{\infty}$ 中存在弱收敛子列 $\{x_{nn}\}_{n=1}^{\infty}$, 从而 M 是弱列紧集. 事实上, 任意给定 $\varepsilon>0$. 由于 $\{\overline{x_m}\}_{m=1}^{\infty}$ 在 H 中稠密, 故存在某个 $\overline{x_j}$, 使得 $\|x-\overline{x_j}\|<\varepsilon$. 注意到数列 $\{\langle x_{nn}, \overline{x_j}\rangle\}_{n=1}^{\infty}$ 收敛, 于是存在正整数 N_{ε}, 使得当 $n, m>N_{\varepsilon}$ 时, 有

$$|\langle x_{nn}, \overline{x_j}\rangle - \langle x_{mm}, \overline{x_j}\rangle| < \varepsilon.$$

由此得

$$\begin{aligned}
&|\langle x_{nn}, x\rangle - \langle x_{mm}, x\rangle| \\
&= |\langle x_{nn}, x\rangle - \langle x_{nn}, \overline{x_j}\rangle + \langle x_{nn}, \overline{x_j}\rangle - \langle x_{mm}, \overline{x_j}\rangle + \langle x_{mm}, \overline{x_j}\rangle - \langle x_{mm}, x\rangle| \\
&\leqslant |\langle x_{nn}, x-\overline{x_j}\rangle| + |\langle x_{nn}, \overline{x_j}\rangle - \langle x_{mm}, \overline{x_j}\rangle| + |\langle x_{mm}, \overline{x_j}-x\rangle| \\
&< a\varepsilon + \varepsilon + a\varepsilon = (2a+1)\varepsilon.
\end{aligned}$$

于是 $\{\langle x_{nn}, x\rangle\}_{n=1}^{\infty}$ 是数域 K 中的柯西列, 从而收敛.

若 H 是不可分的. 记 $H_0=\overline{\operatorname{span}\{x_n\}_{n=1}^{\infty}}$, 即由点列 $\{x_n\}_{n=1}^{\infty}$ 生成的闭子空间, 易知 H_0 是可分的. 于是由上面的证明知, $\{x_n\}_{n=1}^{\infty}$ 在 H_0 中是弱收敛的, 即存在子列 $\{x_{nn}\}_{n=1}^{\infty} \subset \{x_n\}_{n=1}^{\infty}$, 对于任何 $x \in H_0$, $\{\langle x_{nn}, x\rangle\}_{n=1}^{\infty}$ 都收敛. 由定理 3.1.1 知, $H=H_0 \oplus H_0^{\perp}$. 因而对于任意 $x \in H$, 都存在唯一的 $x_1 \in H_0, x_2 \in H_0^{\perp}$, 使得 $x=x_1+x_2$. 于是

$$\begin{aligned}
\langle x_{nn}, x\rangle &= \langle x_{nn}, x_1+x_2\rangle \\
&= \langle x_{nn}, x_1\rangle + \langle x_{nn}, x_2\rangle = \langle x_{nn}, x_1\rangle,
\end{aligned}$$

$\{\langle x_{nn}, x\rangle\}_{n=1}^{\infty}$ 收敛. □

3.3 几类有界线性算子

3.3.1 共轭算子和自伴算子

定义 3.3.1 设 H_1 和 H_2 是两个希尔伯特空间. 给定有界线性算子 $T \in B(H_1, H_2)$. 若存在有界线性算子 $S \in B(H_2, H_1)$, 使得下面的等式成立:

$$\langle Tx, y\rangle = \langle x, Sy\rangle, \quad x \in H_1, y \in H_2,$$

则称 S 是 T 的共轭算子, 也叫作伴随算子. 此时 S 改记为 T^*.

下面的定理表明, 希尔伯特空间上任何有界线性算子都存在唯一的共轭算子.

定理 3.3.1 设 H_1 和 H_2 是两个希尔伯特空间. 任给有界线性算子 $T \in B(H_1, H_2)$, 都存在唯一的共轭算子 $T^* \in B(H_2, H_1)$, 而且 $\|T\| = \|T^*\|$.

证明: 任意给定 $y \in H_2$. 令 $f_y(x) = \langle Tx, y\rangle, x \in H_1$. 因

$$|f_y(x)| = |\langle Tx, y\rangle| \leqslant \|Tx\| \cdot \|y\| \leqslant \|T\| \cdot \|x\| \cdot \|y\|,$$

故 $\|f_y\| \leqslant \|T\| \cdot \|y\|$. 于是 f_y 是 H_1 上的有界线性泛函. 由定理 3.2.1 (里斯表示定理) 知, 存在唯一的元素 $x' \in H_1$, 使得

$$f_y(x) = \langle Tx, y\rangle = \langle x, x'\rangle.$$

构造算子

$$S : H_2 \to H_1, y \mapsto x',$$

于是

$$\langle Tx, y\rangle = \langle x, Sy\rangle. \tag{1}$$

下证 S 是有界线性算子, 从而 S 是 T 的共轭算子. 事实上, 对于任意 $y_1, y_2 \in H_1$ 和 $\lambda \in K$, 因

$$\begin{aligned}\langle x, S(\lambda y_1 + y_2)\rangle &= \langle Tx, \lambda y_1 + y_2\rangle = \overline{\lambda}\langle Tx, y_1\rangle + \langle Tx, y_2\rangle \\ &= \overline{\lambda}\langle x, Sy_1\rangle + \langle x, Sy_2\rangle = \langle x, \lambda Sy_1 + Sy_2\rangle,\end{aligned}$$

故

$$S(\lambda y_1 + y_2) = \lambda Sy_1 + Sy_2,$$

表明 S 是线性的. 由 S 的构造知, 对于任何 $y \in H_2$, 都有

$$\|Sy\| = \|f_y\| \leqslant \|T\| \cdot \|y\|.$$

由此得 $\|S\| \leqslant \|T\|$, 即 S 有界.

另外, 任给 $x \in H_1$. 在式 (1) 中令 $y = Tx$, 得

$$\begin{aligned}\|Tx\|^2 &= \langle Tx, Tx\rangle = \langle x, S(Tx)\rangle \\ &\leqslant \|x\| \cdot \|S\| \cdot \|Tx\|.\end{aligned}$$

若 $Tx \neq 0$, 由上式得

$$\|Tx\| \leqslant \|x\| \cdot \|S\|.$$

若 $Tx = 0$, 此式也成立. 由此得 $\|T\| \leqslant \|S\|$. 综上所证, $\|T\| = \|S\|$.

最后证明唯一性. 若还有一个线性算子 $G \in B(H_2, H_1)$, 使得

$$\langle Tx, y\rangle = \langle x, Gy\rangle, \quad x \in H_1, y \in H_2.$$

由此得

$$\langle x, (G-S)y\rangle = 0.$$

在上式中令 $x = (G-S)y$, 得 $(G-S)y = 0$. 注意到 $y \in H_2$ 的任意性, 于是得 $G = S$. □

【例 3.3.1】 给定 n 维复内积空间 $\mathbb{C}^n$ 中的一组标准正交基 $\{e_1, e_2, \cdots, e_n\}$. 设 $T \in B(\mathbb{C}^n)$, 即 T 是 $\mathbb{C}^n$ 上的线性算子, 于是 T 由在基 $\{e_1, e_2, \cdots, e_n\}$ 上的取值确定. 任意给定 i $(1 \leqslant i \leqslant n)$, 令

$$Te_i = \sum_{j=1}^{n} a_{ij} e_j, \quad a_{ij} \in \mathbb{C}, j = 1, 2, \cdots, n, \tag{2}$$

则 T 由复矩阵 (a_{ij}) 确定. 反之, 给定复矩阵 (a_{ij}), 由式 (2) 可定义线性算子 T. 易证 $B(\mathbb{C}^n)$ 与 $n \times n$ 阶复矩阵全体形成的线性空间同构. 因此, 在同构意义下, 可以把 T 与 (a_{ij}) 等同起来. 任给 $1 \leqslant i, k \leqslant n$, 则

$$\langle Te_i, e_k\rangle = \left\langle \sum_{j=1}^{n} a_{ij} e_j, e_k \right\rangle = a_{ik}.$$

令

$$T^* e_k = \sum_{m=1}^{n} b_{km} e_m,$$

则

$$\langle e_i, T^* e_k\rangle = \left\langle e_i, \sum_{m=1}^{n} b_{km} e_m \right\rangle = \overline{b_{ki}},$$

从而由 $\langle Te_i, e_k\rangle = \langle e_i, T^* e_k\rangle$, 得 $b_{ki} = \overline{a_{ik}}$, 即 T^* 为矩阵 (a_{ij}) 的共轭转置矩阵 $(\overline{a_{ji}})$.

把复矩阵的共轭转置的基本性质推广到希尔伯特空间的共轭算子上, 易证下面的结论.

命题 3.3.1 给定希尔伯特空间 H. 设 $T, T_1, T_2 \in B(H)$, $\alpha, \beta \in K$, 则下面的结论成立:

(1) $(\alpha T_1 + \beta T_2)^* = \overline{\alpha} T_1^* + \overline{\beta} T_2^*$;

(2) $(T_1 T_2)^* = T_2^* T_1^*$;

(3) $(T^*)^* = T$;

(4) 若 T 可逆, 则 $(T^*)^{-1} = (T^{-1})^*$;

(5) $\|T\|^2 = \|T^*\|^2 = \|TT^*\|$.

【例 3.3.2】 给定积分核 $K(t,s)$ $(0 \leqslant t, s \leqslant 1)$, 即 $K(t,s)$ 是定义在矩形 $[0,1] \times [0,1]$ 上的平方可积函数. 考虑希尔伯特空间 $L^2[0,1]$ 上的积分算子

$$(Tx)(t) = \int_0^1 K(t,s)x(s)\mathrm{d}s, \quad x(s) \in L^2[0,1].$$

任给 $y(s) \in L^2[0,1]$, 由富比尼 (Fubini) 定理得

$$\begin{aligned}\langle Tx, y \rangle &= \int_0^1 \int_0^1 K(t,s)x(s)\overline{y(t)}\mathrm{d}s\mathrm{d}t \\ &= \int_0^1 x(s)\overline{\left(\int_0^1 \overline{K(t,s)}y(t)\mathrm{d}t\right)}\mathrm{d}s \\ &= \int_0^1 x(t)\overline{\left(\int_0^1 \overline{K(s,t)}y(s)\mathrm{d}s\right)}\mathrm{d}t \\ &= \langle x, T^*y \rangle.\end{aligned}$$

由此得

$$(T^*y)(t) = \int_0^1 \overline{K(s,t)}y(s)\mathrm{d}s.$$

于是 T^* 的积分核是 $\overline{K(s,t)}$.

给定希尔伯特空间 H 及有界线性算子 $T \in B(H)$, 则 $R(T) = \{Tx : x \in H\}$ 是 T 的值域, $N(T) = \{x \in H : Tx = 0\}$ 是 T 的零空间, 零空间也记为 $\ker T$. 类似地, $R(T^*)$ 和 $N(T^*)$ 分别是 T^* 的值域和零空间. 它们之间有下面的关系.

定理 3.3.2 记号同上. 下面的结论成立:

$$N(T) = R(T^*)^{\perp}, \quad N(T^*) = R(T)^{\perp};$$

$$\overline{R(T)} = N(T^*)^{\perp}, \quad \overline{R(T^*)} = N(T)^{\perp}.$$

证明: 一方面, 任给 $x \in N(T)$, 有 $Tx = 0$. 任取 $y \in R(T^*)$, 则存在 $x' \in H$, 使得 $y = T^*x'$. 因

$$\langle x, y\rangle = \langle x, T^*x'\rangle = \langle Tx, x'\rangle = 0,$$

故 $x \in R(T^*)^{\perp}$. 由此得

$$N(T) \subseteq R(T^*)^{\perp}.$$

另一方面, 任给 $y \in R(T^*)^{\perp}$. 对于任何 $x \in H$, 因 $T^*x \in R(T^*)$, 故

$$0 = \langle y, T^*x\rangle = \langle Ty, x\rangle.$$

由此得 $Ty = 0$, 从而 $y \in N(T)$. 于是

$$R(T^*)^{\perp} \subseteq N(T).$$

综上所证, $N(T) = R(T^*)^{\perp}$. 类似可证, $N(T^*) = R(T)^{\perp}$.

在上面证明的基础上, 由命题 3.1.3 (3), 得

$$N(T^*)^{\perp} = (R(T)^{\perp})^{\perp} = \overline{R(T)}.$$

类似可得, $\overline{R(T^*)} = N(T)^{\perp}$. □

定义 3.3.2 给定希尔伯特空间 H 及有界线性算子 $T \in B(H)$. 若 $T = T^*$, 则称 T 是自伴算子或自共轭算子.

具体到例 3.3.1, 在 $\mathbb{C}^n$ 中, 若复矩阵 (a_{ij}) 满足 $(a_{ij}) = \overline{(a_{ji})}$, 则 (a_{ij}) 就是自伴算子的退化模型.

在例 3.3.2 中, 若积分核 $K(t,s)$ 满足 $K(t,s) = \overline{K(s,t)}$, 则由其定义的积分算子 T 满足 $T = T^*$, 可知 T 是自伴算子.

当 $T \in B(H)$ 是自伴算子时, 对于任何 $x \in H$, 因

$$\langle Tx, x\rangle = \langle x, T^*x\rangle = \langle x, Tx\rangle = \overline{\langle Tx, x\rangle},$$

故 $\langle Tx, x\rangle \in \mathbb{R}$. 反之, 若 H 是复希尔伯特空间, 则由 $\langle Tx, x\rangle \in \mathbb{R}, x \in H$, 可得 T 是自伴算子, 从而有如下定理.

定理 3.3.3 给定复希尔伯特空间 H 及有界线性算子 $T \in B(H)$. 则 T 是自伴算子的充要条件是: 对于任何 $x \in H$, $\langle Tx, x\rangle$ 都是实数.

证明: 必要性上面已证, 下证充分性. 假设对于任何 $x \in H$, 都有 $\langle Tx, x\rangle \in \mathbb{R}$. 于是, 对于任意 $x, y \in H$ 及 $\lambda \in \mathbb{C}$, 有

$$\langle T(\lambda x + y), \lambda x + y\rangle = |\lambda|^2\langle Tx, x\rangle + \lambda\langle Tx, y\rangle + \overline{\lambda}\langle Ty, x\rangle + \langle Ty, y\rangle \in \mathbb{R}.$$

注意到 $\langle Tx, x\rangle$ 和 $\langle Ty, y\rangle$ 均为实数, 对上面的等式取共轭运算, 得

$$\langle T(\lambda x+y), \lambda x+y\rangle = |\lambda|^2\langle Tx, x\rangle + \overline{\lambda}\langle y, Tx\rangle + \lambda\langle x, Ty\rangle + \langle Ty, y\rangle \in \mathbb{R}.$$

于是得

$$\lambda\langle Tx, y\rangle + \overline{\lambda}\langle Ty, x\rangle = \overline{\lambda}\langle y, Tx\rangle + \lambda\langle x, Ty\rangle.$$

在上面等式中令 $\lambda = 1$, 得

$$\langle Tx, y\rangle + \langle Ty, x\rangle = \langle y, Tx\rangle + \langle x, Ty\rangle. \tag{3}$$

再令 $\lambda = \mathrm{i}$, 得

$$\mathrm{i}\langle Tx, y\rangle - \mathrm{i}\langle Ty, x\rangle = -\mathrm{i}\langle y, Tx\rangle + \mathrm{i}\langle x, Ty\rangle.$$

上式两边同除以 i, 得

$$\langle Tx, y\rangle - \langle Ty, x\rangle = -\langle y, Tx\rangle + \langle x, Ty\rangle. \tag{4}$$

式 (3) 与式 (4) 相加, 得

$$\langle Tx, y\rangle = \langle x, Ty\rangle.$$

于是由定义 3.3.1 知 T 是自伴算子. □

下面利用有界共轭双线性形式来刻画自伴算子.

定义 3.3.3 给定希尔伯特空间 H_1 和 H_2. 设映射 $\varphi: H_1 \times H_2 \to K$, 若对于任意 $x, y \in H_1, z, w \in H_2$ 及 $\alpha, \beta \in K$, 都满足

(1) $\varphi(\alpha x + \beta y, z) = \alpha\varphi(x, z) + \beta\varphi(y, z)$,

(2) $\varphi(x, \alpha z + \beta w) = \overline{\alpha}\varphi(x, z) + \overline{\beta}\varphi(x, w)$,

则称 φ 为定义在乘积空间 $H_1 \times H_2$ 上的双线性形式或双线性泛函. 若存在常数 $M > 0$, 使得 $|\varphi(x, z)| \leqslant M\|x\| \cdot \|z\|$, 则称 φ 是有界的, $\|\varphi\| = \sup\limits_{\|x\|\leqslant 1, \|z\|\leqslant 1} |\varphi(x, z)|$ 称为 φ 的范数. 特别地, 若定义在希尔伯特空间 H 上的双线性形式 φ 满足对于任意 $x, y \in H$, 都有 $\overline{\varphi(x, y)} = \varphi(y, x)$, 则称 φ 是共轭双线性形式或埃尔米特 (Hermite) 形式.

给定希尔伯特空间 H 上的有界线性算子 $T \in B(H)$. 任给 $x, y \in H$, 令 $\varphi(x, y) = \langle Tx, y\rangle$. 易证 φ 是一个双线性形式, 而且 $\|\varphi\| = \|T\|$. 若 T 是自伴的, 则 φ 是埃尔米特形式. 反之也成立.

定理 3.3.4 设 φ 是希尔伯特空间 H 上的有界双线性形式. 则存在唯一的有界线性算子 $T \in B(H)$, 使得 $\varphi(x, y) = \langle Tx, y\rangle, x, y \in H$. 进而若 φ 还是埃尔米特形式, 则 T 是自伴算子.

证明: 任意固定 $x\in H$. 定义 H 上的线性泛函 $f_x(y)=\overline{\varphi(x,y)}, y\in H$. 因

$$|f_x(y)|=|\overline{\varphi(x,y)}|\leqslant\|\varphi\|\|x\|\cdot\|y\|,$$

故 $f_x\in H^*=H$. 由定理 3.2.1 (里斯表示定理) 知, 存在唯一的元素 $x'\in H$, 满足 $\|x'\|=\|f_x\|$, 使得

$$f_x(y)=\langle y,x'\rangle.$$

令 $Tx=x', x\in H$. 类似于定理 3.3.1 的证明过程, 可知 $T\in B(H)$ 且是唯一的. 由上述构造得

$$\varphi(x,y)=\langle Tx,y\rangle,\quad x,y\in H.$$

若 φ 还是埃尔米特形式. 由上面的证明, 对于任意 $x,y\in H$, 有

$$\langle Tx,y\rangle=\varphi(x,y)=\overline{\varphi(y,x)}=\overline{\langle Ty,x\rangle}=\langle x,Ty\rangle.$$

于是由定义 3.3.1 知 $T=T^*$, 即 T 是自伴算子. □

给定希尔伯特空间 H 上的自伴算子 $T\in B(H)$. 则 $M=\sup\{\langle Tx,x\rangle:x\in H,\|x\|=1\}$ 称为 T 的上界, $m=\inf\{\langle Tx,x\rangle:x\in H,\|x\|=1\}$ 称为 T 的下界.

定理 3.3.5 给定希尔伯特空间 H 上的自伴算子 $T\in B(H)$. 则

$$\|T\|=\max\{|m|,|M|\}.$$

证明: 记 $a=\max\{|m|,|M|\}$. 当 $\|x\|=1$ 时, 因 $|\langle Tx,x\rangle|\leqslant\|T\|$, 故 $a\leqslant\|T\|$. 下证 $\|T\|\leqslant a$. 当 $\|x\|=1$ 时, $|\langle Tx,x\rangle|\leqslant a$. 于是对于任何非零的 $x\in H$, 由于 $\left\|\dfrac{x}{\|x\|}\right\|=1$, 故

$$\left|\left\langle T\left(\frac{x}{\|x\|}\right),\frac{x}{\|x\|}\right\rangle\right|\leqslant a,$$

即

$$|\langle Tx,x\rangle|\leqslant a\|x\|^2.$$

当 $x=0$ 时此式也成立. 任给 $\lambda>0$, 对于任意 $x\in H$, 由 T 的自伴性易知下式成立:

$$\begin{aligned}\|Tx\|^2=&\frac{1}{4}\left[\left\langle T\left(\lambda x+\frac{1}{\lambda}Tx\right),\lambda x+\frac{1}{\lambda}Tx\right\rangle\right.\\&\left.-\left\langle T\left(\lambda x-\frac{1}{\lambda}Tx\right),\lambda x-\frac{1}{\lambda}Tx\right\rangle\right].\end{aligned}$$

由上面的证明得

$$\|Tx\|^2\leqslant\frac{1}{4}a\left(\left\|\lambda x+\frac{1}{\lambda}Tx\right\|^2+\left\|\lambda x-\frac{1}{\lambda}Tx\right\|^2\right)$$

$$= \frac{1}{2}a\left(\lambda^2\|x\|^2 + \frac{1}{\lambda^2}\|Tx\|^2\right).$$

当 $x \neq 0$ 时, 在上式中取 $\lambda = \left(\frac{\|Tx\|}{\|x\|}\right)^{\frac{1}{2}}$, 得

$$\begin{aligned}\|Tx\|^2 &\leqslant \frac{1}{2}a\left(\frac{\|Tx\|}{\|x\|}\|x\|^2 + \frac{\|x\|}{\|Tx\|}\|Tx\|^2\right)\\ &= a\|Tx\|\ \|x\|.\end{aligned}$$

于是

$$\|Tx\| \leqslant a\|x\|.$$

此式对于 $x = 0$ 也成立. 由此得 $\|T\| \leqslant a$. 综上所证, $\|T\| = a$. □

由定理 3.3.5 立得下面的推论.

推论 3.3.1　给定希尔伯特空间 H 上的自伴算子 $T \in B(H)$, 则 $\|T\| = \sup\{|\langle Tx, x\rangle| : x \in H, \|x\| = 1\}$.

3.3.2　正常算子和酉算子

下面介绍正常算子和酉算子.

定义 3.3.4　给定希尔伯特空间 H 上的有界线性算子 $T \in B(H)$. 若 $TT^* = T^*T$, 则称 T 是正常算子; 若 $TT^* = T^*T = I$, 则称 T 是酉算子, 其中 I 是 H 上的单位算子.

若 T 是希尔伯特空间 H 上的正常算子, 则对于任何 $x \in H$, 下面的等式成立:

$$\begin{aligned}\|Tx\|^2 &= \langle Tx, Tx\rangle = \langle T^*Tx, x\rangle = \langle TT^*x, x\rangle\\ &= \langle T^*x, T^*x\rangle = \|T^*x\|^2,\end{aligned}$$

即

$$\|Tx\| = \|T^*x\|.$$

反之也成立, 即下面的命题.

命题 3.3.2　设 T 是希尔伯特空间 H 上的有界线性算子, 则 T 是正常算子的充要条件是: 对于任何 $x \in H$, 都有 $\|Tx\| = \|T^*x\|$.

证明: 必要性上面已证, 下证充分性. 设对于任何 $x \in H$, 都有

$$\|Tx\| = \|T^*x\|.$$

由此得

$$\langle Tx, Tx\rangle = \langle T^*x, T^*x\rangle,$$

于是

$$\langle (T^*T - TT^*)x, x\rangle = 0.$$

注意到 $T^*T - TT^*$ 是自伴算子, 从而由推论 3.3.1 知

$$T^*T - TT^* = 0.$$

因此 T 是正常算子. □

由定义 3.3.4 知, T 是酉算子的等价形式是, T 有有界逆算子 T^{-1}, 且 $T^{-1} = T^*$. 另外, 若 T 是酉算子, 则对于任何 $x \in H$, 类似于上面的推导过程可得, $\|Tx\| = \|x\|$, 即 T 是等距同构映射. 反之也成立, 即下面的命题.

命题 3.3.3 设 T 是希尔伯特空间 H 上的线性算子, 则 T 是酉算子的充要条件是: T 是等距同构映射.

证明: 必要性已证, 下面证明充分性. 设 T 是等距同构映射. 于是对于任何 $x \in H$, 都有

$$\|Tx\| = \|x\|.$$

由此得

$$\langle Tx, Tx\rangle = \langle x, x\rangle,$$

从而

$$\langle (T^*T - I)x, x\rangle = 0.$$

由推论 3.3.1 得 $T^*T = I$. 因 T 是等距满射, 故 T^{-1} 存在且有界. 由于

$$T^* = T^*(TT^{-1}) = (T^*T)T^{-1} = T^{-1},$$

因此 T 是酉算子. □

注 3.3.1 (1) 给定希尔伯特空间 H 上的有界线性算子 $T \in B(H)$. 令

$$T_1 = \frac{T + T^*}{2}, \quad T_2 = \frac{T - T^*}{2\mathrm{i}}.$$

验证易知, T_1 和 T_2 均为自伴算子, 而且 $T = T_1 + \mathrm{i}T_2$. T_1 和 T_2 分别称为 T 的实部和虚部. 例行推导可知, T 是正常算子的充要条件是: $T_1T_2 = T_2T_1$.

(2) 给定算子 $U \in B(H)$. 若对于任意 $x \in H$, 都有 $\|Ux\| = \|x\|$, 则称 U 是等距算子. 若存在 H 的闭子空间 H_1, 使得对于任意 $x \in H_1$, 都有 $\|Ux\| = \|x\|$, 对于任意 $x \in H_1^{\perp}$, 都有 $Ux = 0$, 则称 U 是部分等距算子. 因此由上述命题 3.3.3 知, U 是酉算子的充要条件是: U 是满的等距算子.

【例 3.3.3】(双侧移位算子)　给定复可分希尔伯特空间 H. 设 $\{e_n : n=0,\pm1,\pm2,\cdots\}$ 是 H 的标准正交基. 若 H 上的有界线性算子 U 满足

$$Ue_n = e_{n+1},\quad n=0,\pm1,\pm2,\cdots,$$

则称 U 是双侧移位算子. 对于任意 $x=\sum\limits_{n=-\infty}^{+\infty}\langle x,e_n\rangle e_n\in H$, 由 U 的连续性得

$$Ux=\sum_{n=-\infty}^{+\infty}\langle x,e_n\rangle Ue_n=\sum_{n=-\infty}^{+\infty}\langle x,e_n\rangle e_{n+1},$$

从而得

$$\|Ux\|^2=\sum_{n=-\infty}^{+\infty}|\langle x,e_n\rangle|^2=\|x\|^2,$$

于是 U 是等距算子. 又因 U 的逆映射

$$U^{-1}:H\to H, e_n\mapsto e_{n-1},\quad n=0,\pm1,\pm2,\cdots,$$

故 U 还是满射. 于是由命题 3.3.3 得 U 是酉算子.

具体到复空间 $L^2[0,2\pi]$, 取标准正交基

$$\left\{\frac{1}{\sqrt{2\pi}}\mathrm{e}^{int} : t\in[0,2\pi], n=0,\pm1,\pm2,\cdots\right\}.$$

构造乘法算子

$$U:L^2[0,2\pi]\to L^2[0,2\pi], f(t)\mapsto \mathrm{e}^{\mathrm{i}t}f(t),\quad f(t)\in L^2[0,2\pi],$$

即

$$(Uf)(t)=\mathrm{e}^{\mathrm{i}t}f(t),\quad f(t)\in L^2[0,2\pi], t\in[0,2\pi].$$

由此得

$$U\mathrm{e}^{int}=\mathrm{e}^{\mathrm{i}(n+1)t},\quad t\in[0,2\pi], n=0,\pm1,\pm2,\cdots,$$

故 U 是双侧移位算子, 从而是酉算子.

3.3.3　投影算子

投影算子是简单的算子, 也是重要的算子. 第 5 章将利用投影算子族构成的谱系对酉算子、自伴算子、紧算子进行谱分解.

在 $\mathbb{R}^2$ 中, 记 $\mathbb{R}_1^2=\{(x_1,0):x_1\in\mathbb{R}\}, \mathbb{R}_2^2=\{(0,x_2):x_2\in\mathbb{R}\}$. 则 $\mathbb{R}_1^2$ 和 $\mathbb{R}_2^2$ 均为 $\mathbb{R}^2$ 的闭子空间, 且 $\mathbb{R}^2=\mathbb{R}_1^2\oplus\mathbb{R}_2^2$. 令

$$P:\mathbb{R}^2\to\mathbb{R}^2, x=(x_1,x_2)\mapsto(x_1,0),\quad x=(x_1,x_2)\in\mathbb{R}^2,$$

则 P 是从 $\mathbb{R}^2$ 沿 $\mathbb{R}_2^2$ 到 $\mathbb{R}_1^2$ 的正交投影, 简称 $\mathbb{R}^2$ 到 $\mathbb{R}_1^2$ 的投影, 在不产生混淆的情况下叫作投影. 取标准正交基 $e_1=(1,0), e_2=(0,1)$. 易证, P 在基 (e_1,e_2) 下的矩阵是 $A_P=\begin{pmatrix}1&0\\0&0\end{pmatrix}$. 于是, $A_P^*=A_P$ 且 $(A_P)^2=A_P$, 即 A_P 是自伴的幂等矩阵. 类似地, 在欧氏空间 $\mathbb{R}^n$ 中, 固定正整数 m $(1\leqslant m\leqslant n)$. 记 $\mathbb{R}_m^n=\{x=(x_1,x_2,\cdots,x_m,0,\cdots,0)\in\mathbb{R}^n\}$, $\mathbb{R}_{n-m}^n=\{x=(0,0,\cdots,0,x_{m+1},\cdots,x_n)\in\mathbb{R}^n\}$. 则它们均为 $\mathbb{R}^n$ 的闭子空间, 且 $\mathbb{R}^n=\mathbb{R}_m^n\oplus\mathbb{R}_{n-m}^n$. 构造投影算子

$$P:\mathbb{R}^n\to\mathbb{R}^n, x=(x_1,x_2,\cdots,x_n)\mapsto(x_1,x_2,\cdots,x_m,0,\cdots,0).$$

取定 $\mathbb{R}^n$ 的一组标准正交基 $\{e_i\}_{i=1}^n$. 则 P 在基 $\{e_i\}_{i=1}^n$ 下的矩阵为 $A_P=\begin{pmatrix}I_m&0\\0&0\end{pmatrix}$. 在分块矩阵 A_P 中, I_m 是 $m\times m$ 阶单位矩阵. 于是 A_P 是自伴的幂等矩阵. 反之易证, 自伴的幂等矩阵对应投影算子.

推而广之, 给定希尔伯特空间 H 及其闭子空间 H_1, 于是 $H=H_1\oplus H_1^{\perp}$, 从而可类似于欧氏空间情形引入投影算子的概念.

定义 3.3.5 给定希尔伯特空间 H 及其闭子空间 H_1. 令 $P:H\to H, x\mapsto x_1, x=x_1+x_2\in H, x_1\in H_1, x_2\in H_1^{\perp}$, 则称 P 是从 H 到 H_1 的投影算子, 简称投影.

由定义 3.3.5 知, 若 P 是从 H 到 H_1 的投影, 则当 $x\in H_1$ 时 $P(x)=x$, 当 $x\in H_1^{\perp}$ 时 $P(x)=0$. 由此可知, P 是线性的且 $\|P\|\leqslant 1$. 特别地, $P=0$ 和 $P=I$ 分别是到零空间和全空间上的投影.

受欧氏空间情形启发, 下面给出希尔伯特空间上投影算子的一个等价刻画. 为此, 先给出幂等算子的概念: 若 $T^2=T$, 则 $T\in B(H)$ 称为幂等算子.

定理 3.3.6 给定希尔伯特空间 H 上的有界线性算子 $P\in B(H)$, 则 P 是投影算子的充要条件是: P 是自伴的幂等算子.

证明: 若 $P=0$ 或 $P=I$, 则结论显然成立. 下设 $P\neq 0$ 且 $P\neq I$.

先证必要性. 设 P 是从 H 到闭子空间 H_1 的投影算子. 对于任何 $x,y\in H$, 令

$$x=x_1+x_2,\quad x_1\in H_1, x_2\in H_1^{\perp},$$

$$y=y_1+y_2,\quad y_1\in H_1, y_2\in H_1^{\perp}.$$

于是

$$Px=x_1,\ Py=y_1.$$

由此得

$$\langle Px,y\rangle=\langle x_1,y_1+y_2\rangle=\langle x_1,y_1\rangle$$

$$= \langle x_1 + x_2, Py \rangle = \langle x, Py \rangle.$$

因此 P 是自伴算子. 又因

$$P^2 x = P(Px) = Px_1 = x_1 = Px,$$

故 P 是幂等算子.

再证充分性. 设 P 是自伴的幂等算子, 即 $P^* = P = P^2$. 令

$$H_1 = \{x \in H : (I - P)x = 0\}, \quad H_2 = \{x \in H : Px = 0\}.$$

因 P 和 $I - P$ 都是连续线性算子, 故 H_1 和 H_2 都是 H 的闭子空间. 对于任意 $x \in H$, 有

$$x = Px + (I - P)x.$$

记 $x_1 = Px, x_2 = (I - P)x$. 因

$$(I - P)x_1 = (I - P)Px = 0,$$

故 $x_1 \in H_1$. 又因

$$Px_2 = P(I - P)x = 0,$$

故 $x_2 \in H_2$. 由于

$$\langle Px, (I - P)x \rangle = \langle x, P(I - P)x \rangle = 0,$$

因此 $H_1 \perp H_2$. 于是 $H = H_1 \oplus H_2$, 由此得 $H_2 = H_1^{\perp}$. 综上所证, P 是从 H 到 H_1 的投影算子. □

在复希尔伯特空间中, 由定理 3.3.6 和定理 3.3.3 可得投影算子的另一等价刻画.

推论 3.3.2 设 P 是复希尔伯特空间 H 上的有界线性算子, 则 P 是投影算子的充要条件是: 对于任何 $x \in H$, 都有 $\|Px\|^2 = \langle Px, x \rangle$.

证明: 若 P 是投影算子, 则对于任何 $x \in H$, 都有

$$\|Px\|^2 = \langle Px, Px \rangle = \langle P^2 x, x \rangle = \langle Px, x \rangle.$$

反之, 假设对于任何 $x \in H$, 都有 $\|Px\|^2 = \langle Px, x \rangle$ 成立. 由此得 $\langle Px, x \rangle \geqslant 0$. 于是由定理 3.3.3 知, P 是自伴算子. 由于

$$\langle Px, x \rangle = \|Px\|^2 = \langle Px, Px \rangle = \langle P^2 x, x \rangle,$$

因此 $\langle (P - P^2)x, x \rangle = 0$. 利用极化恒等式可得, 对于任何 $x, y \in H$, 都有 $\langle (P - P^2)x, y \rangle = 0$. 由此得 $P^2 = P$, 即 P 是幂等算子. 进而由定理 3.3.6 知, P 是投影算子. □

注 3.3.2 (1) 记号同上. 对于非零的投影算子 P, 有 $\|P\|=1$. 事实上, 一方面由推论 3.3.2 知, 对于任何 $x\in H$, 有

$$\|Px\|^2=\langle Px,x\rangle\leqslant\|Px\|\cdot\|x\|.$$

于是 $\|Px\|\leqslant\|x\|$, 由此得 $\|P\|\leqslant 1$. 另一方面, 因

$$\begin{aligned}\|P\|&=\sup\{\|Px\|:x\in H,\|x\|=1\}\\&\geqslant\sup\{\|Px\|:x\in H_1,\|x\|=1\}\\&=\sup\{\|x\|:x\in H_1,\|x\|=1\}=1,\end{aligned}$$

故 $\|P\|=1$.

(2) 可以证明, 若 P 是希尔伯特空间 H 上非零的幂等算子, 则 P 是投影算子的充要条件是 $\|P\|=1$.

接下来考虑投影算子的运算.

命题 3.3.4 给定希尔伯特空间 H 及其闭子空间 M 和 L. 设 P_M 和 P_L 分别是 H 到 M 和 L 的投影算子, 则 P_M+P_L 是投影算子的充要条件是 $P_MP_L=0$. 当 $P_MP_L=0$ 时, 有 $M\perp L$, 而且 $P_M+P_L=P_{M\oplus L}$.

证明: 先证必要性. 设 P_M+P_L 是投影算子. 于是

$$\begin{aligned}P_M+P_L&=(P_M+P_L)^2\\&=P_M^2+P_L^2+P_MP_L+P_LP_M\\&=P_M+P_L+P_MP_L+P_LP_M,\end{aligned}$$

从而

$$P_MP_L+P_LP_M=0.$$

对此式分别左乘和右乘 P_M, 得

$$P_MP_L+P_MP_LP_M=0,$$

$$P_LP_M+P_MP_LP_M=0.$$

由此得

$$P_MP_L=P_LP_M.$$

综上所证, $P_MP_L=0$.

再证充分性. 设 $P_MP_L=0$. 于是

$$(P_M+P_L)^2=P_M^2+P_L^2=P_M+P_L,$$

这表明 P_M+P_L 是幂等算子. 又因 P_M+P_L 显然是有界自伴算子, 故 P_M+P_L 是投影算子.

当 $P_MP_L=0$ 时, 下证 $P_M+P_L=P_{M\oplus L}$.

首先易证, $P_MP_L=0$ 等价于 $L\perp M$. 事实上, 若 $P_MP_L=0$, 则对于任何 $x\in L$, 都有 $P_Mx=P_MP_Lx=0$. 此即表明 $L\perp M$. 反之, 若 $L\perp M$, 则对于任何 $x\in H$, 因 $P_Lx\in L$, 故 $P_MP_Lx=0$.

对于任意 $x\in M\oplus L$, 令 $x=x_1+x_2, x_1\in M, x_2\in L$. 于是

$$\begin{aligned}(P_M+P_L)x&=(P_M+P_L)(x_1+x_2)\\&=P_Mx_1+P_Lx_2=x_1+x_2=x.\end{aligned}$$

另外, 当 $x\in(M\oplus L)^{\perp}$ 时, 因 $x\perp M$ 且 $x\perp L$, 故

$$(P_M+P_L)x=P_Mx+P_Lx=0.$$

从而由定义 3.3.5 知, $P_M+P_L=P_{M\oplus L}$. □

给定希尔伯特空间上的投影算子 $P_1,P_2\in B(H)$. 若 $P_1P_2=0$, 则称 P_1 和 P_2 正交, 记为 $P_1\perp P_2$. 命题 3.3.4 说明, 两个投影之和还是投影的充要条件是: 这两个投影正交. 类似于命题 3.3.4 的证明, 若有限多个投影两两正交, 则它们的和也是投影. 后面还会讨论两两正交的投影列的求和问题及投影之间的比较概念.

命题 3.3.5　记号与命题 3.3.4 中相同. 则 P_MP_L 是投影算子的充要条件是 $P_MP_L=P_LP_M$. 此外, 当 $P_MP_L=P_LP_M$ 时, 有 $P_MP_L=P_{M\cap L}$.

证明: 先证必要性. 设 P_MP_L 是投影算子, 于是

$$P_MP_L=(P_MP_L)^*=(P_L)^*(P_M)^*=P_LP_M.$$

再证充分性. 设 $P_MP_L=P_LP_M$, 于是

$$(P_MP_L)^*=(P_L)^*(P_M)^*=P_LP_M=P_MP_L,$$

而且

$$(P_MP_L)^2=(P_MP_L)(P_MP_L)=(P_M)^2(P_L)^2=P_MP_L.$$

这表明 P_MP_L 是自伴的幂等算子, 从而由定理 3.3.6 知, P_MP_L 是投影算子.

当 $P_MP_L=P_LP_M$ 时, 若 $x\in M\cap L$, 则 $P_MP_Lx=x$; 若 $x\in(M\cap L)^{\perp}$, 则对于任意的 $y\in M\cap L$, 有

$$\langle P_MP_Lx,y\rangle=\langle x,P_MP_Ly\rangle=\langle x,y\rangle=0.$$

这表明 $P_MP_Lx\perp M\cap L$. 另外, 由定义 3.3.5 知

$$P_MP_Lx=P_LP_Mx\in M\cap L,$$

因此 $P_MP_Lx=0$. 再由定义 3.3.5 知 $P_MP_L=P_{M\cap L}$. □

3.3.4 紧算子

前面多次提到过, 欧氏空间中的矩阵可看作无穷维空间上线性算子的退化模型. 而真正类似于矩阵的是下面要讲的紧算子, 其性质类似于矩阵. 紧算子在求解积分方程和数学、物理问题时是重要工具之一.

定义 3.3.6 设 H 是希尔伯特空间, T 是定义在 H 上的线性算子. 若 T 把 H 中的任何有界集都映成列紧集, 则称 T 是紧算子或全连续算子.

由列紧集的定义知, T 是紧算子的充要条件是: 任给有界点列 $\{x_n\}_{n=1}^{\infty} \subset H$, $\{Tx_n\}_{n=1}^{\infty}$ 都存在收敛子列.

注 3.3.3 (1) 紧算子是有界线性算子.

事实上, 由定义 3.3.6 知, 紧算子把有界集映成列紧集. 而由推论 1.4.1 知, 列紧集都是有界集. 再结合命题 2.4.1 得, 紧算子是有界线性算子.

(2) 定义 3.3.6 等价于下面的结论.

T 是紧算子的充要条件是: $T(S)$ 是 H 中的列紧集, 即 $\overline{T(S)}$ 是紧集. 其中 $S = \{x \in H : \|x\| \leqslant 1\}$ 为 H 的闭单位球.

事实上, 若 T 是紧算子, 因 S 是 H 中的有界集, 故由定义 3.3.6 知 $T(S)$ 是 H 中的列紧集, 即 $\overline{T(S)}$ 是紧集. 反之, 设 $T(S)$ 是 H 中的列紧集. 任给有界集 $A \subset H$, 于是存在正数 λ_A, 使得 $\lambda_A A \subset S$, 从而 $\lambda_A T(A) = T(\lambda_A A) \subset T(S)$ 是列紧集. 由此可得, $T(A) = \dfrac{1}{\lambda_A} T(\lambda_A A)$ 是列紧集.

(3) 类似于定义 3.3.6, 也可在两个希尔伯特空间之间引入紧算子的概念, 甚至可在一般赋范空间上定义紧算子.

给定希尔伯特空间 H. 定义在 H 上的紧算子全体的集合记为 $C(H)$. 由注 3.3.3 知, $C(H) \subset B(H)$.

定义 3.3.7 给定希尔伯特空间 H 中的有界线性算子 $T \in B(H)$. 若 $R(T)$ 是 H 中的有限维子空间, 则称 T 是有限秩算子. 定义在 H 上的有限秩算子全体的集合记为 $F(H)$.

给定有限秩算子 $T \in B(H)$. 对于任何有界集 $A \subset H$, $T(A)$ 是 $R(T)$ 中的有界集. 因有限维空间中的有界集都是列紧集, 故 T 是紧算子. 于是 $F(H) \subset C(H)$.

给定 $x_0, y_0 \in H$. 用 $x_0 \otimes y_0$ 表示算子

$$x_0 \otimes y_0(x) = \langle x, x_0 \rangle y_0, \quad x \in H,$$

称为秩一算子. 易知 $x_0 \otimes y_0 \in F(H)$. 进而, 给定正整数 n_0 及 $x_1, x_2, \cdots, x_{n_0}, y_1, y_2, \cdots, y_{n_0} \in H$, 则 $T = \sum\limits_{i=1}^{n_0} x_i \otimes y_i \in F(H)$. 下面证明, $F(H)$ 中的元素都是这种形式. 事实上, 任

给 $T \in F(H)$, 其值域 $R(T)$ 是有限维子空间. 取一组标准正交基 $\{e_1, e_2, \cdots, e_n\} \subset R(T)$, 则对于任意 $x \in H$, 都有

$$Tx = \sum_{i=1}^{n} \langle Tx, e_i \rangle e_i.$$

任意固定 i $(1 \leqslant i \leqslant n)$. 令 $f_i(x) = \langle Tx, e_i \rangle$. 于是 $f_i(x)$ 是 H 上的有界线性泛函. 由里斯表示定理知, 存在 $x_i \in H$, 使得 $f_i(x) = \langle x, x_i \rangle$. 由上面的证明得

$$Tx = \sum_{i=1}^{n} \langle x, x_i \rangle e_i = \sum_{i=1}^{n} x_i \otimes e_i(x).$$

此即表明 $T = \sum_{i=1}^{n} x_i \otimes e_i$.

由上面的结论可证, 若 $T \in F(H)$, 则 $T^* \in F(H)$. 事实上, 因内积的线性性质, 故只需考虑秩一算子即可. 设 $T = x_1 \otimes y_1 \in F(H)$. 对于任意 $x, y \in H$, 一方面, 有

$$\langle x_1 \otimes y_1(x), y \rangle = \langle \langle x, x_1 \rangle y_1, y \rangle = \langle x, x_1 \rangle \langle y_1, y \rangle.$$

另一方面, 因

$$\langle x, y_1 \otimes x_1(y) \rangle = \langle x, \langle y, y_1 \rangle x_1 \rangle = \langle x, x_1 \rangle \langle y_1, y \rangle,$$

故

$$\langle x_1 \otimes y_1(x), y \rangle = \langle x, y_1 \otimes x_1(y) \rangle.$$

于是 $T^* = y_1 \otimes x_1 \in F(H)$.

下面给出紧算子集合 $C(H)$ 的基本性质.

命题 3.3.6 (1) $C(H)$ 是 $B(H)$ 的闭线性子空间.

(2) $\overline{F(H)} = C(H)$.

(3) 任给 $T \in B(H), T' \in C(H)$, 有 $TT', T'T \in C(H)$. 写成集合形式, 即 $B(H)C(H) \subset C(H), C(H)B(H) \subset C(H)$.

证明: (1) 因两个有界集的和还是有界集, 故由定义 3.3.6 易知, $C(H)$ 是 $B(H)$ 的线性子空间. 任给收敛点列 $\{T_n\}_{n=1}^{\infty} \subset C(H)$, 记 $\lim\limits_{n\to\infty} T_n = T \in B(H)$, 下证 $T \in C(H)$. 任给正数 ε, 都存在正整数 N_ε, 使得

$$\|T_{N_\varepsilon} - T\| < \frac{\varepsilon}{2}.$$

因 T_{N_ε} 是紧算子, 故 $T_{N_\varepsilon}(S)$ 是 H 中的列紧集, 其中 $S = \{x \in H : \|x\| \leqslant 1\}$ 为 H 的闭单位球. 由定理 1.4.1 知, $T_{N_\varepsilon}(S)$ 是完全有界集. 取其有限的 $\frac{\varepsilon}{2}$-网, 记为 $\{x_1, x_2, \cdots, x_m\}$. 于是

$$T_{N_\varepsilon}(S) \subset \bigcup_{i=1}^{m} O\left(x_i, \frac{\varepsilon}{2}\right),$$

从而

$$T(S)\subset\bigcup_{i=1}^{m}O(x_i,\varepsilon).$$

此即表明 $T(S)$ 是完全有界集. 再由定理 1.4.1 知, $T(S)$ 是列紧集. 于是由注 3.3.3 知, T 是紧算子. 因此 $C(H)$ 是 $B(H)$ 的闭子空间.

(2) 因 $F(H)\subset C(H)$, 再由结论 (1) 知 $C(H)$ 是闭的, 故 $\overline{F(H)}\subset C(H)$.

下证反向包含关系也成立. 记 $S_n=\{x\in H:\|x\|\leqslant n\}$ $(n=1,2,\cdots)$, 其中 S_1 即上面的闭单位球 S. 设 $T\in C(H)$, 于是每个 $\overline{T(S_n)}$ $(n=1,2,\cdots)$ 都是 H 中的紧集, 从而其自身作为度量空间都是可分的. 又因

$$\overline{R(T)}=\bigcup_{n=1}^{\infty}\overline{T(S_n)},$$

故闭子空间 $\overline{R(T)}$ 是可分的. 令 $\{e_1,e_2,\cdots,e_n,\cdots\}$ 为 $\overline{R(T)}$ 的一组标准正交基. 记 $H_n=\{x=\sum\limits_{i=1}^{n}\lambda_ie_i:\lambda_i\in K,i=1,2,\cdots,n\}$ $(n=1,2,\cdots)$. 令 P_n 为 H 到 H_n 的投影算子, 于是每个投影 $P_n\in F(H)$ $(n=1,2,\cdots)$. 再令 $T_n=P_nT$ $(n=1,2,\cdots)$, 从而每个 $T_n\in F(H)$ $(n=1,2,\cdots)$.

下证 $\|T_n-T\|\to 0,n\to\infty$. 由此表明 $C(H)\subset\overline{F(H)}$, 从而可得 $\overline{F(H)}=C(H)$.

为此, 对于任何 $x\in H$, 记 $y=Tx\in\overline{R(T)}$. 由上述构造知

$$\|P_ny-y\|\to 0,n\to\infty,$$

此即

$$\|T_nx-Tx\|\to 0,n\to\infty.$$

因 T 是紧算子, 故 $T(S_1)$ 是完全有界的. 于是对于任给的正数 ε, 都存在有限的 $\frac{\varepsilon}{3}$-网 $\{Tx_1,Tx_2,\cdots,Tx_m\},x_i\in H,i=1,2,\cdots,m$, 使得

$$T(S_1)\subset\bigcup_{i=1}^{m}O\left(Tx_i,\frac{\varepsilon}{3}\right).$$

由此, 对任意的 $x\in S_1$, 可选取 $x_j\in\{x_1,x_2,\cdots,x_m\}$, 使得

$$\|Tx-Tx_j\|<\frac{\varepsilon}{3}.$$

由上面的证明知, 对于上述 ε, 存在正整数 N_ε, 当 $n\geqslant N_\varepsilon$ 时, 对于每个 x_j $(1\leqslant j\leqslant m)$, 都有

$$\|T_nx_j-Tx_j\|<\frac{\varepsilon}{3}.$$

于是当 $n \geqslant N_\varepsilon$ 时, 对任何 $x \in S_1$, 都有

$$\begin{aligned}\|T_n x - Tx\| &= \|P_n Tx - Tx\| \\ &\leqslant \|P_n Tx - P_n Tx_j\| + \|P_n Tx_j - Tx_j\| + \|Tx_j - Tx\| \\ &\leqslant 2\|Tx - Tx_j\| + \|T_n x_j - Tx_j\| < \varepsilon,\end{aligned}$$

从而当 $n \geqslant N_\varepsilon$ 时, 有

$$\|T_n - T\| = \sup\{\|T_n x - Tx\| : \|x\| = 1\} \leqslant \varepsilon.$$

(3) 因连续线性算子把有界集映成有界集, 把列紧集映成列紧集. 故此结论成立. □

由命题 3.3.6 可得下面两个推论.

推论 3.3.3 希尔伯特空间 H 上的线性算子 T 是紧算子, 当且仅当共轭算子 T^* 也是紧算子.

证明: 若 $T \in C(H)$, 则由命题 3.3.6 知, 存在有限秩算子列 $\{T_n\}_{n=1}^\infty$, 使得

$$\|T_n - T\| \to 0, \quad n \to \infty.$$

由此得

$$\|T_n^* - T^*\| \to 0, \quad n \to \infty.$$

因 T_n^* $(n = 1, 2, \cdots)$ 都是有限秩算子, 故再由命题 3.3.6 知, $T^* \in C(H)$.

反之, 若 $T^* \in C(H)$, 则由 $T = (T^*)^*$, 类似于第一部分的证明即得 $T \in C(H)$. □

推论 3.3.4 设 H 是无穷维的复希尔伯特空间. 则任何紧算子 $T \in C(H)$ 都不存在有界逆算子.

证明: 用反证法. 假设紧算子 $T_0 \in C(H)$ 存在有界逆算子 $T_0^{-1} \in B(H)$. 于是由命题 3.3.6 知, $I = T_0 T_0^{-1}$ 也是紧算子. 再由定义 3.3.6 知, $I(S) = S$ 是 H 中的紧集, 其中 S 是 H 中的闭单位球. 进而由定理 2.2.2 知, H 是有限维空间, 这与题设 H 是无穷维空间矛盾. □

【例 3.3.4】 例 3.3.2 中定义的积分算子

$$(Tx)(t) = \int_0^1 K(t,s)x(s)\mathrm{d}s, \quad t \in [0,1], x(s) \in L^2[0,1]$$

是 $L^2[0,1]$ 上的紧算子. 其中积分核 $K(t,s) \in L^2([0,1] \times [0,1])$. 取 $L^2[0,1]$ 的一组标准正交基 $\{e_i : i = 1, 2, \cdots\}$. 令 $e_{ij}(t,s) = e_i(t)e_j(s), t, s \in [0,1]$, 则 $\{e_{ij} : i = 1, 2, \cdots; j =$

$1, 2, \cdots\}$ 是 $L^2([0,1]\times[0,1])$ 上的标准正交基, 从而 $K(t,s)$ 的傅里叶展开式为

$$K(t,s) = \sum_{i,j=1}^{\infty} \langle K, e_{ij}\rangle e_{ij}(t,s), \quad (t,s) \in [0,1]\times[0,1].$$

记 T_{ij} 是以 $e_{ij}(t,s), (t,s) \in [0,1]\times[0,1]$ 为积分核的积分算子, 则 T_{ij} 是秩一算子. 于是由命题 3.3.6 知, $T = \sum_{ij=1}^{\infty} \langle K, e_{ij}\rangle T_{ij}$ 是紧算子.

3.4 L^2 空间理论的应用

3.4.1 条件数学期望

条件数学期望是概率论和随机过程中重要的基本概念. 马尔可夫 (Markov) 过程和鞅概念都是借助条件数学期望定义的. 下面首先扼要回顾一下随机过程中条件数学期望的相关概念和结论.

定义 3.4.1 (概率空间) 给定非空集合 Ω. $\mathcal{A}$ 是 Ω 的一些子集形成的 σ-代数, P 是 $\mathcal{A}$ 上的概率测度, 则称三元组 $(\Omega, \mathcal{A}, P)$ 为概率空间.

若 $\mathcal{A}$ 满足下面三个条件:

(1) $\Omega \in \mathcal{A}$,

(2) 若 $A \in \mathcal{A}$, 则 $A^c = \Omega \setminus A \in \mathcal{A}$,

(3) 若集合列 $\{A_n\}_{n=1}^{\infty} \subset \mathcal{A}$, 则 $\bigcup_{n=1}^{\infty} A_n \in \mathcal{A}$,

则称 $\mathcal{A}$ 为 σ-代数. 若定义在 $\mathcal{A}$ 上的测度 P 满足 $P(\Omega) = 1$, 则称为正规测度, 亦称概率测度, 简称概率.

定义 3.4.2 (随机变量) 设 $(\Omega, \mathcal{A}, P)$ 是一个概率空间. $f : \Omega \to \mathbb{R}$ 是定义在 Ω 上的实函数. 若对任何实数 x, 都有 $\{\omega \in \Omega : f(\omega) < x\} \in \mathcal{A}$, 则称 f 为 $(\Omega, \mathcal{A}, P)$ 上的实随机变量, 简称实随机变量; 若 $f = f_1 + \mathrm{i} f_2$, 其中 f_1 和 f_2 均为实随机变量, i 为虚数单位 ($\mathrm{i}^2 = -1$), 则称 f 为复随机变量. Ω 上随机变量全体的集合记为 $\mathcal{M}(\Omega)$.

随机变量根据其值域的不同可分为离散型随机变量、连续型随机变量及混合型随机变量.

记 $L^1(\Omega, \mathcal{A}, P) = \left\{ f(\omega) \in \mathcal{M}(\Omega) : \int_{\Omega} |f(\omega)| \mathrm{d}P(\omega) < \infty \right\}$ 为关于概率 P 可积的随机变量全体的集合; $L^2(\Omega, \mathcal{A}, P) = \left\{ f(\omega) \in \mathcal{M}(\Omega) : \int_{\Omega} |f(\omega)|^2 \mathrm{d}P(\omega) < \infty \right\}$ 为关于

概率 P 平方可积的随机变量全体的集合. 类似于定理 2.3.4 的证明可得, $L^2(\Omega,\mathcal{A},P)\subset L^1(\Omega,\mathcal{A},P)$, 且 $L^2(\Omega,\mathcal{A},P)$ 关于 $L^1(\Omega,\mathcal{A},P)$ 上的范数 $\|\cdot\|_1$ 在 $L^1(\Omega,\mathcal{A},P)$ 中稠密.

定义 3.4.3 (数学期望)　给定概率空间 $(\Omega,\mathcal{A},P)$ 及可积随机变量 $\xi\in L^1(\Omega,\mathcal{A},P)$. 则积分 $\int_\Omega \xi(\omega)\mathrm{d}P(\omega)$ 称为 ξ 的数学期望, 记为 $E\xi$.

特别地, 若 ξ 是离散型随机变量, 取值为 $\{x_1,x_2,\cdots,x_n,\cdots\}$, 且级数

$$\sum_{n=1}^{\infty} x_n P(\{\omega\in\Omega:\xi(\omega)=x_n\})$$

存在, 则

$$E\xi=\sum_{n=1}^{\infty} x_n P(\{\omega\in\Omega:\xi(\omega)=x_n\}).$$

由定义 3.4.3 可知, 数学期望具有通常积分的所有性质, 如线性性质、霍尔德不等式、极限定理等.

为刻画数学期望的特性, 下面介绍独立随机变量的概念及积分变换定理.

给定概率空间 $(\Omega,\mathcal{A},P)$ 及随机事件 $A,B\in\mathcal{A}$. 若 $P(AB)=P(A)P(B)$, 则称 A 与 B 相互独立. 一般地, 有下面的定义.

定义 3.4.4　设 $\{A_t\}_{t\in\Lambda}$ 是 $\mathcal{A}$ 中的随机事件类. 若对 Λ 的任意有限子集 $\{t_1,t_2,\cdots,t_n\}$, 都有

$$P(A_{t_1}A_{t_2}\cdots A_{t_n})=P(A_{t_1})P(A_{t_2})\cdots P(A_{t_n}), \tag{1}$$

则称 $\{A_t\}_{t\in\Lambda}$ 是独立随机事件类, 简称独立事件类.

定义 3.4.5　给定概率空间 $(\Omega,\mathcal{A},P)$ 上一族实随机变量 $\{\xi_t\}_{t\in\Lambda}$. 对任意有限子集 $\{t_1,t_2,\cdots,t_n\}\subset\Lambda$ 及任意实数 $x_1,x_2,\cdots,x_n,n\in\mathbb{N}$, 记 $A_{t_i}=\{\omega\in\Omega:\xi_{t_i}(\omega)<x_i\},i=1,2,\cdots,n$. 若式 (1) 成立, 则称 $\{\xi_t\}_{t\in\Lambda}$ 是独立随机变量族. 若指标集 Λ 是可数集, 则 $\{\xi_t\}_{t\in\Lambda}$ 是独立随机变量序列.

命题 3.4.1 (乘法公式)　给定概率空间 $(\Omega,\mathcal{A},P)$ 上的一族独立随机变量 $\{\xi_k:k=1,2,\cdots,n\}$. 若它们均有有限的数学期望, 则

$$E(\xi_1\xi_2\cdots\xi_n)=E\xi_1E\xi_2\cdots E\xi_n.$$

给定两个测度空间 $(X,\mathcal{A})$ 和 $(Y,\mathcal{B})$. 设 $f:X\to Y$ 是可测映射, 即对于任意 $B\in\mathcal{B}$, 都有 $f^{-1}(B)\in\mathcal{A}$. 若 μ 是 $\mathcal{A}$ 上的测度, 令 $\mu_f:\mathcal{B}\to R^+\cup\{+\infty\}$, $\mu_f(B)=\mu(f^{-1}(B)),\forall B\in\mathcal{B}$, 则称 μ_f 为 μ 在 $(Y,\mathcal{B})$ 上由 f 导出的测度.

定理 3.4.1 (积分变换) 给定两个测度空间 $(X,\mathcal{A})$ 和 $(Y,\mathcal{B})$ 及可测映射 (也叫作可测变换) $f:X\to Y$. 设 μ 是 $\mathcal{A}$ 上的测度, μ_f 是 μ 在 $(Y,\mathcal{B})$ 上由 f 导出的测度, 则对于 Y 上的任何可测函数 $h(y)$, 都有

$$\int_{f^{-1}(\mathcal{B})} h(f(x))\mathrm{d}\mu(x)=\int_{\mathcal{B}} h(y)\mathrm{d}\mu_f(y).$$

利用积分变换定理 3.4.1 可得下面的结论.

推论 3.4.1 设 ξ 是概率空间 $(\Omega,\mathcal{A},P)$ 上的实随机变量, 其分布函数为 F, 即 $F(x)=P(\{\omega\in\Omega:\xi(\omega)\leqslant x\}),x\in\mathbb{R}$, 则 ξ 的数学期望存在的充分必要条件是: $\displaystyle\int_{\mathbb{R}} x\mathrm{d}F(x)$ 存在. 此外, 当 $E\xi$ 存在时, 有

$$E\xi=\int_{\mathbb{R}} x\mathrm{d}F(x).$$

为证明条件数学期望的存在性和探讨条件数学期望的特性, 下面引入马尔可夫算子的概念.

定义 3.4.6 给定概率空间 $(\Omega,\mathcal{A},P)$. 若线性算子 $T:L^1(\Omega,\mathcal{A},P)\to L^1(\Omega,\mathcal{A},P)$ 满足下面的条件:

(1) $Tx\geqslant 0,\forall x\geqslant 0$,

(2) $\displaystyle\int_{\Omega}(Tx)(\omega)\mathrm{d}P(\omega)=\int_{\Omega}x(\omega)\mathrm{d}P(\omega),\forall x\geqslant 0$,

则称 T 是马尔可夫算子.

注 3.4.1 称满足上述条件 (1) 的线性算子为正算子.

进一步可证, 若条件 (2) 成立, 则对于任何 $x\in L^1(\Omega,\mathcal{A},P)$ 都成立. 不妨设 x 是实随机变量. 事实上, 对于任何 $x\in L^1(\Omega,\mathcal{A},P)$, 令 $x^+=\max\{x,0\},x^-=\max\{-x,0\}$, 则 $x^+\geqslant 0,x^-\geqslant 0$, 且 $x=x^+-x^-$. 由积分和算子 T 的线性性质, 得定义 3.4.6 条件 (2) 中的等式对于任何 $x\in L^1(\Omega,\mathcal{A},P)$ 都成立. 令

$$f:L^1(\Omega,\mathcal{A},P)\to K,\quad x\mapsto\int_{\Omega}x(\omega)\mathrm{d}P(\omega),$$

则 f 是定义在 $L^1(\Omega,\mathcal{A},P)$ 上的有界线性泛函. 上述条件 (2) 中的等式可写成 $f(Tx)=f(x)$, 称满足此式的算子是保泛函算子.

命题 3.4.2 给定概率空间 $(\Omega,\mathcal{A},P)$. 设 Y 是 $L^1(\Omega,\mathcal{A},P)$ 的一个稠密子空间, 而且当 $x\in Y$ 时, 有 $x^+=\max\{x,0\}\in Y$, 则对于任何马尔可夫算子 $T:Y\to L^1(\Omega,\mathcal{A},P)$, 都存在唯一的马尔可夫算子 $\widetilde{T}:L^1(\Omega,\mathcal{A},P)\to L^1(\Omega,\mathcal{A},P)$, 使得 $\widetilde{T}|_Y=T$, 即 $\widetilde{T}$ 是 T 的延拓.

证明: 任给 $x \in Y$. 于是 $x = x^+ - x^-, |x| = x^+ + x^-$. 因 $x^+ - x = x^- \geqslant 0$, 故

$$T(x^+) - Tx = T(x^+ - x) \geqslant 0,$$

从而

$$(Tx)^+ = \max\{Tx, 0\} \leqslant T(x^+).$$

再注意到 $x^- = (-x)^+$, 于是

$$(Tx)^- = (-Tx)^+ = (T(-x))^+ \leqslant T((-x)^+) = T(x^-).$$

由此得

$$\begin{aligned}\int_\Omega |(Tx)(\omega)|\mathrm{d}P(\omega) &= \int_\Omega [(Tx)^+(\omega) + (Tx)^-(\omega)]\mathrm{d}P(\omega) \\ &\leqslant \int_\Omega [T(x^+)(\omega) + T(x^-)(\omega)]\mathrm{d}P(\omega) \\ &= \int_\Omega [x^+(\omega) + x^-(\omega)]\mathrm{d}P(\omega) \\ &= \int_\Omega |x|(\omega)\mathrm{d}P(\omega),\end{aligned}$$

从而 $\|Tx\| \leqslant \|x\|$. 因此马尔可夫算子 T 是一个收缩算子. 由命题 2.4.2 得, 存在唯一的收缩算子 $\widetilde{T} \in B(L^1(\Omega, \mathcal{A}, P))$ 且 $\widetilde{T}|_Y = T$.

下面证明 $\widetilde{T}$ 是马尔可夫算子. 先证 $\widetilde{T}$ 保泛函. 为此, 令

$$f : Y \to K, x \mapsto \int_\Omega x(\omega)\mathrm{d}P(\omega), \quad x \in Y.$$

由题设结合注 3.4.1 知

$$f(Tx) = f(x), \quad x \in Y.$$

由于 $\overline{Y} = L^1(\Omega, \mathcal{A}, P)$, 由命题 2.4.2 知, f 可唯一延拓到 $L^1(\Omega, \mathcal{A}, P)$ 上, 记为 $\widetilde{f}$, 且 $\widetilde{f}|_Y = f$. 又因 $\overline{f}(x) = \widetilde{f}(\widetilde{T}x)$ 也是 f 在 $L^1(\Omega, \mathcal{A}, P)$ 上的延拓, 于是由延拓的唯一性得

$$\widetilde{f}(\widetilde{T}x) = \widetilde{f}(x), \quad x \in L^1(\Omega, \mathcal{A}, P).$$

再证 $\widetilde{T}$ 是正算子. 即证当 $x \in L^1(\Omega, \mathcal{A}, P)$ 且 $x \geqslant 0$ 时, 有 $\widetilde{T}(x) \geqslant 0$. 因 $\overline{Y} = L^1(\Omega, \mathcal{A}, P)$, 故存在点列 $\{x_n\}_{n=1}^\infty \subset Y$, 使得 $\lim\limits_{n\to\infty} x_n = x$. 由题设知 $x_n^+ \in Y, n = 1, 2, \cdots$. 当 $n \to \infty$ 时, 有

$$\begin{aligned}\|x - x_n^+\|_1 &= \int_\Omega |x(\omega) - x_n^+(\omega)|\mathrm{d}P(\omega) \\ &\leqslant \int_\Omega |x(\omega) - x_n(\omega)|\mathrm{d}P(\omega)\end{aligned}$$

$$= \|x - x_n\|_1 \to 0,$$

由此得

$$\begin{aligned}\|\widetilde{T}(x) - T(x_n^+)\|_1 &= \|\widetilde{T}(x) - \widetilde{T}(x_n^+)\|_1 \\ &= \|\widetilde{T}(x - x_n^+)\|_1 \\ &\leqslant \|x - x_n^+\|_1 \to 0.\end{aligned}$$

由于 $\{T(x_n^+)\}_{n=1}^{\infty}$ 是正函数列, 从而由极限保号性得 $\widetilde{T}(x) \geqslant 0$. □

基于上述内容, 下面刻画条件数学期望. 先考察初等情形.

给定一个概率空间 $(\Omega, \mathcal{A}, P)$. 取事件 $B \in \mathcal{A}$, 满足 $P(B) > 0$. 令

$$P_B(\cdot) = P(\cdot|B) : \mathcal{A} \to \mathbb{R}^+, P(A|B) = \frac{P(AB)}{P(B)}, \quad A \in \mathcal{A}.$$

易证 $P(\cdot|B)$ 是一个概率测度, 称为在事件 B 下的条件概率, 因此 $(\Omega, \mathcal{A}, P_B)$ 也是一个概率空间. 进而, 设 ξ 是 $(\Omega, \mathcal{A}, P_B)$ 上的随机变量, 若积分 $\int_{\Omega} \xi \mathrm{d}P_B$ 存在, 则称该积分为 ξ 在给定事件 B 下的条件数学期望, 记为 $E(\xi|B)$. 类似地, 若 $P(B^c) > 0$ 且积分 $\int_{\Omega} \xi \mathrm{d}P_{B^c}$ 存在, 则 $E(\xi|B^c)$ 为 ξ 在给定事件 B^c 下的条件数学期望.

实际问题告诉我们, 必须同时看待 $E(\xi|B)$ 和 $E(\xi|B^c)$. 为此, 令 $\mathcal{B} = \{\Omega, B, B^c, \varnothing\} \subset \mathcal{A}$, 此即由 B 和 B^c 生成的 $\mathcal{A}$ 的子 σ-代数. 定义

$$E(\xi|\mathcal{B}) : \Omega \to \mathbb{R} \cup \{\pm\infty\} \ (\text{或 } \mathbb{C} \cup \{\pm\infty\}),$$

使得

$$E(\xi|\mathcal{B})(\omega) = E(\xi|B)\chi_B(\omega) + E(\xi|B^c)\chi_{B^c}(\omega),$$

其中 χ_B 是特征函数, 即当 $\omega \in B$ 时取值为 1, $\omega \notin B$ 时取值为 0.

推而广之, 有下面的概念.

定义 3.4.7 设 ξ 是概率空间 $(\Omega, \mathcal{A}, P)$ 上的随机变量且 $E\xi$ 存在, $\{B_n\}_{n=1}^{\infty} \subset \mathcal{A}$ 是 Ω 的一个可数分割, 即 $\{B_n\}_{n=1}^{\infty}$ 中元素两两不交且 $\bigcup_{n=1}^{\infty} B_n = \Omega$. 令 $\mathcal{B} = \sigma\,(B_n, n = 1, 2, \cdots)$, 即由 $\{B_n\}_{n=1}^{\infty}$ 生成的 $\mathcal{A}$ 的子 σ-代数. 按等价意义 (即可在 $\mathcal{B}$ 的零概率集上取任意值) 定义的 $\mathcal{B}$-可测函数

$$E(\xi|\mathcal{B})(\omega) = \sum_{n=1}^{\infty} E(\xi|B_n)\chi_{B_n}(\omega), \quad \omega \in \Omega$$

叫作随机变量 ξ 在给定 σ-代数 $\mathcal{B}$ 下关于概率 P 的条件数学期望, 简称 ξ 的条件期望, 记为 $E(\xi|\mathcal{B})$.

注 3.4.2　(1) $E(\xi|B)=\dfrac{1}{P(B)}\displaystyle\int_B \xi \mathrm{d}P$. 事实上, 若 $\xi=\chi_A, A\in\mathcal{A}$, 则

$$\begin{aligned}E(\xi|B)&=\int_\Omega \chi_A \mathrm{d}P_B=P_B(A)\\&=\frac{P(AB)}{P(B)}=\frac{1}{P(B)}\int_B \chi_A \mathrm{d}P.\end{aligned}$$

注意到随机变量均可表示为特征函数列的点点收敛的极限函数, 然后由积分的线性性质及勒贝格控制收敛定理立得上述结论. 上式表明 ξ 在给定事件 B 下的条件数学期望就是 ξ 在 B 上的平均值.

(2) 事件 A 在给定事件 B 下的条件概率 $P(A|B)=E(\chi_A|B)$.

(3) 定义 3.4.7 等价于下面的表述: $E(\xi|\mathcal{B})$ 为满足下面条件的 $\mathcal{B}$ 可测函数等价类中的任意一个 φ:

$$\int_B \xi \mathrm{d}P=\int_B \varphi \mathrm{d}P,\quad \forall B\in\mathcal{B}.$$

进一步, 条件数学期望可推广到一般子 σ-代数 $\mathcal{B}$ 的情形, 即如下定义.

定义 3.4.8　给定概率空间 $(\Omega,\mathcal{A},P)$ 上的随机变量 $\xi\in L^1(\Omega,\mathcal{A},P)$. 设 $\mathcal{B}$ 是 $\mathcal{A}$ 的子 σ-代数. 若存在随机变量 $\eta\in L^1(\Omega,\mathcal{B},P)$, 对于任何 $B\in\mathcal{B}$, 都有

$$\int_B \xi \mathrm{d}P=\int_B \eta \mathrm{d}P,$$

则称 η 是 ξ 在 $\mathcal{B}$ 下关于概率 P 的条件数学期望, 简称 η 是 ξ 的条件期望, 记为 $E(\xi|\mathcal{B})$.

下面利用希尔伯特空间的投影算子结合命题 3.4.2, 证明条件数学期望的存在性.

定理 3.4.2　给定概率空间 $(\Omega,\mathcal{A},P)$. 设 $\mathcal{B}$ 是 $\mathcal{A}$ 的子 σ-代数, 则 $L^1(\Omega,\mathcal{A},P)$ 中任何随机变量都存在条件数学期望, 而且映射 $P: L^1(\Omega,\mathcal{A},P)\to L^1(\Omega,\mathcal{B},P), x\mapsto E(x|\mathcal{B}), x\in L^1(\Omega,\mathcal{A},P)$ 是马尔可夫算子. 当 P 限制到 $L^2(\Omega,\mathcal{A},P)$ 时, 不妨仍记为 P, 则 $P: L^2(\Omega,\mathcal{A},P)\to L^2(\Omega,\mathcal{B},P), x\mapsto E(x|\mathcal{B}), x\in L^2(\Omega,\mathcal{A},P)$ 是投影算子.

证明: 设 $x\in L^2(\Omega,\mathcal{A},P)$. 令 P 为 $L^2(\Omega,\mathcal{A},P)$ 到其闭子空间 $L^2(\Omega,\mathcal{B},P)$ 的投影算子. 由投影算子的定义 3.3.5 知, $x-Px\in L^2(\Omega,\mathcal{B},P)^\perp$. 于是, 对于任意 $y\in L^2(\Omega,\mathcal{B},P)$, 都有

$$\langle x-Px,y\rangle=0,$$

即

$$\int_\Omega (x(\omega)-(Px)(\omega))\overline{y}(\omega)\mathrm{d}P(\omega)=0.$$

任给随机事件 $B\in\mathcal{B}$. 令 y 为特征函数 χ_B, 代入上式, 得

$$\int_B x(\omega)\mathrm{d}P(\omega)=\int_B (Px)(\omega)\mathrm{d}P(\omega).$$

因而 Px 是 x 的条件数学期望, 即 $E(x|\mathcal{B}) = Px$.

下证存在定义在 $L^1(\Omega,\mathcal{A},P)$ 上的唯一的马尔可夫算子 $\widetilde{P}$, 使得 $\widetilde{P}$ 是 P 的延拓. 为简化书写, 记 $Y = L^2(\Omega,\mathcal{A},P)$. 设 $x \in Y$ 且 $x \geqslant 0$. 假设 $A = \{\omega \in \Omega : (Px)(\omega) < 0\}$ 的概率不等于 0. 因

$$A = \bigcup_{n=1}^{\infty} A_n = \bigcup_{n=1}^{\infty} \{\omega \in \Omega : (Px)(\omega) < -\frac{1}{n}\},$$

故存在某个 A_n, 使得 $P(A_n) = \varepsilon_0 > 0$. 注意到 $A_n \in \mathcal{B}$, 从而得

$$-\frac{\varepsilon_0}{n} > \int_{A_n} (Px)(\omega)\mathrm{d}P(\omega) = \int_{A_n} x(\omega)\mathrm{d}P(\omega) > 0.$$

得到一个矛盾. 由此表明 P 是一个正算子. 当 $x \in Y$ 时, 不妨设 x 是实随机变量. 易知 $x^+ \in Y$. 又因 Y 关于范数 $\|\cdot\|_1$ 在 $L^1(\Omega,\mathcal{A},P)$ 中稠密, 故由命题 3.4.2 知, 存在 $L^1(\Omega,\mathcal{A},P)$ 上的唯一的马尔可夫算子 $\widetilde{P}$ 且 $\widetilde{P}|_Y = P$.

最后证明 $\widetilde{P}$ 即为所求. 任给 $B \in \mathcal{B}$. 因

$$\int_B x(\omega)\mathrm{d}P(\omega) = \int_B (Px)(\omega)\mathrm{d}P(\omega), \quad x \in Y,$$

故由类似于命题 3.4.2 的证明过程, 可得

$$\int_B x(\omega)\mathrm{d}P(\omega) = \int_B (\widetilde{P}x)(\omega)\mathrm{d}P(\omega), \quad x \in L^1(\Omega,\mathcal{A},P),$$

即 $E(x|\mathcal{B}) = \widetilde{P}x$. □

注 3.4.3 在概率论中, 可借助拉东–尼科迪姆 (Radon-Nikodym) 定理证明条件数学期望的存在性. 令 $\psi(B) = \int_B \xi\mathrm{d}P, B \in \mathcal{B}$, 则 ψ 是 $\mathcal{B}$ 上 σ-可加且 P-连续的集函数. 所谓 P-连续, 即由 $P(A)=0$ 可得 $\psi(A)=0, A \in \mathcal{B}$. 于是, 由拉东–尼科迪姆定理知, $E(\xi|\mathcal{B}) = \dfrac{\mathrm{d}\psi}{\mathrm{d}P}$, 此式在 $\mathcal{B}$-可测函数等价意义下成立且唯一.

拉东–尼科迪姆定理 给定测度空间 $(\Omega,\mathcal{A},\mu)$, 其中 μ 是 $\mathcal{A}$ 上的 σ-有限测度. 如果 $\mathcal{A}$ 上的集函数 φ 是 σ-有限、σ-可加且 μ-连续的, 则在等价意义下, 存在唯一的 $(\Omega,\mathcal{A},\mu)$ 可测函数 f, 使得

$$\varphi(A) = \int_A f\mathrm{d}\mu, \quad A \in \mathcal{A}.$$

记 $f = \dfrac{\mathrm{d}\varphi}{\mathrm{d}\mu}$, φ 称为 f 的不定积分.

由定义 3.4.8 和定理 3.4.2 可得下面的性质.

命题 3.4.3 (条件数学期望的平滑性质) 在 $\mathcal{B}$ 的每个原子 (所谓原子, 即除了其本身和空集外不含任何可测子集的可测集) B 上, $E(\xi|\mathcal{B})$ 是常数. 而且若 $E(B)>0$, 则对于一切 $\omega\in B$, 都有

$$E(\xi|\mathcal{B})(\omega)=\frac{1}{P(B)}\int_B \xi \mathrm{d}P,$$

记为 $E(\xi|B)$.

推论 3.4.2 设 $\mathcal{B}$ 是由 Ω 的可数分割 $\{B_n\}_{n=1}^{\infty}\subset\mathcal{A}$ 生成的最小 σ-代数, 则

$$E(\xi|\mathcal{B})=\sum_{n=1}^{\infty}E(\xi|B_n)\chi_{B_n},$$

其中当 $P(B_n)>0$ 时, $E(\xi|B_n)$ 由上式右端确定, 当 $P(B_n)=0$ 时, $E(\xi|B_n)$ 取任意值.

命题 3.4.4 (全概率公式) 若 $\mathcal{B}\subset\mathcal{B}'$, 则

$$E(E(\xi|\mathcal{B})|\mathcal{B}')=E(\xi|\mathcal{B})=E(E(\xi|\mathcal{B}')|\mathcal{B}),\quad P_{\mathcal{B}}\text{-a.e.}$$

命题 3.4.5 若 $\mathcal{B}$ 与 $\sigma(\xi)$ 独立, 其中 $\sigma(\xi)=\xi^{-1}(\mathcal{B})=\{\omega\in\Omega:\xi(\omega)\in A, A\in\mathcal{B}\}$, $\mathcal{B}$ 是实数集 $\mathbb{R}$ 中博雷尔 (Borel) 集全体形成的 σ-代数, 则 $E(\xi|\mathcal{B})=E\xi$, $P_{\mathcal{B}}$-a.e.

命题 3.4.6 若 ξ 是 $\mathcal{B}$-可测的随机变量, η 及 $\xi\eta$ 均为可积的随机变量, 则

$$E(\xi\eta|\mathcal{B})=\xi E(\eta|\mathcal{B}),\quad P_{\mathcal{B}}\text{-a.e.}$$

命题 3.4.7 (最优逼近性) 若 $\xi\in L^2(\Omega,\mathcal{A},P)$, $\mathcal{B}$ 是 $\mathcal{A}$ 的子 σ-代数, 则 $E(\xi|\mathcal{B})\in L^2(\Omega,\mathcal{B},P_{\mathcal{B}})$, 而且 $E(\xi|\mathcal{B})$ 是 ξ 在 $L^2(\Omega,\mathcal{B},P_{\mathcal{B}})$ 中的最优均方逼近, 即对于任意 $f\in L^2(\Omega,\mathcal{B},P_{\mathcal{B}})$, 有

$$E(|\xi-E(\xi|\mathcal{B})|^2)\leqslant E(|\xi-f|^2).$$

进一步, 有

$$E(|\xi-E(\xi|\mathcal{B})|^2|\mathcal{B})\leqslant E(|\xi-f|^2|\mathcal{B}).$$

本小节最后介绍给定函数下的条件数学期望的概念及基本性质.

设 ξ,η 是概率空间 $(\Omega,\mathcal{A},P)$ 上的两个随机变量且 $\xi\in L^1(\Omega,\mathcal{A},P)$, 则 ξ 在给定 σ-代数 $\sigma(\eta)$ 下的条件数学期望为 $E(\xi|\sigma(\eta))$. 因 $\{\omega\in\Omega:\eta(\omega)=a, a\in\mathbb{R}\}$ (简记为 $\{\eta=a\}$) 是 $\sigma(\eta)$ 中的原子, 故在 $\{\eta=a\}$ 上 $E(\xi|\sigma(\eta))$ 为常数, 从而 $E(\xi|\sigma(\eta))$ 可看作关于 η 的函数, 记为 $E(\xi|\eta)$.

命题 3.4.8 给定 $\xi\in L^1(\Omega,\mathcal{A},P)$. 设 f 是从 $(\Omega,\mathcal{A},P)$ 到测度空间 $(X,\mathcal{B})$ 的可测映射, 则 $E(\xi|\sigma(f))=g\circ f$, $P_{\sigma(f)}$-a.e. 其中 g 是定义在 $(X,\mathcal{B})$ 上的可测函数, 而且满足

$$\int_B g(x)\mathrm{d}P_f(x)=\int_{f^{-1}(B)}\xi(\omega)\mathrm{d}P(\omega),\quad B\in\mathcal{B},$$

其中 P_f 是 P 在 $(X,\mathcal{B})$ 上由 f 导出的概率测度.

3.4.2 傅里叶级数和傅里叶变换

首先回顾一下傅里叶级数的相关概念: 称级数 $\dfrac{a_0}{2}+\sum\limits_{n=1}^{\infty}(a_n\cos nx+b_n\sin nx)$ 为实型三角级数, 其中系数 $a_0,a_n,b_n\in\mathbb{R}$ $(n=1,2,\cdots)$. 称级数 $\sum\limits_{n=-\infty}^{+\infty}c_n\mathrm{e}^{\mathrm{i}nx}$ 为复型三角级数, 其中系数 $c_n\in\mathbb{C}$ $(n=0,\pm1,\pm2,\cdots)$. $\{1,\cos x,\sin x,\cdots,\cos nx,\sin nx,\cdots\}$ 则称为三角函数系. 由欧拉 (Euler) 公式 $\mathrm{e}^{\mathrm{i}x}=\cos x+\mathrm{i}\sin x$ 可得, $\mathrm{e}^{\mathrm{i}nx}=\cos nx+\mathrm{i}\sin nx$. 于是 $\mathrm{e}^{\mathrm{i}nx}$ $(n=0,\pm1,\pm2,\cdots)$ 称为三角函数系的复数形式. 三角函数系具有周期性、正交性和完备性这三个基本性质.

记 $T=(-\pi,\pi]$, 并用 $L^1(T)$ 表示在 T 上可积且以 2π 为周期的函数全体的集合. 给定函数 $f\in L^1(T)$, 其实型傅里叶系数为

$$a_n=\frac{1}{\pi}\int_{-\pi}^{\pi}f(x)\cos nx\mathrm{d}x,\quad n=0,1,2,\cdots,$$

$$b_n=\frac{1}{\pi}\int_{-\pi}^{\pi}f(x)\sin nx\mathrm{d}x,\quad n=1,2,\cdots.$$

此时 $f(x)$ 对应的傅里叶级数为

$$f(x)\sim\frac{a_0}{2}+\sum_{n=1}^{\infty}(a_n\cos nx+b_n\sin nx).$$

其复型傅里叶系数为

$$c_n=\frac{1}{2\pi}\int_{-\pi}^{\pi}f(x)\mathrm{e}^{-\mathrm{i}nx}\mathrm{d}x,\quad n=0,\pm1,\pm2,\cdots.$$

此时 $f(x)$ 对应的傅里叶级数为

$$f(x)\sim\sum_{n=-\infty}^{+\infty}c_n\mathrm{e}^{\mathrm{i}nx}.$$

由欧拉公式可得实型傅里叶系数和复型系数之间有下面的关系式:

$$\begin{aligned}c_0&=\frac{1}{2}a_0,\\ c_n&=\frac{1}{2}(a_n-\mathrm{i}b_n),\\ c_{-n}&=\frac{1}{2}(a_n+\mathrm{i}b_n),\quad n=1,2,\cdots.\end{aligned}$$

设 $f \in L^1(T)$. 于是 $f(x) \sim \sum_{-\infty}^{+\infty} c_n \mathrm{e}^{\mathrm{i}nx}$. 记右端的傅里叶级数为 $S(f,x)$. 令

$$\varphi_x(t) = \frac{1}{2}(f(x+t) + f(x-t)).$$

下面给出一系列收敛判别法.

定理 3.4.3 (黎曼 (Riemann) 局部化定理)　函数 $f(x)$ 的傅里叶级数 $S(f,x)$ 在某点 x_0 处的敛散性只与 $f(x)$ 在点 x_0 的充分小的邻域内的函数值有关.

记 $D_n(t) = \dfrac{1}{2\pi}\sum_{k=-n}^{n} \mathrm{e}^{\mathrm{i}kt}$, 称为狄利克雷 (Dirichlet) 核. 简单计算得

$$\int_{-\pi}^{\pi} D_n(t)\mathrm{d}t = 1.$$

由级数收敛的定义, 例行计算可得, $S(f,x)$ 在点 x_0 处收敛于数 s 的充分必要条件是: 存在 δ $(0 < \delta < \pi)$, 使得

$$\lim_{n\to\infty} \int_0^{\delta} (\varphi_{x_0}(t) - s)D_n(t)\mathrm{d}t = 0.$$

定理 3.4.4 (狄尼 (Dini) 判别法)　若存在数 s 及某个正数 δ, 使得

$$\int_0^{\delta} \frac{|\varphi_x(t) - s|}{t}\mathrm{d}t < \infty,$$

则 $S(f,x)$ 在点 x 处收敛于 s.

定理 3.4.5 (若尔当 (Jordan) 判别法)　设 $f(x)$ 在点 x 的某个邻域 $[x-\delta, x+\delta]$ ($\delta > 0$ 充分小) 上是有界变差的, 则 $S(f,x)$ 在点 x 处收敛于 $\dfrac{1}{2}(f(x+0) + f(x-0))$. 若 $f(x)$ 在点 x 处连续, 则 $S(f,x)$ 收敛于 $f(x)$.

推论 3.4.3　(1) 若 $f(x)$ 在点 x 处可微, 则 $S(f,x)$ 收敛于 $f(x)$.

(2) (狄利克雷判别法) 若周期函数 $f(x)$ 在 $(-\pi,\pi]$ 上逐段单调, 则对于任何点 $x \in (-\pi,\pi]$, $S(f,x)$ 都收敛于 $\dfrac{1}{2}(f(x+0) + f(x-0))$.

(3) 若存在 $\alpha > 0$, 在某点 x_0 处满足

$$f(x_0+t) - f(x_0) = O(|t|^{\alpha}), \quad t \to 0,$$

则 $S(f,x_0)$ 收敛于 $f(x_0)$. 特别地, 当 $\alpha = 1$ 时, $f(x)$ 在点 x_0 处利普希茨连续.

关于 $L^1(T)$ 中函数的傅里叶级数的发散问题在第 4 章再叙述. 下面考虑 $L^2(T)$ 中函数的傅里叶级数的敛散性问题. 主要结论是: $L^2(T)$ 中函数的傅里叶级数按 L^2 范数收敛到此函数本身, 而且帕塞瓦尔等式成立.

设 $f(x)\in L^2(T)$. 则

$$f(x)\sim\sum_{n=-\infty}^{+\infty}c_n\mathrm{e}^{\mathrm{i}nx},$$

其中傅里叶系数 $c_n=\langle f(x),\mathrm{e}^{\mathrm{i}nx}\rangle=\dfrac{1}{2\pi}\displaystyle\int_{-\pi}^{\pi}f(x)\mathrm{e}^{-\mathrm{i}nx}\mathrm{d}x, n=0,\pm1,\pm2,\cdots$. 于是由定理 3.1.2 得下面的结论.

命题 3.4.9 (贝塞尔不等式) 设 $f(x)\in L^2(T)$, 则下面的不等式成立:

$$\sum_{n=-\infty}^{+\infty}|c_n|^2\leqslant\frac{1}{2\pi}\int_{-\pi}^{\pi}|f(x)|^2\mathrm{d}x.$$

定理 3.4.6 设 $f\in L^2(T)$, $f(x)\sim\displaystyle\sum_{n=-\infty}^{+\infty}c_n\mathrm{e}^{\mathrm{i}nx}$. 记 $S_n(f,x)=\displaystyle\sum_{k=-n}^{+n}c_k\mathrm{e}^{\mathrm{i}kx}$, 则 $S_n(f,x)$ 均方收敛于 $f(x)$, 即

$$\lim_{n\to\infty}\|f-S_n\|_2=\lim_{n\to\infty}\left(\int_{-\pi}^{\pi}|f(x)-S_n(f,x)|^2\mathrm{d}x\right)^{\frac{1}{2}}=0.$$

而且帕塞瓦尔等式成立:

$$\frac{1}{2\pi}\int_{-\pi}^{\pi}|f(x)|^2\mathrm{d}x=\sum_{n=-\infty}^{+\infty}|c_n|^2.$$

证明: 由命题 3.4.9 知, 级数 $\displaystyle\sum_{n=-\infty}^{+\infty}|c_n|^2$ 收敛. 任给非负整数 p, 由三角函数系的正交性, 得

$$\|S_{n+p}-S_n\|_2^2=2\pi\sum_{k=n+1}^{n+p}|c_k|^2\to0,\quad n\to\infty,$$

即 $\{S_n(f,x)\}$ 是 $L^2(T)$ 中的柯西列. 因 $L^2(T)$ 是完备的, 故存在函数 $f_1(x)\in L^2(T)$, 使得

$$\lim_{n\to\infty}\|f_1-S_n\|_2=0.$$

下证 $f_1(x)$ 与 $f(x)$ 几乎处处相等. 由三角函数系的完备性, 等价地, 只要证出 $f_1(x)$ 的傅里叶系数 c_n' 等于 c_n $(n=0,\pm1,\pm2,\cdots)$ 即可. 任意固定整数 n. 取 $m\geqslant|n|$, 于是

$$c_n'=\frac{1}{2\pi}\int_{-\pi}^{\pi}f_1(x)\mathrm{e}^{-\mathrm{i}nx}\mathrm{d}x$$

$$
\begin{aligned}
&= \frac{1}{2\pi}\int_{-\pi}^{\pi} S_m(f,x)\mathrm{e}^{-\mathrm{i}nx}\mathrm{d}x \\
&\quad + \frac{1}{2\pi}\int_{-\pi}^{\pi}(f_1(x) - S_m(f,x))\mathrm{e}^{-\mathrm{i}nx}\mathrm{d}x \\
&\triangleq I_1 + I_2.
\end{aligned}
$$

由三角函数系的正交性, 例行计算得 $I_1 = c_n$. 再由柯西–施瓦茨不等式, 得

$$
\begin{aligned}
|I_2| &\leqslant \frac{1}{2\pi}\left(\int_{-\pi}^{\pi}|f_1(x) - S_m(f,x)|^2\mathrm{d}x\right)^{\frac{1}{2}}\left(\int_{-\pi}^{\pi}|\mathrm{e}^{-\mathrm{i}nx}|^2\mathrm{d}x\right)^{\frac{1}{2}} \\
&= \frac{1}{\sqrt{2\pi}}\|f_1 - S_m(f,x)\|_2 \to 0, \quad m \to \infty.
\end{aligned}
$$

因此 $c_n' = c_n, n = 0, \pm 1, \pm 2, \cdots$. 由于

$$
\begin{aligned}
\|f - S_n\|_2^2 &= \int_{-\pi}^{\pi}|f(x) - S_n(f,x)|^2\mathrm{d}x \\
&= \int_{-\pi}^{\pi}\left(f(x) - \sum_{k=-n}^{n} c_k\mathrm{e}^{\mathrm{i}kx}\right)\left(\overline{f(x)} - \sum_{k=-n}^{n}\overline{c_k}\mathrm{e}^{-\mathrm{i}kx}\right)\mathrm{d}x \\
&= \int_{-\pi}^{\pi}|f(x)|^2\mathrm{d}x - 2\pi\sum_{k=-n}^{n} c_k\overline{c_k} - 2\pi\sum_{k=-n}^{n}\overline{c_k}c_k + 2\pi\sum_{k=-n}^{n} c_k\overline{c_k} \\
&= \int_{-\pi}^{\pi}|f(x)|^2\mathrm{d}x - 2\pi\sum_{k=-n}^{n}|c_k|^2,
\end{aligned}
$$

令 $n \to \infty$, 得帕塞瓦尔等式:

$$
\frac{1}{2\pi}\int_{-\pi}^{\pi}|f(x)|^2\mathrm{d}x = \sum_{n=-\infty}^{+\infty}|c_n|^2. \qquad \square
$$

本小节最后介绍一下 $L^1(\mathbb{R})$ 和 $L^2(\mathbb{R})$ 上的傅里叶变换.

定义 3.4.9　设 $f(x) \in L^1(\mathbb{R})$. 令 $\widehat{f}(t) = \dfrac{1}{\sqrt{2\pi}}\displaystyle\int_{-\infty}^{+\infty} f(x)\mathrm{e}^{-\mathrm{i}xt}\mathrm{d}x$, 则称 $\widehat{f}$ 为 f 的傅里叶变换.

给定 $f(x) \subset L^1(\mathbb{R})$ 及点 $h \in \mathbb{R}$. 记平移算子 $(\tau_h f)(x) = f(x-h), x \in \mathbb{R}$. 由定义 3.4.9 得

$$
(\widehat{\tau_h f})(t) = \frac{1}{\sqrt{2\pi}}\int_{-\infty}^{+\infty}\tau_h f(x)\mathrm{e}^{-\mathrm{i}xt}\mathrm{d}x
$$

$$
\begin{aligned}
&= \frac{1}{\sqrt{2\pi}} \int_{-\infty}^{+\infty} f(x-h)\mathrm{e}^{-\mathrm{i}xt}\mathrm{d}x \\
&= \frac{1}{\sqrt{2\pi}} \int_{-\infty}^{+\infty} f(s)\mathrm{e}^{-\mathrm{i}(s+h)t}\mathrm{d}s = \mathrm{e}^{-\mathrm{i}th}\widehat{f}(t).
\end{aligned}
$$

命题 3.4.10 设 $f(x), g(x) \in L^1(\mathbb{R})$. 则下面的乘法公式成立:

$$\int_{-\infty}^{+\infty} \widehat{f}(t)g(t)\mathrm{d}t = \int_{-\infty}^{+\infty} f(t)\widehat{g}(t)\mathrm{d}t.$$

定义 3.4.10 设 $f(x), g(x) \in L^1(\mathbb{R})$. f 与 g 的卷积定义为

$$(f*g)(x) = \int_{-\infty}^{+\infty} f(x-t)g(t)\mathrm{d}t.$$

由定义 3.4.10, 易知

$$(f*g)(x) = (g*f)(x).$$

定理 3.4.7 设 $f(x), g(x) \in L^1(\mathbb{R})$. 则 $f*g \in L^1(\mathbb{R})$, 而且下面的结论成立:

$$
\begin{aligned}
&\|f*g\|_1 \leqslant \|f\|_1\|g\|_1, \\
&\widehat{(f*g)}(t) = \widehat{f}(t)\widehat{g}(t).
\end{aligned}
$$

设 $f(x) \in L^1(\mathbb{R})$. 若等式

$$f(x) = \frac{1}{\sqrt{2\pi}} \int_{-\infty}^{+\infty} \widehat{f}(t)\mathrm{e}^{\mathrm{i}xt}\mathrm{d}t$$

成立, 则称反演公式成立. 右端的积分叫作 $f(x)$ 的傅里叶积分.

命题 3.4.11 设 $f(x) \in L^1(\mathbb{R})$. 若 $f(x)$ 在点 x_0 处满足傅里叶级数收敛的条件, 则反演公式右端的傅里叶积分在点 x_0 处收敛. 进而, 若 $f(x)$ 在点 x_0 处连续, 则反演公式在点 x_0 处成立.

下面的结论从整体的角度刻画了反演公式中傅里叶积分的收敛性.

定理 3.4.8 设 $f(x) \in L^1(\mathbb{R})$ 且有界. 若 $\widehat{f}(t)$ 非负, 则 $f(x)$ 的傅里叶积分几乎处处收敛于 $f(x)$. 若 $f(x)$ 是连续函数, 则反演公式处处成立.

在此基础上, 刻画 $L^2(\mathbb{R})$ 中函数的傅里叶变换. 主要结论是: $L^2(\mathbb{R})$ 中任何函数的傅里叶变换都存在, 反演公式处处成立, 而且帕塞瓦尔等式成立.

众所周知, 对于有限区间 $[a,b]$, $L^2[a,b] \subset L^1[a,b]$, 但 $L^2(\mathbb{R})$ 与 $L^1(\mathbb{R})$ 之间没有包含关系, 这为在 $L^2(\mathbb{R})$ 中定义傅里叶变换带来了一定困难. 下面借助均方收敛的概念定义 $L^2(\mathbb{R})$ 中函数的傅里叶变换.

定义 3.4.11　设 $f(x)\in L^2(\mathbb{R})$. 任意固定 $k>0$. 令 $\widehat{f}_k(t)=\dfrac{1}{\sqrt{2\pi}}\displaystyle\int_{-k}^{k}f(x)\mathrm{e}^{-\mathrm{i}xt}\mathrm{d}x$. 若存在函数 $\widehat{f}(t)\in L^2(\mathbb{R})$, 使得

$$\lim_{k\to\infty}\|\widehat{f}_k-\widehat{f}\|_2=0,$$

则称 $\widehat{f}(t)$ 为 $f(x)$ 在 $L^2(\mathbb{R})$ 中的傅里叶变换, 记为

$$\widehat{f}(t)=\underset{k\to\infty}{\mathrm{l.i.m.}}\frac{1}{\sqrt{2\pi}}\int_{-k}^{k}f(x)\mathrm{e}^{-\mathrm{i}xt}\mathrm{d}x.$$

这里 l.i.m. 表示按均方收敛.

定理 3.4.9 (普兰切尔 (Plancherel) 定理)　设 $f(x)\in L^2(\mathbb{R})$, 则 $\widehat{f}(t)\in L^2(\mathbb{R})$ 存在, 而且下面的结论成立:

(1) 帕塞瓦尔等式成立: $\|f\|_2=\|\widehat{f}\|_2$;

(2) 反演公式成立: $f(x)=\underset{k\to\infty}{\mathrm{l.i.m.}}\dfrac{1}{\sqrt{2\pi}}\displaystyle\int_{-k}^{k}\widehat{f}(t)\mathrm{e}^{\mathrm{i}xt}\mathrm{d}t$.

先回顾一下前面讲过的简单函数和阶梯函数的概念. 设 $E\subset\mathbb{R}$ 是可测集. $\{E_1,E_2,\cdots,E_n\}$ 是 E 的一个分割, 即 $E_i\cap E_j=\varnothing, i\neq j$, 且 $\displaystyle\bigcup_{i=1}^{n}E_i=E$. 给定常数 $\lambda_1,\lambda_2,\cdots,\lambda_n$, 则 $\varphi(x)=\displaystyle\sum_{i=1}^{n}\lambda_i\chi_{E_i}(x)$ 为简单函数. 若每个 E_i $(i=1,2,\cdots,n)$ 都是有限区间, 则 φ 是阶梯函数. 记 $\mathfrak{J}(\mathbb{R})$ 为具有紧支集阶梯函数全体的集合. 由定理 2.3.3 的证明可知, $\mathfrak{J}(\mathbb{R})$ 关于范数 $\|\cdot\|_2$ 在 $L^2(\mathbb{R})$ 中稠密. 于是 $\mathfrak{J}(\mathbb{R})$ 在 $L^1(\mathbb{R})\cap L^2(\mathbb{R})$ 中稠密.

定理 3.4.9 的证明: 构造线性算子

$$U:\mathfrak{J}(\mathbb{R})\to L^2(\mathbb{R}), f(x)\mapsto\widehat{f}(t)=\frac{1}{\sqrt{2\pi}}\int_{-\infty}^{+\infty}f(x)\mathrm{e}^{-\mathrm{i}xt}\mathrm{d}x,$$

和线性算子

$$V:\mathfrak{J}(\mathbb{R})\to L^2(\mathbb{R}), f(x)\mapsto\frac{1}{\sqrt{2\pi}}\int_{-\infty}^{+\infty}f(x)\mathrm{e}^{\mathrm{i}xt}\mathrm{d}x.$$

注意到 $\displaystyle\int_{-\infty}^{+\infty}\frac{1-\cos\lambda x}{x^2}\mathrm{d}x=|\lambda|\pi$. 于是对于任意 $f,g\in\mathfrak{J}(\mathbb{R})$, 例行计算得

$$\langle Uf,Ug\rangle=\langle f,g\rangle,$$

$$\langle Vf,Vg\rangle=\langle f,g\rangle,$$

$$\langle Uf,g\rangle=\langle f,Vg\rangle.$$

因此, U 和 V 均为等距算子, 从而有界. 由于 $\mathfrak{J}(\mathbb{R})$ 在 $L^2(\mathbb{R})$ 中稠密, 故由命题 2.4.2 知 U 和 V 均可延拓成 $L^2(\mathbb{R})$ 上的有界线性算子. 不妨仍分别记为 U 和 V. 再由内积的连续性知, 延拓后的算子 U 和 V 仍然满足上述等式. 由此得

$$U^*U = I, \quad V^*V = I, \quad V = U^*.$$

于是 $UU^* = I$. 因此, U 和 V 均为酉算子.

任给 $f(x) \in L^2(\mathbb{R})$ 及 $\lambda > 0$. 令 $f_\lambda(x) = f(x)\chi_{[-\lambda,\lambda]}(x)$. 注意到对于任给的 $t > 0$, 简单计算得

$$V\chi_{[0,t]}(x) = \frac{1}{\sqrt{2\pi}}\frac{1}{\mathrm{i}x}(\mathrm{e}^{\mathrm{i}xt} - 1).$$

由此得

$$\begin{aligned}\int_0^t (Uf_\lambda)(x)\mathrm{d}x &= \langle Uf_\lambda, \chi_{[0,t]}\rangle = \langle f_\lambda, V\chi_{[0,t]}\rangle \\ &= \frac{1}{\sqrt{2\pi}}\int_{-\lambda}^{\lambda} \frac{\mathrm{e}^{-\mathrm{i}xt} - 1}{-\mathrm{i}x} f_\lambda(x)\mathrm{d}x.\end{aligned}$$

两边对 t 求导可得

$$(Uf_\lambda)(t) = \frac{1}{\sqrt{2\pi}}\int_{-\lambda}^{\lambda} f_\lambda(x)\mathrm{e}^{-\mathrm{i}xt}\mathrm{d}x.$$

类似可得

$$(Vf_\lambda)(t) = \frac{1}{\sqrt{2\pi}}\int_{-\lambda}^{\lambda} f_\lambda(x)\mathrm{e}^{\mathrm{i}xt}\mathrm{d}x.$$

因

$$\|f_\lambda - f\|_2 \to 0, \quad \lambda \to \infty.$$

故

$$\|Uf - Uf_\lambda\|_2 = \|f - f_\lambda\|_2 \to 0, \quad \lambda \to \infty.$$

由上述证明再结合定义 3.4.11 得

$$\widehat{f}(t) = (Uf)(t) = \frac{1}{\sqrt{2\pi}}\int_{-\infty}^{+\infty} f(x)\mathrm{e}^{-\mathrm{i}xt}\mathrm{d}x.$$

类似可得

$$(Vf)(t) = \frac{1}{\sqrt{2\pi}}\int_{-\infty}^{+\infty} f(x)\mathrm{e}^{\mathrm{i}xt}\mathrm{d}x.$$

综上所证, 对于任何 $f(x) \in L^2(\mathbb{R})$, $\widehat{f}$ 都存在, 而且满足

$$\|\widehat{f}\,\|_2 = \langle Uf, Uf\rangle = \langle f, f\rangle = \|f\|_2,$$

即帕塞瓦尔等式成立.

再由

$$
\begin{aligned}
f(x) &= (VUf)(x) = V(Uf)(x) \\
&= V(\widehat{f})(x) = \frac{1}{\sqrt{2\pi}} \int_{-\infty}^{+\infty} \widehat{f}(t) \mathrm{e}^{\mathrm{i}xt} \mathrm{d}t
\end{aligned}
$$

知, 反演公式成立. □

习题三

1. 设 X 是内积空间. 给定向量 $x, y \in X$. 证明: $x \perp y$, 当且仅当对于任何 $\lambda \in K$, 都有 $\|\lambda x + y\|^2 = \|\lambda x\|^2 + \|y\|^2$, 其中 K 表示实数域或复数域.

2. 设 X 是内积空间. 给定向量 $x, y \in X$. 证明下述条件等价:

(1) $x \perp y$;

(2) 对于任何 $\lambda \in K$, 都有 $\|x + \lambda y\| = \|x - \lambda y\|$;

(3) 对于任何 $\lambda \in K$, 都有 $\|x + \lambda y\| \geqslant \|x\|$.

其中 K 表示实数域或复数域.

3. 证明命题 3.1.3 的结论 (2) 和结论 (3).

4. 设 H_1 和 H_2 是希尔伯特空间 H 的两个真闭子空间, 且 $H_1 \perp H_2$. 证明: $H_1 + H_2 = \{x = x_1 + x_2 : x_1 \in H_1, x_2 \in H_2\}$ 是 H 的闭子空间.

5. 设 $\{e_n : n = 1, 2, \cdots\}$ 与 $\{f_n : n = 1, 2, \cdots\}$ 是希尔伯特空间 H 中的两个标准正交系, 且满足 $\sum\limits_{n=1}^{\infty} \|e_n - f_n\|^2 < \infty$. 证明: 若这两个正交系中有一个完备, 则另一个也完备.

6. 设 H 是希尔伯特空间. 给定 $x, y \in H$, 且满足 $x \neq y, \|x\| = \|y\| = 1$. 证明: 当 $0 < \lambda < 1$ 时, 有 $\|\lambda x + (1 - \lambda) y\| < 1$.

7. 给定希尔伯特空间 H 中的点列 $\{x_n\}_{n=1}^{\infty}$ 及点 x_0. 证明:

(1) 若 $\lim\limits_{n \to \infty} \langle x_n, x_0 \rangle = \langle x_0, x_0 \rangle$, 且 $\lim\limits_{n \to \infty} \|x_n\| = \|x_0\|$, 则 $\lim\limits_{n \to \infty} \|x_n - x_0\| = 0$;

(2) 若 $w\text{-}\lim\limits_{n \to \infty} x_n = x_0$, 且 $\lim\limits_{n \to \infty} \|x_n\| = \|x_0\|$, 则 $\lim\limits_{n \to \infty} \|x_n - x_0\| = 0$.

8. 设 f_1 和 f_2 是希尔伯特空间 H 上的有界线性泛函, 且满足 $N(f_1) = N(f_2)$. 证明: 存在常数 $\lambda \in K$, 使得 $f_1(x) = \lambda f_2(x)$.

9. 证明: 函数列 $\{\sin kx\}_{k=0}^{\infty}$ 是希尔伯特空间 $L^2[0, \pi]$ 的正交基.

10. 证明: 在 $C[a, b]$ 上不存在使得下面等式成立的内积:

$$
\sqrt{\langle x, x \rangle} = \max_{t \in [a, b]} |x(t)|, \quad \forall x(t) \in C[a, b].
$$

11. 给定标准正交系 $\{\psi_n(x) : n = 1, 2, \cdots\} \subset L^2[a, b]$. 设 $\{\varphi_n(x) : n = 1, 2, \cdots\}$ 是 $L^2[a, b]$ 的一组标准正交基, 且对于每个 $\varphi_k(x)$ $(k = 1, 2, \cdots)$, 都有

$$\|\varphi_k\|^2 = \sum_{n=1}^{\infty} |\langle \varphi_k, \psi_n \rangle|^2.$$

证明: $\{\psi_n(x) : n = 1, 2, \cdots\}$ 也是 $L^2[a, b]$ 的标准正交基.

12. 给定希尔伯特空间 H 上的算子 $T \in B(H)$. 证明: (1) $T + T^*, TT^*, T^*T$ 都是自伴算子; (2) $\|TT^*\| = \|T^*T\| = \|T\|^2$.

13. 给定希尔伯特空间 H 上的自伴算子 $T_1, T_2 \in B(H)$. 证明: T_1T_2 是自伴算子当且仅当 $T_1T_2 = T_2T_1$.

14. 给定希尔伯特空间 H 上的自伴算子 $T_1, T_2 \in B(H)$. 证明: $T_1T_2 = 0$ 当且仅当 $R(T_1) \perp R(T_2)$.

15. 给定希尔伯特空间 H 上的算子 $U \in B(H)$. 证明: U 是酉算子当且仅当 U 是正常算子且是等距算子.

16. 给定希尔伯特空间 H 上的投影算子 $P_1, P_2 \in B(H)$. 证明: $P_1P_2 = P_2P_1$ 当且仅当 $P_1 + P_2 - P_1P_2$ 是投影算子.

17. 证明: 从 l^2 到 l^1 的任何有界线性算子都是紧算子.

18. 给定希尔伯特空间 H 上的幂等算子 $T \in B(H)$. 证明: T 是紧算子当且仅当 T 是有限秩算子.

19. 给定希尔伯特空间 H 上的算子 $T \in B(H)$. 设存在常数 $c > 0$, 使得对于任意 $x \in H$, 都有 $\|Tx\| \geqslant c\|x\|$. 证明: T 是紧算子当且仅当 $\dim H < \infty$.

20. 给定希尔伯特空间 H 上的紧算子 $T \in C(H)$. 设 $\{e_n : n = 1, 2, \cdots\}$ 是 H 的一组标准正交基. 证明: $\lim\limits_{n\to\infty} \langle Te_n, e_n \rangle = 0$.

/ 第 4 章 /

巴拿赫空间基本定理

本章主要介绍巴拿赫空间中的几个基本定理, 包括哈恩–巴拿赫 (Hahn-Banach) 延拓定理、开映射定理、逆算子定理、一致有界定理 (也称为共鸣定理) 和闭图像定理. 这几个基本定理为巴拿赫空间理论乃至泛函分析的发展奠定了重要基础, 同时也为泛函分析在数学其他领域和方向的应用提供了强有力的工具.

为刻画巴拿赫空间 X 中子集的弱列紧性需要引入弱收敛概念. 而哈恩–巴拿赫延拓定理保证了 X 的对偶空间有足够多的元素, 从而借助于 X^* 定义的 X 中弱收敛点列的极限具有唯一性.

由第 2 章可知, 定义在赋范空间上的线性算子的有界性等价于其连续性, 而且任意两个连续线性算子的代数和仍然是连续线性算子, 两个连续线性算子相乘 (即复合) 后也连续. 那么如何刻画有界线性算子的 "商"? 其逆算子何时存在且连续? 开映射定理和逆算子定理给出了回答.

一致有界定理的特殊情形源于 19 世纪中叶对傅里叶级数敛散性的研究, 20 世纪初对级数求和法、插值问题、关于机械求积公式收敛性的研究, 以及关于奇异积分的研究等. 1927 年巴拿赫与施坦因豪斯 (H.Steinhaus) 基于巴拿赫空间共同提出了一致有界定理, 也称为共鸣定理. 其实质是定义在巴拿赫空间上的有界线性算子族的点点收敛导致其一致收敛.

为了判断定义在巴拿赫空间上的线性算子是否连续, 闭图像定理提供了一种广泛而有效的方法, 即判断该算子是否为闭算子. 比如在偏微分方程理论中, 证明某些微分算子的连续性时, 往往利用闭图像定理转化为验证该算子是否为闭算子. 而在量子力学和量子统计力学中经常用到无界闭算子, 由闭图像定理可知其定义域至多是某个巴拿赫空间的稠密子空间.

本章最后为刻画巴拿赫空间中子集的弱紧性和其对偶空间中子集的弱 $*$ 紧性, 引入了弱收敛和弱 $*$ 收敛的概念, 同时给出了巴拿赫空间上有界线性算子列的强收敛、弱收敛和一致收敛的概念.

4.1 哈恩–巴拿赫延拓定理

4.1.1 哈恩–巴拿赫延拓定理的刻画

例 2.4.5 给出了 $C[a,b]$ 上一个具体的非零连续线性泛函. 但 $C[a,b]$ 上是否还存在其他非零连续线性泛函, 进而存在 $C[a,b]^*$ 的表现形式, 还不得而知. 命题 2.4.6 证明了 $(c^0)^* = l^1, (l^1)^* = l^\infty$, 但 $(L^p[a,b])^*$ $(1 \leqslant p < \infty)$ 的表现形式也有待讨论. 对于一般的赋范空间而言, 是否存在非零的连续线性泛函? 若存在, 是否足够多? 所有这些问题的解决都离不开下面的哈恩–巴拿赫延拓定理.

本小节首先基于实线性空间刻画哈恩–巴拿赫延拓定理, 然后拓展到复线性空间情形, 继而应用到赋范空间中.

定义 4.1.1 设 $p(x)$ 是定义在实线性空间 X 上的泛函. 若对于任意 $x, y \in X$ 及 $\lambda > 0$, 都有

(1) (正齐次) $p(\lambda x) = \lambda p(x)$,

(2) (次可加) $p(x+y) \leqslant p(x) + p(y)$,

则称 $p(x)$ 是一个次线性泛函.

定理 4.1.1 (哈恩–巴拿赫定理) 给定实线性空间 X 及其子空间 X_1. 设 $p(x)$ 是定义在 X 上的次线性泛函. 若定义在 X_1 上的线性泛函 $f(x)$ 满足

$$f(x) \leqslant p(x), \quad x \in X_1,$$

则存在 X 上的线性泛函 $\widetilde{f}(x)$, 使得

$$\widetilde{f}(x) \leqslant p(x), \quad x \in X,$$

且 $\widetilde{f}|_{X_1} = f$, 即 $\widetilde{f}(x)$ 是 $f(x)$ 在 X 上的延拓.

证明: 若 X_1 是平凡子空间, 则结论显然成立. 下面设 X_1 是 X 的真子空间. 于是存在 $x_0 \in X \setminus X_1$. 记 $\widetilde{X_1}$ 是由 X_1 和 x_0 生成的子空间, 即 $\widetilde{X_1} = \{\lambda x_0 + x : \lambda \in \mathbb{R}, x \in X_1\}$. 下面把 $f(x)$ 延拓到 $\widetilde{X_1}$ 上. 对于任给的 $x_1, x_2 \in X_1$, 利用题设条件可得

$$\begin{aligned} f(x_2) - f(x_1) = f(x_2 - x_1) &\leqslant p(x_2 - x_1) \\ &\leqslant p(x_2 + x_0) + p(-x_1 - x_0). \end{aligned}$$

由此得

$$-p(-x_1 - x_0) - f(x_1) \leqslant p(x_2 + x_0) - f(x_2).$$

注意到 x_1 和 x_2 是独立取值的, 因此由上式得

$$\sup_{x_1\in X_1}\{-p(-x_1-x_0)-f(x_1)\}\leqslant\inf_{x_2\in X_1}\{p(x_2+x_0)-f(x_2)\}.$$

取实数 c 满足

$$\sup_{x_1\in X_1}\{-p(-x_1-x_0)-f(x_1)\}\leqslant c\leqslant\inf_{x_2\in X_1}\{p(x_2+x_0)-f(x_2)\}.$$

构造 $\widetilde{X_1}$ 上的泛函 $\widetilde{f}_1$, 使得

$$\widetilde{f}_1(\lambda x_0+x)=\lambda c+f(x),\quad \lambda x_0+x\in\widetilde{X_1}.$$

易证 $\widetilde{f}_1$ 是线性泛函, 而且当 $\lambda=0$ 时 $\widetilde{f}_1=f$, 即 $\widetilde{f}_1|_{X_1}=f$. 现在证明对于任何 $\lambda x_0+x\in\widetilde{X_1}$, 都有

$$\widetilde{f}_1(\lambda x_0+x)\leqslant p(\lambda x_0+x).$$

若 $\lambda=0$, 由题设知上式成立. 若 $\lambda>0$, 令 $x_2=\dfrac{x}{\lambda}$, 由 c 的取法可得

$$c\leqslant p\left(\frac{x}{\lambda}+x_0\right)-f\left(\frac{x}{\lambda}\right),$$

从而

$$\begin{aligned}\widetilde{f}_1(\lambda x_0+x)&=\lambda c+f(x)\\&\leqslant\lambda\left(p\left(\frac{x}{\lambda}+x_0\right)-f\left(\frac{x}{\lambda}\right)\right)+f(x)\\&=p(\lambda x_0+x)-f(x)+f(x)=p(\lambda x_0+x).\end{aligned}$$

若 $\lambda<0$, 类似于上面的证明, 令 $x_1=\dfrac{x}{\lambda}$, 于是

$$c\geqslant -p\left(-\frac{x}{\lambda}-x_0\right)-f\left(\frac{x}{\lambda}\right),$$

从而

$$\begin{aligned}\widetilde{f}_1(\lambda x_0+x)&=\lambda c+f(x)\\&\leqslant\lambda\left(-p\left(-\frac{x}{\lambda}-x_0\right)-f\left(\frac{x}{\lambda}\right)\right)+f(x)\\&=p(\lambda x_0+x)-f(x)+f(x)=p(\lambda x_0+x).\end{aligned}$$

由此表明, $\widetilde{f}_1$ 是 f 的延拓而且满足题设给定的约束条件.

在前面证明的基础上, 接下来利用佐恩引理构造符合条件的延拓映射. 记 $\mathfrak{F}$ 为符合下述条件的实线性泛函 $g(x)$ 全体的集合: $g(x)$ 的定义域 $D(g)$ 是 X 的子空间, $g(x)$ 是 $f(x)$ 的延拓, 而且满足 $g(x) \leqslant p(x)$.

因 $\widetilde{f_1} \in \mathfrak{F}$, 故 $\mathfrak{F} \neq \varnothing$. 在 $\mathfrak{F}$ 中引入偏序关系 $\prec$: $g_1, g_2 \in \mathfrak{F}$, 且 g_2 是 g_1 的延拓, 此时规定 $g_1 \prec g_2$. 易证, $(\mathfrak{F}, \prec)$ 是一个偏序集. 设 $\mathfrak{L}$ 是 $\mathfrak{F}$ 中任一全序链, 于是对应的定义域是一单调递增集合列 $\{D(g)\}_{g\in\mathfrak{L}}$. 令 $D = \bigcup\limits_{g\in\mathfrak{L}} D(g)$. 任给 $x \in D$, 由 D 的构造知, 存在 $D(g)$, 使得 $x \in D(g)$. 由此定义映射

$$\varphi(x) = g(x), \quad x \in D.$$

若还存在 $D(g')$, 使得 $x \in D(g')$, 则因 $\mathfrak{L}$ 是全序链, 故 g' 是 g 的延拓, 或 g 是 g' 的延拓, 不论哪种情况都有 $g(x) = g'(x)$. 此即表明 $\varphi(x)$ 不随 $g \in \mathfrak{L}$ 的改变而改变, 从而 φ 定义了 D 上的一个泛函. 易证 $\varphi(x)$ 是线性的, 且满足 $\varphi(x) \leqslant p(x), x \in D$.

由上述证明可知, 对于任何 $g \in \mathfrak{L}$, 都有 $g \prec \varphi$, 即 φ 是 $\mathfrak{L}$ 的一个上界. 因而偏序集 $\mathfrak{F}$ 满足佐恩引理的条件, 从而由佐恩引理知, $\mathfrak{F}$ 中存在极大元, 记为 $\widetilde{f}(x)$. 于是 $\widetilde{f}(x)$ 是 $f(x)$ 的延拓. 下证 $D(\widetilde{f}) = X$. 假设 $D(\widetilde{f}) \neq X$, 则存在 $x' \in X \setminus D(\widetilde{f})$. 记 D_1 为由 $D(\widetilde{f})$ 和 x' 生成的子空间. 类似于上面第一段的证明, 可得定义在 D_1 上的一个线性泛函 $\overline{f}$, 满足 $\overline{f}(x) \leqslant p(x), x \in D_1$, 而且 $\overline{f}|_{D(\widetilde{f})} = \widetilde{f}$. 此即表明 $\widetilde{f} \prec \overline{f}$ 且 $\overline{f} \neq \widetilde{f}$. 这与 $\widetilde{f}$ 是极大元矛盾. 于是 $\widetilde{f}$ 即为所求. □

为把定理 4.1.1 拓展到复线性空间情形, 约束条件中的次线性泛函 $p(x)$ 需要加强为半范数.

定义 4.1.2 设 $p(x)$ 是定义在线性空间 X 上的泛函. 若对于任意 $x, y \in X$ 及 $\lambda \in K$ (其中 K 为实数域或复数域), 都有

(1) (非负性) $p(x) \geqslant 0$,

(2) (次可加) $p(x+y) \leqslant p(x) + p(y)$,

(3) (齐次性) $p(\lambda x) = |\lambda| p(x)$,

则称 $p(x)$ 是定义在 X 上的一个半范数.

定理 4.1.2 设 X 是复线性空间, 且 $p(x)$ 是定义在 X 上的半范数. 给定 X 的子空间 X_1. 若 X_1 上的线性泛函 $f(x)$ 满足

$$|f(x)| \leqslant p(x), \quad x \in X_1,$$

则存在 X 上的线性泛函 $\widetilde{f}(x)$, 使得

$$|\widetilde{f}(x)| \leqslant p(x), \quad x \in X,$$

且 $\widetilde{f}|_{X_1} = f$, 即 $\widetilde{f}(x)$ 是 $f(x)$ 在 X 上的延拓.

证明: 任给 $x \in X_1$. 分别记 $\mathrm{Re}f(x)$ 和 $\mathrm{Im}f(x)$ 为 $f(x)$ 的实部和虚部, 于是

$$f(x) = \mathrm{Re}f(x) + \mathrm{i}\mathrm{Im}f(x).$$

由此得

$$f(\mathrm{i}x) = \mathrm{i}f(x) = -\mathrm{Im}f(x) + \mathrm{i}\mathrm{Re}f(x),$$

从而 $\mathrm{Im}f(x) = -\mathrm{Re}f(\mathrm{i}x)$. 令 $r(x) = \mathrm{Re}f(x)$, 则有

$$f(x) = r(x) - \mathrm{i}r(\mathrm{i}x).$$

因 $r(x)$ 是从 X_1 到 $\mathbb{R}$ 的实线性泛函, 而且下式成立:

$$r(x) = \mathrm{Re}f(x) \leqslant |f(x)| \leqslant p(x), \quad x \in X_1,$$

故由定理 4.1.1 知, $r(x)$ 可延拓为 X 上的实线性泛函 $\widetilde{r}(x)$, 且

$$\widetilde{r}(x) \leqslant p(x), \quad x \in X.$$

令 $\widetilde{f}(x) = \widetilde{r}(x) - \mathrm{i}\widetilde{r}(\mathrm{i}x), x \in X$, 则对于任何实数 λ, 都有

$$\widetilde{f}(\lambda x) = \widetilde{r}(\lambda x) - \mathrm{i}\widetilde{r}(\mathrm{i}\lambda x) = \lambda(\widetilde{r}(x) - \mathrm{i}\widetilde{r}(\mathrm{i}x)) = \lambda\widetilde{f}(x).$$

再由 $\widetilde{r}(x)$ 的可加性知, $\widetilde{f}(x)$ 也具有可加性. 于是 $\widetilde{f}(x)$ 是实线性泛函. 接下来证明 $\widetilde{f}(x)$ 还保持复数数乘运算, 从而说明 $\widetilde{f}(x)$ 是复线性泛函. 由于 $\widetilde{f}(x)$ 保持加法运算和实数数乘运算, 因此下面只需在虚数单位 i 的情形下考虑即可. 事实上,

$$\begin{aligned}\widetilde{f}(\mathrm{i}x) &= \widetilde{r}(\mathrm{i}x) - \mathrm{i}\widetilde{r}(\mathrm{i}(\mathrm{i}x)) = \widetilde{r}(\mathrm{i}x) + \mathrm{i}\widetilde{r}(x) \\ &= \mathrm{i}(\widetilde{r}(x) - \mathrm{i}\widetilde{r}(\mathrm{i}x)) = \mathrm{i}\widetilde{f}(x).\end{aligned}$$

综上所证, $\widetilde{f}(x)$ 是 $f(x)$ 在 X 上的延拓.

最后证明 $|\widetilde{f}(x)| \leqslant p(x), x \in X$. 利用 $\widetilde{f}(x)$ 的三角表示形式 $\widetilde{f}(x) = |\widetilde{f}(x)|\mathrm{e}^{\mathrm{i}\theta}$, 有

$$|\widetilde{f}(x)| = \mathrm{e}^{-\mathrm{i}\theta}\widetilde{f}(x) = \widetilde{f}(\mathrm{e}^{-\mathrm{i}\theta}x).$$

注意到 $\widetilde{r}(\mathrm{e}^{-\mathrm{i}\theta}x)$ 是 $\widetilde{f}(\mathrm{e}^{-\mathrm{i}\theta}x) = |\widetilde{f}(x)|$ 的实部, 于是由上面的等式, 得

$$\begin{aligned}|\widetilde{f}(x)| &= \widetilde{f}(\mathrm{e}^{-\mathrm{i}\theta}x) = \widetilde{r}(\mathrm{e}^{-\mathrm{i}\theta}x) \\ &\leqslant p(\mathrm{e}^{-\mathrm{i}\theta}x) = p(x), \quad x \in X.\end{aligned}$$

□

把上面的哈恩–巴拿赫延拓定理应用于赋范空间情形, 有下面的结论.

定理 4.1.3 *给定赋范空间 X 及其子空间 X_1. 设 $f(x)$ 是 X_1 上的连续线性泛函. 则存在 X 上的连续线性泛函 $\widetilde{f}(x)$, 使得 $\widetilde{f}|_{X_1} = f$ 且 $\|\widetilde{f}\|_X = \|f\|_{X_1}$. 此时, $\widetilde{f}(x)$ 称为 $f(x)$ 的保范延拓.*

证明: 证明的关键是寻找定义在 X 上的半范数 $p(x)$, 且能够保证 $|f(x)| \leqslant p(x), x \in X_1$. 事实上, 一方面, 当 $x \in X_1$ 时, 因

$$|f(x)| \leqslant \|f\|_{X_1}\|x\|,$$

故可令 $p(X) = \|f\|_{X_1}\|x\|, x \in X$. 则 $p(x)$ 即符合上面的要求. 于是由定理 4.1.2 知, 存在 X 上的线性泛函 $\widetilde{f}(x)$, 使得 $\widetilde{f}|_{X_1} = f$, 而且 $|\widetilde{f}(x)| \leqslant p(x) = \|f\|_{X_1}\|x\|, x \in X$. 由此得

$$\|\widetilde{f}\| = \sup\{|\widetilde{f}(x)| : \|x\| = 1, x \in X\} \leqslant \|f\|_{X_1}.$$

于是 $\widetilde{f}(x)$ 是 X 上的连续线性泛函. 另一方面, 因

$$\begin{aligned}\|\widetilde{f}\|_X &= \sup\{|\widetilde{f}(x)| : \|x\| = 1, x \in X\}\\ &\geqslant \sup\{|\widetilde{f}(x)| : \|x\| = 1, x \in X_1\}\\ &= \sup\{|f(x)| : \|x\| = 1, x \in X_1\}\\ &= \|f\|_{X_1},\end{aligned}$$

故 $\|\widetilde{f}\|_X = \|f\|_{X_1}$. □

下面逐步回答本小节开始提出的问题. 给定赋范空间 X 及其对偶空间 X^*. 若对于任给的 $x_1, x_2 \in X$ $(x_1 \neq x_2)$, 都存在 $f(x) \in X^*$, 使得 $f(x_1) \neq f(x_2)$, 则称 X^* 中元素足够多, 亦即 X 上有足够多的连续线性泛函. 等价地, 对于任给的 $x_0 \in X$, 若对于任意 $f(x) \in X^*$ 都有 $f(x_0) = 0$, 则 $x_0 = 0$.

推论 4.1.1 任何赋范空间都存在足够多的连续线性泛函.

证明: 若赋范空间 $X = \{0\}$, 则结论显然成立. 下设 $X \neq \{0\}$. 任给 $x_1, x_2 \in X$ 且 $x_1 \neq x_2$, 记 $x_0 = x_1 - x_2$, 于是 $x_0 \neq 0$. 令 $X_0 = \{\lambda x_0 : \lambda \in K\}$, 即 X_0 是由 x_0 生成的一维子空间. 构造 X_0^* 上的连续线性泛函 f_0, 使得

$$f_0(\lambda x_0) = \lambda\|x_0\|, \quad \lambda \in K,$$

从而 $f_0(x_0) = \|x_0\|$ 且 $\|f_0\| = 1$. 于是由定理 4.1.3 知, 存在 X 上的连续线性泛函 $f(x)$, 使得 $f|_{X_0} = f_0$ 且 $\|f\| = \|f_0\| = 1$. 因此

$$f(x_0) = f_0(x_0) = \|x_0\| > 0,$$

从而 $f(x_1) \neq f(x_2)$. □

给定赋范空间 X. 设 $f(x) \in X^*$, 则 $\|f\| = \sup\{|f(x)| : x \in X, \|x\| = 1\}$. 反之, 利用上面的推论 4.1.1 可证, X 中点的范数也可借助 X^* 的闭单位球面来刻画, 即得下述推论.

推论 4.1.2　设 X 是赋范空间, 则对于任给的 $x \in X$, 都有 $\|x\| = \sup\{|f(x)| : f \in X^*, \|f\| = 1\}$, 而且上确界能达到.

证明: 当 $x = 0$ 时结论显然成立. 下设 $x \neq 0$. 一方面, 当 $f(x) \in X^*$ 且 $\|f\| = 1$ 时, 有

$$|f(x)| \leqslant \|f\| \cdot \|x\| = \|x\|.$$

由此得

$$\sup\{|f(x)| : f \in X^*, \|f\| = 1\} \leqslant \|x\|.$$

另一方面, 由推论 4.1.1 知, 存在 $f'(x) \in X^*$ 且 $\|f'\| = 1$, 使得 $f'(x) = \|x\|$. 于是 $\|x\| = \sup\{|f(x)| : f \in X^*, \|f\| = 1\}$, 且在 f' 处取到最大值. □

给定赋范空间 X 及其子空间 X_1. 设 $x_0 \in X$. 若 X 上的连续线性泛函 $f(x)$ 满足 $f(x) = 0, x \in X_1$, 则易证下式成立:

$$|f(x_0)| \leqslant \|f\| d(x_0, X_1),$$

其中 $d(x_0, X_1) = \inf\{\|x_0 - x\| : x \in X_1\}$ 是 x_0 到 X_1 的距离. 事实上, 取点列 $\{x_n\}_{n=1}^{\infty} \subset X_1$, 使得

$$\|x_0 - x_n\| \to d(x_0, X_1), \quad n \to \infty,$$

于是

$$\begin{aligned}|f(x_0)| &= |f(x_0 - x_n)| \\ &\leqslant \|f\| \|x_0 - x_n\| \to \|f\| d(x_0, X_1), \quad n \to \infty.\end{aligned}$$

反之, 利用哈恩–巴拿赫延拓定理可证, 存在 X 上的连续线性泛函 $f(x)$ 满足 $f(x) = 0$, $x \in X_1$, 使得上面式子中的等号成立, 即如下命题.

命题 4.1.1　给定赋范空间 X 及其子空间 X_1. 设 $x_0 \in X \setminus X_1$ 且 $d(x_0, X_1) > 0$, 则存在 X 上的连续线性泛函 $f(x)$ 满足下面的条件:

(1) $\|f\| = 1$;

(2) 当 $x \in X_1$ 时, $f(x) = 0$;

(3) $f(x_0) = d(x_0, X_1)$.

证明: 记 $\widetilde{X_1}$ 为由 X_1 和 x_0 生成的 X 的子空间, 于是 $\widetilde{X_1} = \{x + \lambda x_0 : x \in X_1, \lambda \in K\}$. 对于任意 $x \in \widetilde{X_1}$, 都存在唯一的 $x_1 \in X_1$ 及唯一的数 $\lambda_x \in K$, 使得 $x = x_1 + \lambda_x x_0$. 令

$$f_1(x) = \lambda_x d(x_0, X_1), \quad x \in \widetilde{X_1}.$$

易证, $f_1(x)$ 是线性泛函. 由其构造知, $f_1(x_0) = d(x_0, X_1)$. 当 $x \in X_1$ 时, $\lambda_x = 0$, 从而 $f_1(x) = 0$. 下证 $f_1(x)$ 有界. 任给 $x = x_1 + \lambda_x x_0 \in \widetilde{X_1}, \lambda_x \neq 0$. 因

$$|f_1(x)| = |\lambda_x| d(x_0, X_1) \leqslant |\lambda_x| \left\| x_0 + \frac{x_1}{\lambda_x} \right\|$$

$$= \|x_1 + \lambda_x x_0\| = \|x\|,$$

故 $f_1(x)$ 是 $\widetilde{X_1}$ 上的有界线性泛函且 $\|f_1\| \leqslant 1$. 于是由定理 4.1.3 知, 存在 X 上的有界线性泛函 $f(x)$, 使得 $f|_{X_1} = f_1$ 且 $\|f\| = \|f_1\| \leqslant 1$. 由此得

$$f(x_0) = f_1(x_0) = d(x_0, X_1),$$

而且当 $x \in X_1$ 时, 有

$$f(x) = f_1(x) = 0.$$

最后再证明 $\|f\| \geqslant 1$, 从而结合上面的证明即得 $\|f\| = 1$. 事实上, 由上面的证明结合命题 4.1.1 前面的考察知

$$d(x_0, X_1) = f(x_0) \leqslant \|f\| d(x_0, X_1).$$

由此即得 $\|f\| \geqslant 1$. □

4.1.2 赋范空间上的共轭算子

给定赋范空间 X. 因 $X^* = B(X, K)$, 故由定理 2.4.1 知, X 的对偶空间 X^* 是巴拿赫空间. 记 X^* 的对偶空间为 X^{**}. 下面考察 X 与 X^{**} 的关系. 任意固定 $x \in X$. 构造 X^* 上的泛函 $\widehat{x}$: 任给 $f \in X^*$, 令 $\widehat{x}(f) = f(x)$. 对于任意 $f_1, f_2 \in X^*$ 及 $\lambda \in K$, 因

$$\widehat{x}(\lambda f_1 + f_2) = (\lambda f_1 + f_2)(x) = \lambda f_1(x) + f_2(x) = \lambda \widehat{x}(f_1) + \widehat{x}(f_2),$$

故 $\widehat{x}$ 是线性的. 因对于任意 $f \in X^*$, 有

$$|\widehat{x}(f)| = |f(x)| \leqslant \|f\| \cdot \|x\|,$$

故 $\widehat{x}$ 有界. 因此 $\widehat{x} \in X^{**}$, 而且由上式得 $\|\widehat{x}\| \leqslant \|x\|$. 令

$$\varPhi : X \to X^{**}, x \mapsto \widehat{x}, \quad x \in X.$$

下面证明, 映射 $\varPhi$ 是从 X 到 X^{**} 的等距同构.

定理 4.1.4 给定赋范空间 X. 设 $\varPhi : X \to X^{**}, x \mapsto \widehat{x}$, 则 $\varPhi$ 是从 X 到 X^{**} 的等距同构算子.

证明: 易证 $\varPhi$ 是线性算子. 任给 $x \in X$. 为证 $\|\widehat{x}\| = \|x\|$, 由前面的考察知, 只需证 $\|\widehat{x}\| \geqslant \|x\|$. 由推论 4.1.2 知, 存在 $f(x) \in X^*$ 且 $\|f\| = 1$, 使得 $f(x) = \|x\|$. 于是

$$\|\widehat{x}\| \geqslant |\widehat{x}(f)| = |f(x)| = \|x\|.$$

□

注 4.1.1　称 Φ 是 X 到 X^{**} 的自然嵌入算子. 在等距同构意义下, 把 X 与 $\Phi(X)$ 等同起来, 于是 X 成为 X^{**} 的子空间. 进而, 若 $X = X^{**}$, 则称 X 是自反空间. 由里斯表示定理可知, 希尔伯特空间都是自反空间. l^p $(1 < p < \infty)$ 空间也都是自反空间.

第 3 章给出了希尔伯特空间上共轭算子的概念. 下面刻画赋范空间上的共轭算子.

定义 4.1.3　给定赋范空间 X 和 Y. 设 $T \in B(X,Y)$. 任给 $f \in Y^*$ 及 $x \in X$. 构造映射

$$T^* : Y^* \to X^*,\ (T^*(f))(x) = f(Tx), \quad f \in Y^*,\ x \in X.$$

当 $f \in Y^*$ 取定后, $T^*(f)$ 随之确定. 因此 T^* 定义了一个从 Y^* 到 X^* 的算子, 称 T^* 是 T 的共轭算子或伴随算子.

类似于希尔伯特空间情形, 一般赋范空间上有界线性算子的共轭算子有下面的基本性质.

命题 4.1.2　给定赋范空间 X, Y 和 Z. 设 $T, T_1 \in B(X,Y), T_2 \in B(Y,Z), \lambda \in K$, 则下面的结论成立:

(1) $\|T^*\| = \|T\|$;

(2) $(T_1 + \lambda T_2)^* = T_1^* + \lambda T_2^*$;

(3) $(T_2 T_1)^* = T_1^* T_2^*$.

证明: (1) 任给 $f \in Y^*$ 及 $x \in X$. 因

$$|(T^*f)(x)| = |f(Tx)| \leqslant \|f\| \cdot \|T\| \cdot \|x\|,$$

故 $\|T^*f\| \leqslant \|T\| \cdot \|f\|$. 由此得 $\|T^*\| \leqslant \|T\|$. 下证 $\|T\| \leqslant \|T^*\|$. 任给 $x \in X$, 则 $Tx \in Y$. 于是由推论 4.1.2 知, 存在 $f \in Y^*$ 且 $\|f\| = 1$, 使得 $f(Tx) = \|Tx\|$. 由此得

$$\begin{aligned}\|Tx\| &= |f(Tx)| = |(T^*f)(x)| \leqslant \|T^*f\| \cdot \|x\| \\ &\leqslant \|T^*\| \cdot \|f\| \cdot \|x\| = \|T^*\| \cdot \|x\|,\end{aligned}$$

从而 $\|T\| \leqslant \|T^*\|$.

(2) 线性性质由共轭算子的定义易得.

(3) 注意到 $T_2 T_1 \in B(X,Z)$. 任给 $g \in Z^*$ 及 $x \in X$. 由共轭算子的定义得

$$\begin{aligned}[(T_2T_1)^*g](x) &= g[(T_2T_1)(x)] = g[T_2(T_1x)] \\ &= (T_2^*g)(T_1x) = [T_1^*(T_2^*g)](x).\end{aligned}$$

因 $x \in X$ 是任意的, 故由上式得

$$(T_2T_1)^* = T_1^*T_2^*. \qquad \square$$

注 4.1.2 3.3 节定义希尔伯特空间上的共轭算子, 本质上是把希尔伯特空间 H 与其对偶空间 H^* 在共轭等距意义下等同起来. 因此命题 3.3.1 中数乘运算的复数需要取共轭, 而命题 4.1.2 中数乘运算的复数不需要取共轭.

在本小节最后, 考察实空间 $L^p[a,b]$ $(1 \leqslant p < \infty)$ 和 $C[a,b]$ 的对偶空间的表现形式. 记 (p,q) 是共轭数对, 即 p,q 均为正数且 $\dfrac{1}{p}+\dfrac{1}{q}=1$. 特别地, 若 $p=1$, 则 $q=\infty$.

命题 4.1.3 $(L^p[a,b])^* = L^q[a,b]$ $(1 \leqslant p < \infty)$ (在等距同构意义下).

为证命题 4.1.3, 先给出下面两个引理.

引理 4.1.1 任给函数 $x(t) \in L^p[a,b]$ $(1 \leqslant p < \infty)$, 存在函数 $y(t) \in L^q[a,b]$, 满足 $\|y\|_q = 1$, 而且使得下式成立:

$$\|x\|_p = \int_{[a,b]} x(t)y(t)\mathrm{d}t.$$

证明: 若 $p=1$. 令 $y(t) = \mathrm{sign}x(t)$, 其中

$$\mathrm{sign}x(t) = \begin{cases} 1, & x(t) > 0, \\ 0, & x(t) = 0, \\ -1, & x(t) < 0. \end{cases}$$

则 $\|y\|_\infty = 1$, 而且有

$$\int_{[a,b]} x(t)y(t)\mathrm{d}t = \int_{[a,b]} |x(t)|\mathrm{d}t = \|x\|_1.$$

若 $1 < p < \infty$, 当 $\|x\|_p = 0$ 时, 由霍尔德不等式知, 任取 $y(t) \in L^q[a,b]$ 满足 $\|y\|_q = 1$ 即可. 当 $\|x\|_p > 0$ 时, 令 $y(t) = \left(\dfrac{|x(t)|}{\|x\|_p}\right)^{p-1} \mathrm{sign}x(t)$. 例行计算知 $\|y\|_q = 1$, 而且有

$$\int_{[a,b]} x(t)y(t)\mathrm{d}t = \int_{[a,b]} |x(t)|\left(\frac{|x(t)|}{\|x\|_p}\right)^{p-1}\mathrm{d}t = \|x\|_p. \qquad \square$$

由引理 4.1.1 知, 当 $1 \leqslant p < \infty$ 时, 可得 L^p 范数的另一种表达式:

$$\|x\|_p = \sup_{\|y\|_q=1}\left\{\int_{[a,b]} x(t)y(t)\mathrm{d}t\right\}.$$

当 $p=\infty$ 时, 有下面的结论.

引理 4.1.2 任给函数 $x(t) \in L^\infty[a,b]$. 则

$$\|x\|_\infty = \sup_{\|y\|_1=1}\left\{\int_{[a,b]} x(t)y(t)\mathrm{d}t\right\}.$$

证明: 若 $\|x\|_\infty = 0$, 由霍尔德不等式, 结论显然成立. 若 $\|x\|_\infty > 0$, 则对于任意给定的 $\varepsilon > 0$, 都存在可测子集 $E_\varepsilon \subset [a,b]$ 且 $m(E_\varepsilon) > 0$, 使得

$$|x(t)| > \|x\|_\infty - \varepsilon, \quad t \in E_\varepsilon.$$

记 $m(E_\varepsilon) = \delta$. 令 $y(t) = \dfrac{1}{\delta}\chi_{E_\varepsilon}(t)\mathrm{sign}x(t)$. 例行计算得

$$\|y\|_1 = \int_{[a,b]} |y(t)|\mathrm{d}t = \frac{1}{\delta}\int_{[a,b]} \chi_{E_\varepsilon}(t)\mathrm{d}t = 1.$$

而且有

$$\int_{[a,b]} x(t)y(t)\mathrm{d}t = \frac{1}{\delta}\int_{[a,b]} |x(t)|\chi_{E_\varepsilon}(t)\mathrm{d}t > \|x\|_\infty - \varepsilon.$$

令 $\varepsilon \to 0$, 得

$$\int_{[a,b]} x(t)y(t)\mathrm{d}t \geqslant \|x\|_\infty.$$

另外, 对于任意 $y(t) \in L^1[a,b]$ 满足 $\|y\|_1 = 1$, 由霍尔德不等式知

$$\begin{aligned}\int_{[a,b]} x(t)y(t)\mathrm{d}t &\leqslant \left|\int_{[a,b]} x(t)y(t)\mathrm{d}t\right| \\ &\leqslant \int_{[a,b]} |x(t)y(t))|\mathrm{d}t \\ &\leqslant \|x\|_\infty\|y\|_1 = \|x\|_\infty.\end{aligned}$$

综上所证, 即得所求的结论. □

命题 4.1.3 的证明: 任意给定 $y(t) \in L^q[a,b]$. 构造 $L^p[a,b]$ 上的泛函 f_y, 使得对于任意 $x(t) \in L^p[a,b]$, 有

$$f_y(x) = \int_{[a,b]} x(t)y(t)\mathrm{d}t.$$

由霍尔德不等式得

$$|f_y(x)| = \left|\int_{[a,b]} x(t)y(t)\mathrm{d}t\right| \leqslant \|x\|_p\|y\|_q.$$

由此知 $f_y(x)$ 有界, 而且 $\|f_y\| \leqslant \|y\|_q$. 又易知 $f_y(x)$ 是线性的, 于是 $f_y \in (L^p[a,b])^*$. 构造线性算子

$$T : L^q[a,b] \to (L^p[a,b])^*, \ y \mapsto f_y, \quad y \in L^q[a,b].$$

由引理 4.1.1 和引理 4.1.2 知, T 是等距算子, 从而 T 是单射. 进一步可证 T 还是满射, 即对于任意的 $f \in (L^p[a,b])^*$, 都存在 $y(t) \in L^q[a,b]$, 使得 $Ty = f$. 详细过程可参阅参考文献 [1][2][3]. □

注 4.1.3 对于复空间 $L^p[a,b]$ $(1 \leqslant p < \infty)$, 也有结论 $(L^p[a,b])^* = L^q[a,b]$, 其中 (p,q) 是共轭数对. 一般地, 给定测度空间 $(X,\mathfrak{A},\mu)$, 其中 μ 是定义在 σ-代数 $\mathfrak{A}$ 上的 σ-有限测度. 可以证明, $(L^p(X))^* = L^q(X)$, 其中 $1 \leqslant p < \infty$, 且 (p,q) 为共轭数对.

由上述结论可知, $L^p(X)(1 \leqslant p < \infty)$ 均为自反空间.

为刻画 $C[a,b]$ 的对偶空间, 下面先回顾一下有界变差函数和黎曼–斯蒂尔杰斯 (Riemann-Stieltjes) 积分的有关结论. 设 $f(x)$ 是 $[a,b]$ 上的有界函数. 设 $\lambda : a = t_0 < t_1 < \cdots < \cdots < t_n = b$ 是 $[a,b]$ 的任一个分割. 记 Λ 为形如 λ 的所有分割形成的集合. 令

$$\mathrm{Var}(f) = \sup_{\Lambda} \sum_{i=0}^{n-1} |f(t_{i+1}) - f(t_i)|.$$

若 $\mathrm{Var}(f) < \infty$, 则称 $f(x)$ 是有界变差函数, $\mathrm{Var}(f)$ 叫作 $f(x)$ 的全变差. 记 $\mathrm{BV}[a,b]$ 为定义在 $[a,b]$ 上的有界变差函数全体的集合. 它关于函数的点点相加和数乘运算形成一个线性空间. 进而令 $\|f\| = \mathrm{Var}(f), f \in \mathrm{BV}[a,b]$. 可证 $(\mathrm{BV}[a,b], \|\cdot\|)$ 是一个巴拿赫空间.

设 $f(x) \in C[a,b]$, $g(x) \in \mathrm{BV}[a,b]$. 任给 $[a,b]$ 的一个分割 $\lambda : a = x_0 < x_1 < \cdots < x_n = b$. 任取分点 $\xi_i \in [x_{i-1}, x_i]$ $(i = 1, 2, \cdots, n)$, 作黎曼–斯蒂尔杰斯和:

$$\sigma(\lambda, f, g) = \sum_{i=1}^{n} f(\xi_i)(g(x_i) - g(x_{i-1})).$$

可以证明, 当 $\delta(\lambda) = \max\limits_{1 \leqslant i \leqslant n} |x_i - x_{i-1}| \to 0$ 时, 不论分割 λ 如何变化以及分点如何取, $\sigma(\lambda, f, g)$ 都趋于一个常数, 记为 $\displaystyle\int_a^b f(x)\mathrm{d}g(x)$, 此即 $f(x)$ 在 $[a,b]$ 上关于函数 $g(x)$ 的黎曼–斯蒂尔杰斯积分. 易证, 黎曼–斯蒂尔杰斯积分具有线性性质.

命题 4.1.4 $C[a,b]^* = \mathrm{BV}_0[a,b]$, 其中 $\mathrm{BV}_0[a,b] = \{f(x) \in \mathrm{BV}[a,b] : f(a) = 0$, 而且当 $x \in (a,b)$ 时, $f(x+0) = f(x)\}$.

事实上, 任意给定 $g(x) \in \mathrm{BV}_0[a,b]$, 对于任意的 $x(t) \in C[a,b]$, 令 $f_g(x) = \displaystyle\int_a^b x(t)\mathrm{d}g(t)$, 都有 $f_g \in C[a,b]^*$, 而且 $\|f_g\| \leqslant \displaystyle\int_a^b |\mathrm{d}g(t)| = \mathrm{Var}(g)$. 在此基础上构造映射

$$\varPhi : \mathrm{BV}_0[a,b] \to C[a,b]^*, g \mapsto f_g, \quad g \in \mathrm{BV}_0[a,b].$$

可以证明, $\varPhi$ 是从 $\mathrm{BV}_0[a,b]$ 到 $C[a,b]^*$ 的等距同构映射, 而且 $\|\varPhi(g)\| = \|g\|$. 证明细节可参阅参考文献 [1][2][3].

4.2　开映射定理和逆算子定理

4.2.1　贝尔纲定理

给定巴拿赫空间 X 和 Y. 由定理 2.4.1 知, $B(X,Y)$ 关于算子范数是完备的赋范线性空间, 即巴拿赫空间. 若 $T_1, T_2 \in B(X,Y)$, 则 $T_1 + T_2 \in B(X,Y)$, 即两个连续线性算子的和也连续. 若 $T, G \in B(X)$, 则 $TG \in B(X)$, 即 X 上的连续线性算子的积 (即算子的复合运算) 也连续. 现在考虑 $B(X,Y)$ 中的"除法"运算问题, 即当算子 $T \in B(X,Y)$ 存在逆算子 T^{-1} 时, 满足什么条件才能保证 T^{-1} 也连续. 下面的开映射定理和逆算子定理给出了答案. 证明开映射定理和下一节的一致有界定理需要用到贝尔 (Baire) 纲定理. 为此, 先介绍度量空间中的第一纲集和第二纲集的概念.

给定度量空间 (X,d). 在 1.2 节讲过稠密集的概念. 与此相对, 若 $(\overline{A})^\circ = \varnothing$, 即若 A 的闭包不含内点, 则称 A 是无处稠密集或稀疏集.

定义 4.2.1　设 A 是度量空间 (X,d) 中的非空子集. 若存在 X 中一列稀疏集 $\{A_n\}_{n=1}^\infty$, 使得 $A = \bigcup\limits_{n=1}^\infty A_n$, 则称 A 是 X 中的第一纲集. X 中不是第一纲集的子集称为第二纲集.

定理 4.2.1 (贝尔纲定理)　完备的度量空间都是第二纲集.

证明: 用反证法. 给定完备度量空间 X. 假设 X 不是第二纲集, 则存在一列稀疏集 $\{F_n\}_{n=1}^\infty \subset X$, 使得

$$X = \bigcup_{n=1}^\infty F_n.$$

上式中可以用 F_n 的闭包代替 F_n $(n = 1, 2, \cdots)$. 因此不妨设每个 F_n $(n = 1, 2, \cdots)$ 都是闭集. 下面寻找一点 $x_0 \in X$ 但 $x_0 \notin \bigcup\limits_{n=1}^\infty F_n$, 由此得到一个矛盾.

因 F_1 是稀疏的闭集, 从而不含内点, 故 $F_1 \neq X$. 于是存在半径为 r_1 $(r_1 > 0)$ 的开球 O_1, 使得其闭包完全包含于 F_1 的余集 F_1^c 之中, 即

$$\overline{O_1} \subset F_1^c.$$

因 F_2 也是稀疏集, 故 O_1 不可能完全包含于 F_2 之中, 否则 F_2 就有非空内部. 注意到 F_2 是闭集, 于是存在半径为 r_2 $(r_2 > 0)$ 的开球 O_2, 使得下面的包含关系成立:

$$\overline{O_2} \subset \overline{O_1} \cap F_2^c.$$

可取 $r_2 < \dfrac{r_1}{2}$. 照此进行下去, 得到一列满足下面条件的开球 $\{O_n\}_{n=1}^\infty$:

(1) 当 $n\to\infty$ 时, $r_n\to 0$;

(2) $O_{n+1}\subset O_n, n=1,2,\cdots$;

(3) $F_n\cap\overline{O_n}=\varnothing$.

任取 $x_n\in O_n$ $(n=1,2,\cdots)$. 于是由上述条件 (1) 和条件 (2) 知, 点列 $\{x_n\}_{n=1}^{\infty}$ 是 X 中的柯西列. 因 X 是完备的, 故

$$\lim_{n\to\infty} x_n = x_0\in X.$$

再由条件 (2) 可知, 对于每个 n 都有 $x_0\in\overline{O_n}$. 进而由条件 (3) 得, x_0 不属于任何一个 F_n $(n=1,2,\cdots)$, 此即 $x_0\notin\bigcup\limits_{n=1}^{\infty}F_n$. 这与假设 $X=\bigcup\limits_{n=1}^{\infty}F_n$ 矛盾, 从而表明原结论成立, 即 X 是第二纲集. □

4.2.2 开映射定理和逆算子定理的刻画

定义 4.2.2 给定赋范空间 X 和 Y. 设映射 $T:X\to Y$. 若 T 把 X 中的任何开集映成 Y 中的开集, 则称 T 是开映射.

定理 4.2.2 (开映射定理) 给定两个巴拿赫空间 X 和 Y. 设 $T\in B(X,Y)$. 若 T 是满射, 即 $T(X)=Y$, 则 T 是开映射.

为证明定理 4.2.2, 先给出一个引理.

引理 4.2.1 给定巴拿赫空间 X 和 Y 及线性算子 $T:X\to Y$, 则 T 是开映射的充要条件是: 存在 $\delta>0$, 使得

$$TO_X(0,1)\supset O_Y(0,\delta),$$

其中 $O_X(0,1)$ 表示 X 中以原点为中心、以 1 为半径的开球, $O_Y(0,\delta)$ 表示 Y 中以原点为中心、以 δ 为半径的开球.

证明: 必要性显然成立. 下证充分性, 即证对于 X 中任何开集 V, TV 都是 Y 中的开集. 因

$$TO_X(0,1)\supset O_Y(0,\delta),$$

故由 T 的线性性质, 对于任意的 $x\in X$ 及任意的 $r>0$, 都有

$$TO_X(x,r)\supset O_Y(Tx,r\delta).$$

对于任意的 $y\in TV$, 存在 $x\in V$, 使得 $Tx=y$. 因 V 是 X 中的开集, 故存在 $O_X(x,r)\subset V$. 取 $r'=r\delta$. 例行推导得

$$O_Y(Tx,r')\subset TO_X(x,r)\subset TV.$$

由此表明 $y=Tx$ 是 TV 的内点. 注意到 $y\in TV$ 的任意性, 从而得 TV 是 Y 中的开集. □

定理 4.2.2 的证明: 先证明一个较弱的结论, 即存在 $\delta > 0$, 使得 $\overline{TO_X(0,1)} \supset O_Y(0,2\delta)$. 事实上, 因

$$Y = TX = \bigcup_{n=1}^{\infty} TO_X(0,n).$$

又因 Y 是完备的, 故由定理 4.2.1 知, 存在正整数 n_0, 使得 $\overline{TO_X(0,n_0)}$ 不是稀疏集. 于是 $\overline{TO_X(0,n_0)}$ 中存在内点 y_0, 从而存在 $O_Y(y_0,r) \subset \overline{TO_X(0,n_0)}$. 注意到 $TO_X(0,n_0)$ 是对称凸集, 于是

$$O_Y(-y_0,r) \subset \overline{TO_X(0,n_0)}.$$

由此得

$$O_Y(0,r) \subset \frac{1}{2}O_Y(y_0,r) + \frac{1}{2}O_Y(-y_0,r) \subset \overline{TO_X(0,n_0)}.$$

令 $\delta = \dfrac{r}{2n_0}$. 由 T 的齐次性得

$$\overline{TO_X(0,1)} \supset O_Y(0,2\delta).$$

在上面证明的基础上, 再证 $TO_X(0,1) \supset O_Y(0,\delta)$, 从而由引理 4.2.1 即得证. 事实上, 对于任意的 $y \in O_Y(0,\delta)$, 由上面的证明知

$$y \in O_Y(0,\delta) \subset \overline{TO_X\left(0,\frac{1}{2}\right)}.$$

于是存在 $x_1 \in O_X\left(0,\dfrac{1}{2}\right)$, 使得下面的不等式成立:

$$\|y - Tx_1\| \leqslant \frac{\delta}{2}.$$

令 $y_1 = y - Tx_1$. 类似地, 有

$$y_1 \in O_Y\left(0,\frac{\delta}{2}\right) \subset \overline{TO_X\left(0,\frac{1}{2^2}\right)}.$$

于是存在 $x_2 \in O_X\left(0,\dfrac{1}{2^2}\right)$, 使得下面的不等式成立:

$$\|y_1 - Tx_2\| \leqslant \frac{\delta}{2^2}.$$

一般地, 对于

$$y_n = y_{n-1} - Tx_n \in O_Y\left(0,\frac{\delta}{2^n}\right) \subset \overline{TO_X\left(0,\frac{1}{2^{n+1}}\right)},$$

存在 $x_{n+1} \in O_X\left(0, \dfrac{1}{2^{n+1}}\right)$, 使得下面的不等式成立:

$$\|y_n - Tx_{n+1}\| \leqslant \frac{\delta}{2^{n+1}}, \quad n = 1, 2, \cdots.$$

照此进行下去, 得到点列 $\{y_n\}_{n=1}^{\infty} \subset Y$ 和点列 $\{x_n\}_{n=1}^{\infty} \subset X$. 由上述构造知

$$\sum_{n=1}^{\infty} \|x_n\| < 1,$$

从而由定理 2.3.1 知, $\sum\limits_{n=1}^{\infty} x_n$ 在 X 中收敛, 记其极限为 x. 于是 $x \in O_X(0,1)$, 而且

$$\|y_n\| = \|y_{n-1} - Tx_n\| = \cdots = \left\|y - T\left(\sum_{i=1}^{n} x_i\right)\right\| \leqslant \frac{\delta}{2^n}, \quad n = 1, 2, \cdots.$$

注意到 T 是连续的, 令 $n \to \infty$, 得 $Tx = y$. 由 $y \in O_Y(0,\delta)$ 的任意性, 得

$$TO_X(0,1) \supset O_Y(0,\delta).$$

□

给定赋范空间 X 和 Y. 设 $T \in B(X,Y)$. 由定理 1.1.2 知, 对于任何开集 $V \subset Y$, $T^{-1}(V)$ 是 X 中的开集. 若 T 是单射, 即 T 是一一映射, 则 T^{-1} 存在. 进一步, 若 $T^{-1} \in B(Y,X)$, 再由定理 1.1.2 知, 对于任何开集 $U \subset X$, $T(U) = (T^{-1})^{-1}(U)$ 是 Y 中的开集, 即 T 是开映射. 由此表明, 有界线性算子 T 存在有界逆算子的必要条件是: T 是开映射. 另外, 若 $T \in B(X,Y)$ 存在有界逆算子 $T^{-1} \in B(Y,X)$, 则 T 必须既是单射又是满射, 即一一对应. 结合定理 4.2.2 (开映射定理), 对于巴拿赫空间来说, 有界线性算子一一对应是它存在有界逆算子的充要条件. 此即下面的逆算子定理.

定理 4.2.3 (逆算子定理) 设 X 和 Y 是两个巴拿赫空间. 给定 $T \in B(X,Y)$. 若 T 既是单射又是满射, 即 T 是一一对应的, 则 T^{-1} 是有界线性算子, 即 $T^{-1} \in B(Y,X)$.

证明: 因 T 是满射, 故由定理 4.2.2 知, 对于 X 中任何开集 U, TU 都是 Y 中的开集. 于是对于 X 中的开球 $O_X(0,1)$, $TO_X(0,1)$ 是 Y 中的开球. 注意到 $T(0) = 0$ 且 0 是 $TO_X(0,1)$ 的内点, 因此存在 $\delta > 0$, 使得

$$O_Y(0,\delta) \subset TO_X(0,1).$$

利用 T 的线性性质易得, 上面的包含关系即

$$O_Y(0,1) \subset TO_X\left(0, \frac{1}{\delta}\right),$$

亦即

$$T^{-1}O_Y(0,1) \subset O_X\left(0, \frac{1}{\delta}\right).$$

于是, 对于任意 $y \in Y$ 满足 $\|y\| < 1$, 有 $\|T^{-1}y\| < \frac{1}{\delta}$. 由此, 对于任意给定的正数 ε 及任意的 $y \in Y$, 令 $\widetilde{y} = \frac{y}{\|y\| + \varepsilon}$, 则 $\|\widetilde{y}\| < 1$. 于是得

$$\|T^{-1}\widetilde{y}\| < \frac{1}{\delta}.$$

例行计算得

$$\|T^{-1}y\| < \frac{1}{\delta}(\|y\| + \varepsilon).$$

在上式中令 $\varepsilon \to 0$, 得

$$\|T^{-1}y\| \leqslant \frac{1}{\delta}\|y\|, \quad y \in Y.$$

此即表明 T^{-1} 是有界线性算子. □

作为逆算子定理的应用, 下面给出等价范数定理.

给定线性空间 X. 设 X 上存在两个范数 $\|\cdot\|_1$ 和 $\|\cdot\|_2$, 使得 $(X, \|\cdot\|_1)$ 和 $(X, \|\cdot\|_2)$ 分别成为赋范空间. 进而, 若存在常数 $M > 0$, 使得对于任何 $x \in X$, 都有

$$\|x\|_1 \leqslant M\|x\|_2,$$

则称范数 $\|\cdot\|_2$ 比范数 $\|\cdot\|_1$ 强, 或 $\|\cdot\|_1$ 比 $\|\cdot\|_2$ 弱. 若还存在常数 $m > 0$, 使得下面的不等关系成立:

$$m\|x\|_2 \leqslant \|x\|_1 \leqslant M\|x\|_2, \quad x \in X,$$

则称范数 $\|\cdot\|_1$ 与范数 $\|\cdot\|_2$ 等价.

其意义是, 若 $\|\cdot\|_1$ 与 $\|\cdot\|_2$ 等价, 则 $(X, \|\cdot\|_1)$ 与 $(X, \|\cdot\|_2)$ 具有相同的敛散性.

定理 4.2.4 (等价范数定理)　给定线性空间 X. 设 X 上存在两个范数 $\|\cdot\|_1$ 和 $\|\cdot\|_2$, 使得 $(X, \|\cdot\|_1)$ 和 $(X, \|\cdot\|_2)$ 均为巴拿赫空间. 若 $\|\cdot\|_2$ 比 $\|\cdot\|_1$ 强, 则 $\|\cdot\|_1$ 与 $\|\cdot\|_2$ 等价.

证明: 因 $\|\cdot\|_2$ 比 $\|\cdot\|_1$ 强, 故存在常数 $M > 0$, 对于任何 $x \in X$, 都有 $\|x\|_1 \leqslant M\|x\|_2$. 考虑恒等映射

$$I : (X, \|\cdot\|_2) \to (X, \|\cdot\|_1), \ x \mapsto x, \quad x \in X.$$

由上面的分析知, 对于任何 $x \in X$, 都有

$$\|Ix\|_1 = \|x\|_1 \leqslant M\|x\|_2.$$

此即表明 I 是从 $(X, \|\cdot\|_2)$ 到 $(X, \|\cdot\|_1)$ 的有界线性算子. 由于 I 把 X 中每个点 x 映到 x 自身, 因此 I 是既单又满的映射. 由定理 4.2.3 (逆算子定理) 知, I^{-1} 也有界. 于是对于任何 $x \in X$, 有

$$\|x\|_2 = \|I^{-1}x\|_2 \leqslant \|I^{-1}\|\|x\|_1.$$

记 $m = \|I^{-1}\|$, 上式即 $\|x\|_2 \leqslant m\|x\|_1$. 综上所述, $\|\cdot\|_1$ 与 $\|\cdot\|_2$ 等价. □

本小节最后再给出逆算子定理的另一个重要应用.

命题 4.2.1 (拉克斯–米尔格拉姆 (Lax-Milgram) 定理) 设 $\varphi(x,y)$ 是希尔伯特空间 H 上的一个共轭双线性形式. 若 φ 满足

(1) 存在常数 $M>0$, 使得对于任何 $x,y\in H$, 都有 $|\varphi(x,y)|\leqslant M\|x\|\|y\|$,

(2) 存在常数 $m>0$, 使得对于任何 $x\in H$, 都有 $|\varphi(x,x)|\geqslant m\|x\|^2$,

则存在唯一的连续线性算子 $T\in B(H)$ 且 $T^{-1}\in B(H)$, 使得

$$\varphi(x,y)=\langle x,Ty\rangle,\quad x,y\in H,$$

且

$$\|T^{-1}\|\leqslant m^{-1}.$$

证明: 由定理 3.3.4 知, 存在唯一的有界线性算子 $T\in B(H)$, 使得对于任何 $x,y\in H$, 都有 $\varphi(x,y)=\langle x,Ty\rangle$.

下证 T 存在有界逆映射 T^{-1}. 若 $Tx=0$, 则 $\varphi(x,x)=\langle x,Tx\rangle=0$. 于是由条件 (2) 得

$$m\|x\|^2\leqslant|\varphi(x,x)|=0,$$

由此得 $x=0$. 此即表明 T 是单射.

再证 T 是满射. 设 $x_0\in R(T)^{\perp}$, 于是对于任何 $x\in H$, 都有

$$\varphi(x_0,x)=\langle x_0,Tx\rangle=0.$$

在上式中令 $x=x_0$, 结合条件 (2) 可得 $x_0=0$. 此即表明 $R(T)$ 在 H 中稠密, 即 T 有稠密值域. 因而对于任意给定的 $x\in H$, 都存在点列 $\{x_n\}_{n=1}^{\infty}\subset H$, 使得

$$\lim_{n\to\infty}Tx_n=x.$$

由条件 (2) 知, 对于任何正整数 m,n, 都有

$$\begin{aligned}m\|x_m-x_n\|^2&\leqslant|\varphi(x_m-x_n,x_m-x_n)|\\&=|\langle x_m-x_n,T(x_m-x_n)\rangle|\\&\leqslant\|x_m-x_n\|\cdot\|Tx_m-Tx_n\|.\end{aligned}$$

由上式得

$$\|x_m-x_n\|\leqslant m^{-1}\|Tx_m-Tx_n\|\to 0,\quad n,m\to\infty.$$

此即表明 $\{x_n\}_{n=1}^{\infty}$ 是 H 中的柯西列. 因 H 完备, 故存在 $x'\in H$, 使得

$$\lim_{n\to\infty}x_n=x'.$$

再由 T 的连续性, 得

$$Tx' = T\big(\lim_{n\to\infty} x_n\big) = \lim_{n\to\infty} Tx_n = x,$$

从而得 $R(T) = H$. 由逆算子定理知, $T^{-1} \in B(H)$.

进而, 对于任何 $x \in H$, 由条件 (2) 得

$$\begin{aligned} m\|T^{-1}x\|^2 &\leqslant |\varphi(T^{-1}x, T^{-1}x)| = |\langle T^{-1}x, T(T^{-1}x)\rangle| \\ &= |\langle T^{-1}x, x\rangle| \leqslant \|x\| \cdot \|T^{-1}x\|. \end{aligned}$$

由此得

$$m\|T^{-1}x\| \leqslant \|x\|,$$

从而 $\|T^{-1}\| \leqslant m^{-1}$. □

4.3　一致有界定理和闭图像定理

4.3.1　一致有界定理

一致有界定理是巴拿赫空间理论的基石之一. 19 世纪中叶以来, 在数学的许多研究领域都相继发现了一致有界定理的具体表现形式. 比如, 在傅里叶级数理论中, 杜布瓦·雷蒙 (Du Bois-Reymond) 在 1876 年给出的连续函数的傅里叶级数发散的实例、特普利茨 (O.Toeplitz) 和施坦因豪斯等人在 1911 年关于级数求和法的研究、勒贝格和舒耳 (I. Schur) 等人在 1920 年关于奇异积分问题的研究、哈恩 (Hahn) 在 1922 年关于插值问题的研究等都用到了一致有界定理的具体形式. 在此基础上, 巴拿赫和施坦因豪斯从中抽象出了一般的一致有界定理.

定理 4.3.1 (一致有界定理)　设 X 是巴拿赫空间, Y 是赋范空间, 算子族 $\{T_\lambda\}_{\lambda\in\Lambda} \subset B(X,Y)$. 若对于每个 $x \in X$, 都有

$$\sup_{\lambda\in\Lambda} \|T_\lambda x\| < \infty,$$

则 $\{\|T_\lambda\|\}_{\lambda\in\Lambda}$ 有界, 即存在常数 $M > 0$, 使得

$$\sup_{\lambda\in\Lambda} \|T_\lambda\| < M.$$

证明: 任给 $x \in X$. 定义

$$\|x\|_1 = \|x\| + \sup_{\lambda\in\Lambda} \|T_\lambda x\|.$$

易证, $\|\cdot\|_1$ 是 X 上的范数, 而且比原来的范数 $\|\cdot\|$ 强. 下证 $(X,\|\cdot\|_1)$ 也是巴拿赫空间. 设 $\{x_n\}_{n=1}^{\infty}\subset X$ 是关于范数 $\|\cdot\|_1$ 的柯西列. 于是当 $n,m\to\infty$ 时, 有

$$\|x_n-x_m\|_1=\|x_n-x_m\|+\sup_{\lambda\in\Lambda}\|T_\lambda x_n-T_\lambda x_m\|\to 0.$$

由此知, 一方面, 当 $n,m\to\infty$ 时, 有

$$\|x_n-x_m\|\to 0,$$

即 $\{x_n\}_{n=1}^{\infty}$ 也是关于范数 $\|\cdot\|$ 的柯西列. 因 $(X,\|\cdot\|)$ 是巴拿赫空间, 故存在 $x\in X$ 使得 $\lim\limits_{n\to\infty}x_n=x$. 另一方面, 当 $n,m\to\infty$ 时, 有

$$\sup_{\lambda\in\Lambda}\|T_\lambda x_n-T_\lambda x_m\|\to 0.$$

于是对于任意给定的正数 ε, 都存在正整数 N_ε, 当 $n,m\geqslant N_\varepsilon$ 时, 有

$$\sup_{\lambda\in\Lambda}\|T_\lambda x_n-T_\lambda x_m\|<\varepsilon.$$

由此, 对于任何 $\lambda\in\Lambda$, 都有 $\|T_\lambda x_n-T_\lambda x_m\|\leqslant\varepsilon$. 在此式中令 $m\to\infty$, 得

$$\|T_\lambda x_n-T_\lambda x\|\leqslant\varepsilon.$$

因而

$$\sup_{\lambda\in\Lambda}\|T_\lambda x_n-T_\lambda x\|\leqslant\varepsilon.$$

此即表明

$$\sup_{\lambda\in\Lambda}\|T_\lambda x_n-T_\lambda x\|\to 0,\quad n\to\infty$$

综上所证, 当 $n\to\infty$ 时, 有

$$\|x_n-x\|_1=\|x_n-x\|+\sup_{\lambda\in\Lambda}\|T_\lambda x_n-T_\lambda x\|\to 0.$$

由此知 $(X,\|\cdot\|_1)$ 是巴拿赫空间. 由等价范数定理知, 范数 $\|\cdot\|_1$ 与 $\|\cdot\|$ 等价, 从而存在常数 $M_1>0$, 使得对于任何 $x\in X$, 都有

$$\|x\|_1=\|x\|+\sup_{\lambda\in\Lambda}\|T_\lambda x\|\leqslant M_1\|x\|.$$

可取 $M_1>1$, 记 $M=M_1-1$. 于是由上式得

$$\sup_{\lambda\in\Lambda}\|T_\lambda x\|\leqslant M\|x\|.$$

由此得

$$\sup_{\lambda\in\Lambda}\|T_\lambda\|\leqslant M.$$

□

注 4.3.1　在定理 4.3.1 中, 若 Y 退化成实数域或复数域, 则 $\{T_\lambda\}_{\lambda\in\Lambda}$ 就是定义在巴拿赫空间 X 上的一族有界线性泛函. 一致有界定理的实质是: 定义在巴拿赫空间上的有界线性算子族, 若点点有界, 则一致有界.

定理 4.3.1 的逆否命题是: 若

$$\sup_{\lambda\in\Lambda}\|T_\lambda\| = \infty,$$

则存在点 $x_0 \in X$, 使得

$$\sup_{\lambda\in\Lambda}\|T_\lambda x_0\| = \infty.$$

因此一致有界定理也称共鸣定理.

推论 4.3.1　设 X 是巴拿赫空间. 给定非空子集 $E \subset X^*$, 则 E 是 X^* 中有界集的充要条件是: 对于任意给定的 $x \in X$, 都有

$$\sup_{f\in X^*}|f(x)| < \infty.$$

因 $X^* = B(X, K)$, 其中 K 表示实数域或复数域, 故由定理 4.3.1 立得推论 4.3.1.

【例 4.3.1】　记 $C_{2\pi}(\mathbb{R})$ 为定义在实数集 $\mathbb{R}$ 上以 2π 为周期的连续函数全体的集合. 易证, $C_{2\pi}(\mathbb{R})$ 关于函数的点点相加和数乘运算是一个线性空间. 进而, 关于范数

$$\|\cdot\| : C_{2\pi}(\mathbb{R}) \to \mathbb{R}^+, x \mapsto \|x\| = \max_{t\in\mathbb{R}}|x(t)|, \quad x(t) \in C_{2\pi}(\mathbb{R})$$

是一个巴拿赫空间.

下面证明, 对于任意给定的实数 $t_0 \in \mathbb{R}$, 都存在连续函数 $x(t) \in C_{2\pi}(\mathbb{R})$, 其傅里叶级数在点 t_0 处发散. 因 $x(t)$ 是以 2π 为周期的函数, 下面不妨设 $t_0 = 0$. 证明的关键是估计数列 $\left\{\displaystyle\int_{-\pi}^{\pi}|D_n(t)|\mathrm{d}t\right\}_{n=1}^{\infty}$ 的界, 其中 $D_n(t)$ $(n = 1, 2, \cdots)$ 为狄利克雷核, 即 $D_n(t) = \dfrac{\sin\left(n+\dfrac{1}{2}\right)(t)}{2\pi\sin\dfrac{t}{2}}$. 因

$$\begin{aligned}\int_{-\pi}^{\pi}|D_n(t)|\mathrm{d}t &= \frac{1}{2\pi}\int_0^{2\pi}\frac{\left|\sin\left(n+\dfrac{1}{2}\right)t\right|}{\sin\dfrac{t}{2}}\mathrm{d}t \\ &\geqslant \frac{1}{2\pi}\int_0^{2\pi}\frac{\sin\left(n+\dfrac{1}{2}\right)t}{\dfrac{t}{2}}\mathrm{d}t,\end{aligned}$$

在上式中令 $s=\left(n+\dfrac{1}{2}\right)t$, 于是得

$$\begin{aligned}\int_{-\pi}^{\pi}|D_n(t)|\mathrm{d}t &\geqslant \frac{1}{\pi}\int_0^{(2n+1)\pi}\frac{|\sin s|}{s}\mathrm{d}s\\ &=\sum_{i=0}^{2n}\int_{i\pi}^{(i+1)\pi}\frac{|\sin s|}{s}\mathrm{d}s\\ &\geqslant \sum_{i=0}^{2n}\frac{1}{(i+1)\pi}\int_{i\pi}^{(i+1)\pi}|\sin s|\mathrm{d}s\\ &=\sum_{i=0}^{2n}\frac{2}{(i+1)\pi}.\end{aligned}$$

由此知

$$\int_{-\pi}^{\pi}|D_n(t)|\mathrm{d}t\to\infty,\quad n\to\infty.$$

任意固定正整数 n, 构造线性泛函:

$$f_n: C_{2\pi}(\mathbb{R})\to K,\ x(t)\to\int_{-\pi}^{\pi}x(t)D_n(t)\mathrm{d}t,\quad x(t)\in C_{2\pi}(\mathbb{R}).$$

例行计算可得

$$\|f_n\|=\int_{-\pi}^{\pi}|D_n(t)|\mathrm{d}t.$$

于是获得一列连续线性泛函 $\{f_n\}_{n=1}^{\infty}\subset C_{2\pi}^*(\mathbb{R})$. 综上所证

$$\|f_n\|\to\infty,\quad n\to\infty,$$

从而由注 4.3.1 知, 存在连续函数 $x_0(t)\in C_{2\pi}(\mathbb{R})$, 使得

$$\lim_{n\to\infty}|f_n(x_0)|=\infty.$$

于是由 f_n 的构造知, $x_0(t)$ 的傅里叶级数在点 $t=0$ 处发散.

注 4.3.2 傅里叶在研究热传导问题时导出傅里叶级数后, 曾以为任意函数的傅里叶级数都收敛. 后来狄利克雷对傅里叶级数的收敛条件进行了系统研究, 于 1829 年得出狄利克雷判别法. 此后很长一段时间人们都以为任何一个连续函数的傅里叶级数都收敛于该函数本身. 直到 1873 年, 杜布瓦 • 雷蒙才构造出一个连续函数, 其傅里叶级数在某点处发散, 而且他还给出了一个连续函数, 其傅里叶级数在一个无穷点集上处处发散. 接着新问题又来了: 是否存在一个函数, 其傅里叶级数几乎处处发散呢? 柯尔莫哥洛夫 (A.Kolmogorov) 在 1926 年证明了 $L^1(-\pi,\pi)$ 中存在函数, 其傅里叶级数处处发散. 但对于连续函数来说,

其傅里叶级数是否一定几乎处处收敛？1966 年，卡尔松 (L.Carleson) 证明了 $L^2[-\pi,\pi]$ 中任何函数对应的傅里叶级数都几乎处处收敛于该函数本身. 因 $C[-\pi,\pi]\subset L^2[-\pi,\pi]$, 于是定义在 $[-\pi,\pi]$ 上的连续函数其傅里叶级数几乎处处收敛. 1967 年亨特 (A.Hunt) 把上述结论进一步推广到了 $L^p[-\pi,\pi]$ $(p>1)$ 上. 至此关于傅里叶级数敛散性的研究告一段落.

4.3.2　闭图像定理

给定两个赋范空间 X 和 Y, 其笛卡儿乘积空间为 $X\times Y=\{(x,y):x\in X,y\in Y\}$. 对于任意的 $x_1,x_2\in X,y_1,y_2\in Y$ 及 $\alpha\in K$, $X\times Y$ 关于线性运算

$$\alpha(x_1,y_1)+(x_2,y_2)=(\alpha x_1+x_2,\alpha y_1+y_2)$$

形成一个线性空间. 进而, $X\times Y$ 关于范数

$$\|(x,y)\|=\|x\|+\|y\|,\quad (x,y)\in X\times Y$$

是赋范空间. 设 D 是 X 的一个线性子空间, $T:D\to Y$ 是一个线性算子. 称集合 $\{(x,Tx):x\in D\}\subset X\times Y$ 为 T 的图像, 简称图, 记为 G_T. 进而, 若 G_T 是 $X\times Y$ 中的闭集, 则称 T 是闭线性算子, 简称闭算子. 下面给出闭算子的一个等价刻画.

命题 4.3.1　设 X 和 Y 均为巴拿赫空间, D 是 X 的一个非空线性子空间, $T:D\to Y$ 是线性算子. 则 T 是闭算子的充要条件是: 对于任意点列 $\{x_n\}_{n=1}^{\infty}\subset D$, 由 $\lim\limits_{n\to\infty}x_n=x$ 及 $\lim\limits_{n\to\infty}Tx_n=y$, 可得 $x\in D$ 且 $y=Tx$.

证明: 设 T 是闭算子, 即 G_T 是 $X\times Y$ 中的闭集. 若 D 中点列 $\{x_n\}_{n=1}^{\infty}$ 满足

$$\lim_{n\to\infty}x_n=x$$

且

$$\lim_{n\to\infty}Tx_n=y,$$

则由 G_T 是闭集, 得

$$(x_n,Tx_n)\to(x,y)\in G_T,\quad n\to\infty.$$

于是 $x\in D$ 且 $y=Tx$.

反之, 设 $\{x_n\}_{n=1}^{\infty}\subset D$, 且

$$(x_n,Tx_n)\to(x,y),\quad n\to\infty,$$

则得

$$\lim_{n\to\infty}x_n=x$$

以及

$$\lim_{n\to\infty} Tx_n = y.$$

于是由题设知, $x \in D$ 且 $y = Tx$, 即 $(x, Tx) \in G_T$. 因此 G_T 是 $X \times Y$ 中的闭集, 从而 T 是闭算子. □

定理 4.3.2 (闭图像定理) 设 X 和 Y 均为巴拿赫空间, T 是从线性子空间 $D \subset X$ 到 Y 的线性算子. 若 D 是 X 中的闭子空间, 且 T 是闭算子, 则 T 是连续线性算子. 特别地, 从 X 到 Y 的闭算子 T 是连续的.

证明: 因 D 是巴拿赫空间 X 的闭子空间, 故 D 自身也是巴拿赫空间. 因 G_T 是 $X \times Y$ 中的闭集, 故 G_T 作为 $X \times Y$ 的子空间也是巴拿赫空间. 定义线性算子:

$$P_1 : G_T \to D,\ (x, Tx) \mapsto x, \quad (x, Tx) \in G_T.$$

易知 P_1 是单射且是满射. 于是由定理 4.2.3 (逆算子定理) 知

$$P_1^{-1} : D \to G_T, x \mapsto (x, Tx), \quad x \in D$$

也是连续线性算子. 类似地, 再定义连续线性算子:

$$P_2 : G_T \to Y, (x, Tx) \mapsto Tx, \quad (x, Tx) \in G_T.$$

由此得, $T = P_2 P_1^{-1}$ 是连续线性算子. □

由命题 4.3.1 易证, 定义在巴拿赫空间上的有界线性算子一定是闭算子. 但反之不真.

【例 4.3.2】 微分算子是无界闭算子. 记 $C^1[a,b]$ 为 $C[a,b]$ 中具有连续导函数的函数全体形成的线性子空间. $C^1[a,b]$ 关于范数

$$\|x\|_1 = \max\left\{ \max_{t\in[a,b]} |x(t)|, \max_{t\in[a,b]} \left|\frac{\mathrm{d}x(t)}{\mathrm{d}t}\right| \right\}$$

为巴拿赫空间. 令

$$T = \frac{\mathrm{d}}{\mathrm{d}t} : C^1[a,b] \to C[a,b],\ x(t) \mapsto \frac{\mathrm{d}x(t)}{\mathrm{d}t}, \quad x(t) \in C^1[a,b].$$

在 $C^1[a,b]$ 中取一列函数 $x_n(t) = \sin nt, n = 1, 2, \cdots$. 因

$$\left\|\frac{\mathrm{d}(\sin nt)}{\mathrm{d}t}\right\| = n\|\cos nt\| = n \to \infty, \quad n \to \infty,$$

故微分算子 $T = \dfrac{\mathrm{d}}{\mathrm{d}t}$ 是无界算子.

下证 T 是闭算子. 设 $\{x_n\}_{n=1}^{\infty} \subset C^1[a,b]$, 且满足

$$\lim_{n\to\infty} x_n = x,\ \lim_{n\to\infty} Tx_n = y.$$

注意到 $C^1[a,b]$ 中的函数列 $\{x_n\}_{n=1}^{\infty}$ 关于上述范数 $\|\cdot\|_1$ 收敛, 等价于 $\{x_n(t)\}_{n=1}^{\infty}$ 与 $\left\{\dfrac{\mathrm{d}x_n(t)}{\mathrm{d}t}\right\}_{n=1}^{\infty}$ 在 $[a,b]$ 上分别一致收敛. 于是对于任意的 $t \in [a,b]$, 由

$$x_n(t) - x_n(a) = \int_a^t \frac{\mathrm{d}x_n(s)}{\mathrm{d}s},$$

令 $n \to \infty$, 得

$$x(t) - x(a) = \int_a^t y(s)\mathrm{d}s.$$

由此知 $x(t) \in C^1[a,b]$ 且 $Tx = y$, 从而由命题 4.3.1 知 T 是闭算子.

4.4 几种常用的收敛性

4.4.1 强收敛、弱收敛和弱 * 收敛

在 3.2.2 小节, 为刻画希尔伯特空间中有界闭集的弱紧性而引入了弱收敛的概念. 推而广之, 为刻画巴拿赫空间中有界闭集的弱紧性同样需要引入弱收敛的概念, 作为比较概念则把依范数收敛称为强收敛.

定义 4.4.1 设 X 是赋范空间. 给定点列 $\{x_n\}_{n=1}^{\infty} \subset X$ 及点 $x \in X$. 若 $\|x_n - x\| \to 0, n \to \infty$, 则称 $\{x_n\}_{n=1}^{\infty}$ 强收敛于 x. 若对于任意给定的 $f \in X^*$, 都有 $|f(x_n) - f(x)| \to 0, n \to \infty$, 则称 $\{x_n\}_{n=1}^{\infty}$ 弱收敛于 x. 弱收敛记为 $w\text{-}\lim\limits_{n\to\infty} x_n = x$.

注 4.4.1 记号与定义 4.4.1 中相同. 强收敛可推出弱收敛, 但反之不真.

事实上, 若 X 中的点列 $\{x_n\}_{n=1}^{\infty}$ 强收敛于 x, 则对于任意给定的连续线性泛函 $f \in X^*$, 都有

$$|f(x_n) - f(x)| = |f(x_n - x)| \leqslant \|f\| \cdot \|x_n - x\| \to 0,\ n \to \infty.$$

此即表明 $\{x_n\}_{n=1}^{\infty}$ 弱收敛于 x.

设 $\{e_n\}_{n=1}^{\infty}$ 是无穷维可分希尔伯特空间 H 的一组标准正交基形成的点列. 由定理 3.1.3 知, 对于任意给定的 $x \in H$, 都有 $\langle x, e_n\rangle \to 0, n \to \infty$. 此即表明 $\{e_n\}_{n=1}^{\infty}$ 弱收敛于 0. 但因对于每个 e_n $(n = 1, 2, \cdots)$ 都有 $\|e_n\| = 1$, 故 $\{e_n\}_{n=1}^{\infty}$ 不强收敛于 0. 这表明对于无穷维赋范空间来说, 强收敛 (即范数收敛) 的确比弱收敛强.

另外易证, 当 X 是有限维赋范空间时, 强收敛等价于弱收敛.

给定赋范空间 X. 因其对偶空间 X^* 是巴拿赫空间, 在定义 4.4.1 中用 X^* 替代 X, 也可在 X^* 中引入强收敛和弱收敛的概念. 下面在 X^* 中引入比弱收敛更弱的一种收敛性, 即弱 $*$ 收敛性.

定义 4.4.2 设 X 是赋范空间, X^* 为其对偶空间. 给定点列 $\{f_n\}_{n=1}^{\infty} \subset X^*$ 及点 $f \in X^*$. 若对于任意给定的 $x \in X$, 都有 $|f_n(x) - f(x)| \to 0, n \to \infty$, 则称 $\{f_n\}_{n=1}^{\infty}$ 弱 $*$ 收敛于 f.

数学分析中收敛数列的极限是唯一的. 类似地, 赋范空间中弱收敛点列的极限也具有唯一性, 即有如下命题.

命题 4.4.1 设 X 是赋范空间. 给定点列 $\{x_n\}_{n=1}^{\infty} \subset X$. 若 $\{x_n\}_{n=1}^{\infty}$ 弱收敛, 则弱极限是唯一的.

证明: 若存在 $x, y \in X$, 使得

$$w\text{ - }\lim_{n\to\infty} x_n = x,$$

且

$$w\text{ - }\lim_{n\to\infty} x_n = y,$$

则由定义 4.4.1 知, 对于任意给定的 $f \in X^*$, 都有

$$f(x) = \lim_{n\to\infty} f(x_n) = f(y).$$

由此得, 对于任意给定的 $f \in X^*$, 都有

$$f(x-y) = f(x) - f(y) = 0.$$

于是由推论 4.1.1 得 $x = y$. □

注 4.4.2 类似于命题 4.4.1 可证, 弱 $*$ 收敛点列的极限也是唯一的.

下面给出巴拿赫空间中点列弱收敛的一个等价刻画.

命题 4.4.2 设 X 是一个巴拿赫空间. 给定点列 $\{x_n\}_{n=1}^{\infty} \subset X$ 及点 $x_0 \in X$. 则 $\{x_n\}_{n=1}^{\infty}$ 弱收敛于 x_0 当且仅当下面的条件成立:

(1) $\{\|x_n\| : n = 1, 2, \cdots\}$ 有界;

(2) 存在 X^* 的一个稠密子集 A, 使得对于任何 $f \in A$, 都有 $f(x_n) \to f(x_0), n \to \infty$.

证明: 先证必要性. 设 $w\text{ - }\lim\limits_{n\to\infty} x_n = x_0$, 即对于任意给定的 $f \in X^*$, 都有

$$\lim_{n\to\infty} f(x_n) = f(x_0).$$

任意固定 x_n $(n=1,2,\cdots)$. 令

$$\langle x_n, f\rangle = f(x_n), \quad f\in X^*.$$

于是每个 x_n 都可看作 X^* 上的连续线性泛函. 由于对于每个 $f\in X^*$, 数集 $\{|f(x_n)|: n=1,2,\cdots\}$ 有界, 故由定理 4.3.1 知 $\{\|x_n\|: n=1,2,\cdots\}$ 有界. 另外, 条件 (2) 由定义 4.4.1 立得.

再证充分性. 由条件 (1) 知, 存在常数 $M>0$, 使得 $\|x_n\|\leqslant M, n=1,2,\cdots$. 任意取定 $f\in X^*$. 对于任意给定的正数 ε, 由条件 (2), 存在 $f'\in A$, 使得 $\|f-f'\|<\varepsilon$. 对于上述 ε, 再由条件 (2), 存在正整数 N_ε, 使得当 $n\geqslant N_\varepsilon$ 时下式成立:

$$|f'(x_n)-f'(x_0)|<\varepsilon.$$

于是当 $n\geqslant N_\varepsilon$ 时, 有

$$\begin{aligned}|f(x_n)-f(x_0)| &\leqslant |f(x_n)-f'(x_n)|+|f'(x_n)-f'(x_0)|+|f'(x_0)-f(x_0)|\\ &\leqslant \|f-f'\|\cdot\|x_n\|+\varepsilon+\|f'-f\|\cdot\|x_0\|\\ &< \varepsilon M+\varepsilon+\varepsilon\|x_0\| = (M+1+\|x_0\|)\varepsilon.\end{aligned}$$

此即表明对于任何 $f\in X^*$, 都有

$$\lim_{n\to\infty} f(x_n) = f(x_0).$$

由定义 4.4.1 知, 点列 $\{x_n\}_{n=1}^\infty$ 弱收敛于 x_0. □

对于弱 * 收敛性有类似结论, 即下面的命题.

命题 4.4.3 设 X 是一个巴拿赫空间. 给定点列 $\{f_n\}_{n=1}^\infty\subset X^*$ 及点 $f_0\in X^*$. 则 $\{f_n\}_{n=1}^\infty$ 弱 * 收敛于 f_0 当且仅当下面的条件成立:

(1) $\{\|f_n\|: n=1,2,\cdots\}$ 有界;

(2) 存在 X 的一个稠密子集 B, 使得对于任何 $x\in B$, 都有 $\lim\limits_{n\to\infty} f_n(x)=f_0(x)$.

命题 4.4.3 的证明平行于命题 4.4.2, 故略.

4.4.2 弱列紧性和弱 * 列紧性

定义 4.4.3 设 X 是赋范空间. 给定非空子集 $A\subset X$. 若 A 中的任何点列都存在弱收敛子列, 则称 A 是弱列紧集. 进而, 若弱极限属于 A, 则 A 称为弱紧集. 给定非空子集 $F\subset X^*$. 若 F 中任何点列都存在弱 * 收敛子列, 则称 F 是弱 * 列紧集. 若弱 * 极限属于 F, 则 F 称为弱 * 紧集.

定理 4.4.1 设 X 是可分的赋范空间, 则 X^* 中的任何有界集都是弱 * 列紧集.

证明: 设 F 是 X^* 中的有界集. 任给点列 $\{f_n\}_{n=1}^{\infty} \subset F$. 下证它存在弱 $*$ 收敛子列. 由于 X 是可分空间, 故存在可数稠密子集 $A = \{x_i : i = 1, 2, \cdots\} \subset X$. 又因点列 $\{f_n\}_{n=1}^{\infty}$ 有界, 记 $M = \sup\{\|f_n\| : n = 1, 2, \cdots\}$. 故对于每个固定的 i $(i = 1, 2, \cdots)$, 数列 $\{f_n(x_i)\}_{n=1}^{\infty}$ 有界. 接下来类似于定理 3.2.2 的证明过程, 用对角线法可获得 $\{f_n\}_{n=1}^{\infty}$ 的一个子列 $\{f_{n_k}\}_{k=1}^{\infty}$, 使得对于每个固定的 x_i $(i = 1, 2, \cdots)$, 数列 $\{f_{n_k}(x_i)\}_{k=1}^{\infty}$ 都收敛. 注意到 $\overline{A} = X$ 及点列 $\{f_n\}_{n=1}^{\infty}$ 的有界性, 例行计算可得, 对于任何 $x \in X$, 数列 $\{f_{n_k}(x)\}_{k=1}^{\infty}$ 都收敛. 令

$$\lim_{k\to\infty} f_{n_k}(x) = f(x).$$

由极限运算的线性性质可得, $f(x)$ 是 X 上的线性泛函. 又因

$$|f(x)| \leqslant \|x\| \overline{\lim_{k\to\infty}} \|f_{n_k}\| \leqslant M\|x\|,$$

故 $f \in X^*$. 综上所证, 子列 $\{f_{n_k}\}_{k=1}^{\infty}$ 弱 $*$ 收敛于 f. □

在 4.1.2 节引入了自反空间的概念. 可以证明, 自反巴拿赫空间中的有界集都是弱列紧集, 即有如下命题.

命题 4.4.4 自反巴拿赫空间中的有界集都是弱列紧集.

命题 4.4.4 的证明可参阅参考文献 [4].

4.4.3 有界算子列的强、弱和一致收敛

定义 4.4.4 设 X 和 Y 是两个赋范空间. 给定算子列 $\{T_n\}_{n=1}^{\infty} \subset B(X, Y)$ 及算子 $T \in B(X, Y)$. 若对于任意给定的 $x \in X$, 都有

$$\|T_n x - Tx\| \to 0, \quad n \to \infty,$$

则称 $\{T_n\}_{n=1}^{\infty}$ 强收敛于 T. 若对于任意给定的 $x \in X$ 及任意给定的 $f \in Y^*$, 都有

$$|f(T_n x) - f(Tx)| \to 0, \quad n \to \infty,$$

则称 $\{T_n\}_{n=1}^{\infty}$ 弱收敛于 T. 另外, $\{T_n\}_{n=1}^{\infty}$ 关于 $B(X, Y)$ 上的范数数列则改称为一致收敛.

注 4.4.3 类似于注 4.4.1 所述, 算子列的一致收敛可推出强收敛, 强收敛可推出弱收敛. 但反之不真.

把命题 4.4.2 推广到巴拿赫空间上的有界算子列情形, 即得下面的巴拿赫–施坦因豪斯定理.

定理 4.4.2 (巴拿赫–施坦因豪斯定理) 设 X 是巴拿赫空间, Y 是赋范空间. 给定算子列 $\{T_n\}_{n=1}^{\infty} \subset B(X, Y)$ 及算子 $T \in B(X, Y)$, 则 $\{T_n\}_{n=1}^{\infty}$ 强收敛于 T 当且仅当下面的条件成立:

(1) $\{\|T_n\|: n=1,2,\cdots\}$ 有界;
(2) 存在 X 中的稠密子集 A, 使得对于任何 $x\in A$, 都有 $\lim\limits_{n\to\infty} T_n x = Tx$.

定理 4.4.2 的证明平行于命题 4.4.2, 故略.

【例 4.4.1】 考虑 l^2 上的单侧移位算子:

$$T: l^2 \to l^2,\ x=(x_1,x_2,\cdots,x_n,\cdots)\mapsto(0,x_1,x_2,\cdots,x_n,\cdots),\quad x\in l^2.$$

令 $T_n=T^n, n=1,2,\cdots$. 于是得到算子列 $\{T_n\}_{n=1}^{\infty}\subset B(l^2)$. 由其构造知, 对于任何 $x\in l^2$, 都有 $\|T_n x\|_2=\|x\|_2$. 因此 $\|T_n\|=1$ $(n=1,2,\cdots)$. 可以证明, 算子列 $\{T_n\}_{n=1}^{\infty}$ 弱收敛于 0, 但不强收敛于 0.

事实上, 对于任何 $y=(y_1,y_2,\cdots,y_n,\cdots)\in l^2$, 由柯西–施瓦茨不等式, 得

$$\begin{aligned}|\langle T_n x, y\rangle| &= \left|\sum_{i=1}^{\infty} x_i\overline{y_{i+n}}\right|\\ &\leqslant \left(\sum_{i=1}^{\infty}|x_i|^2\right)^{\frac{1}{2}}\left(\sum_{i=1}^{\infty}|y_{i+n}|^2\right)^{\frac{1}{2}}\\ &= \|x\|_2\left(\sum_{i=n+1}^{\infty}|y_i|^2\right)^{\frac{1}{2}}\to 0,\quad n\to\infty.\end{aligned}$$

此即表明 $\{T_n\}_{n=1}^{\infty}$ 弱收敛于 0. 取 l^2 的典型标准正交基 $\{e_n: n=1,2,\cdots\}$. 对于任何正整数 n 和 m $(n\neq m)$, 都有

$$\|T_n e_1 - T_m e_1\|_2 = \|e_{n+1}-e_{m+1}\|_2=\sqrt{2}.$$

于是 $\{T_n\}_{n=1}^{\infty}$ 关于强收敛性不是柯西列. 因此它不强收敛.

习题四

1. 设 X 是实线性空间, $p(x)$ 是 X 上的次线性泛函. 证明:
(1) $p(0)=0$;
(2) 对于任何 $x\in X$, 都有 $p(-x)\geqslant -p(x)$.

2. 设 X 是复线性空间, $p(x)$ 是 X 上的半范数, 且存在 $x_0\in X$, 使得 $p(x_0)\neq 0$. 证明: 存在 X 上的线性泛函 $f(x)$, 使得 $f(x_0)=1$ 且 $|f(x)|\leqslant p(x)/p(x_0), x\in X$.

3. 设 $\{x_1,x_2,\cdots,x_n\}$ 是赋范空间 X 中的一个线性无关集. 证明: 存在连续线性泛函 $f_1(x),f_2(x),\cdots,f_n(x)$, 使得 $f_i(x_j)=\delta_{ij}, i,j=1,2,\cdots,n$. 其中

$$\delta_{ij}=\begin{cases}1, i=j,\\ 0, i\neq j.\end{cases}$$

4. 给定巴拿赫空间 X 和子集 $A \subset X$. 若对于任何 $f(x) \in X^*$ 都有 $\sup\{|f(x)| : x \in A\} < \infty$, 则称 A 是弱有界的. 证明: A 有界的充要条件是: A 是弱有界的.

5. 给定巴拿赫空间 X 和 Y. 设算子族 $A \subset B(X,Y)$, 且任给 $x \in X, g(x) \in Y^*$, 都有

$$\sup\{|g(Tx)| : T \in A\} < \infty.$$

证明: A 是 $B(X,Y)$ 中的有界集.

6. 设 X 是巴拿赫空间, Y 是赋范空间. 给定点列 $\{T_n\}_{n=1}^{\infty} \subset B(X,Y)$, 且对于任何 $x \in X$, 点列 $\{T_n(x)\}_{n=1}^{\infty}$ 在 Y 中收敛. 令 $T(x) = \lim\limits_{n\to\infty} T_n(x), x \in X$. 证明: $T \in B(X,Y)$.

7. 给定巴拿赫空间 X 和 Y. 设 T 是从 X 到 Y 的线性算子, 且对任意给定的 $g(x) \in Y^*$, 泛函 $g(Tx)$ 都是 X 上的连续线性泛函. 证明: $T \in B(X,Y)$.

8. 证明: 巴拿赫空间 X 是自反空间当且仅当 X^* 是自反空间.

9. 设 H 是希尔伯特空间, $T \in B(H)$, 且存在常数 $a > 0$, 使得

$$|\langle Tx, x\rangle| \geqslant a\|x\|^2, \quad x \in H.$$

证明: T 存在有界逆算子 T^{-1}, 即 T^{-1} 存在且 $T^{-1} \in B(H)$.

10. 给定巴拿赫空间 X 和 Y 及 $T \in B(X,Y)$. 设存在常数 $a > 0$, 使得

$$\|Tx\| \geqslant a\|x\|, \quad x \in X,$$

且对于任何 $y \in Y$, 方程 $Tx = y$ 在 X 中都有解. 证明: T^{-1} 存在且 $\|T^{-1}\| \leqslant \dfrac{1}{a}$.

11. 设 X 和 Y 都是赋范空间. 给定 X 的子空间 D 及线性映射 $T : D \to Y$. 证明:

(1) 若 T 连续且 D 是闭集, 则 T 是闭算子;

(2) 若 T 是连续的闭算子, Y 是巴拿赫空间, 则 D 是 X 中的闭集;

(3) 若 T 是单射且是闭算子, 则 T^{-1} 也是闭算子.

12. 给定巴拿赫空间 X 和 Y 及闭线性算子 $T : D(T) \to R(T)$, 其中 $D(T) \subset X$, $R(T) \subset Y$. 证明:

(1) $N(T)$ 是 X 中的闭子空间;

(2) $N(T) = 0$ 且 $R(T)$ 是 Y 中闭集的充要条件是: 存在常数 $a > 0$, 使得 $\|Tx\| \geqslant a\|x\|, x \in D(T)$;

(3) $R(T)$ 是 Y 中闭集的充要条件是: 存在常数 $a > 0$, 使得 $\|Tx\| \geqslant d(x, N(T)), x \in D(T)$.

13. 给定巴拿赫空间 X . 设 T 是 X 上的幂等线性算子, 且 $N(T)$ 和 $R(T)$ 均为闭集. 证明: T 是连续线性算子.

14. 设 X 是赋范空间. 给定 X 中的点列 $\{x_n\}_{n=1}^{\infty}$ 及点 x_0, 满足 $w\text{-}\lim\limits_{n\to\infty} x_n = x_0$. 证明: $\lim\limits_{n\to\infty}\inf\|x_n\| \geqslant \|x_0\|$.

15. 给定赋范空间 X 中的点列 $\{x_n\}_{n=1}^{\infty}$ 及点 x_0. 若对于任意 $f(x) \in X^*$, 都有 $\lim\limits_{n\to\infty} \mathrm{Re}f(x_n) = \mathrm{Re}f(x_0)$, 其中 $\mathrm{Re}f(x)$ 表示复数 $f(x)$ 的实部. 证明: $w\text{-}\lim\limits_{n\to\infty} x_n = x_0$.

16. 给定赋范空间 X 中的点列 $\{x_n\}_{n=1}^{\infty}$ 及点 x_0, 满足 $w\text{-}\lim\limits_{n\to\infty} x_n = x_0$. 记 $X_1 = \mathrm{span}\{x_n : n = 1, 2, \cdots\}$. 证明: $x_0 \in \overline{X_1}$.

17. 设 X 是赋范空间. 证明: X 中的弱柯西列均有界.

18. 给定赋范空间 X 及其子空间 X_1. 若 X_1 关于弱收敛具有封闭性, 即对于任何弱收敛点列 $\{x_n\}_{n=1}^{\infty} \subset X_1$, 都有 $w\text{-}\lim\limits_{n\to\infty} x_n \in X_1$, 则称 X_1 是弱闭的. 证明: 子空间 X_1 是闭的其充要条件是: X_1 是弱闭的.

19. 设 $C[a,b]$ 上的范数 $\|\cdot\|$ 使得 $(C[a,b], \|\cdot\|)$ 是巴拿赫空间, 而且对于任何点列 $\{x_n\}_{n=1}^{\infty} \subset C[a,b]$, 若 $\lim\limits_{n\to\infty} \|x_n - x\| = 0$, 则对于任意固定的 $t_0 \in [a,b]$ 都有 $\lim\limits_{n\to\infty} |x_n(t_0) - x(t_0)| = 0$. 证明: $\|\cdot\|$ 等价于上确界范数 $\|\cdot\|_\infty$. 其中 $\|x\|_\infty = \max\limits_{t\in[a,b]} |x(t)|, x(t) \in C[a,b]$.

20. 给定 $C[a,b]$ 中的点列 $\{x_n\}_{n=1}^{\infty}$ 及点 x_0, 满足 $w\text{-}\lim\limits_{n\to\infty} x_n = x_0$. 证明: $\{x_n\}_{n=1}^{\infty}$ 点点收敛于 x_0, 即对于任给的 $t_0 \in [a,b]$, 都有 $\lim\limits_{n\to\infty} x_n(t_0) = x_0(t_0)$. 但反之不真, 即在 $C[a,b]$ 中存在点列点点收敛但不弱收敛.

/ 第 5 章 /

算子理论和算子代数初步

算子理论和算子代数是泛函分析的两个重要研究领域和研究方向. 二者既平行发展又相互交织. 在算子理论中, 对于自伴算子、正常算子、酉算子等的认识已经很深刻, 特别是对于紧算子的研究已臻于完善. 算子谱理论作为算子理论的基础和重要方向也已经发展得很成熟, 但在整体上, 算子理论还有待开发新的工具和方法, 以便更深入系统地发展. 算子代数从 20 世纪 20 年代由冯 · 诺依曼创立发展到现在, 其基本理论已趋于完善, 但新的工具和方法仍然不断涌现, 在促使其自身理论发展的同时, 也推动了它在数学其他领域和方向的应用. 现在算子代数的理论方法已用于量子概率、量子信息和量子计算.

本章考虑定义在无穷维复希尔伯特空间上的有界线性算子及由有界线性算子形成的算子代数. 先介绍投影算子的比较概念, 继而给出谱测度和谱系的定义; 然后刻画有界线性算子谱集的性质; 接着给出酉算子、自伴算子和紧算子的谱分解; 最后介绍 C^*-代数的基本概念和基本性质, 给出 GNS 构造定理.

5.1 谱测度和谱系

5.1.1 投影算子的比较

3.3.3 节给出了投影算子的定义及等价刻画, 讨论了有限多个投影算子的加法和乘法运算的条件. 在此基础上, 本小节将讨论投影算子之间的大小比较, 以及两两正交的投影算子列的极限等问题.

定义 5.1.1 设 H 是希尔伯特空间. 给定自伴算子 $T \in B(H)$. 若对于任何 $x \in H$ 都有 $\langle Tx, x\rangle \geqslant 0$, 则称 T 是正定算子, 简称正算子, 记为 $T \geqslant 0$. 进而, 若自伴算子 $T_1, T_2 \in B(H)$ 满足 $T_2 - T_1 \geqslant 0$, 则称 T_2 不小于 T_1 或称 T_1 不大于 T_2, 记为 $T_2 \geqslant T_1$ 或 $T_1 \leqslant T_2$. 特别地, 给定投影算子 $P_1, P_2 \in B(H)$, 若 $P_2 - P_1 \geqslant 0$, 则 $P_2 \geqslant P_1$.

注 5.1.1 由推论 3.3.2 结合定义 5.1.1 知, 投影算子都是正算子.

由定理 3.3.3 知, 在复希尔伯特空间情形下, 上述定义 5.1.1 中对于算子 T 的自伴性要求可以去掉. 另外, 若 H 退化成欧氏空间 $\mathbb{R}^n$, 则定义 5.1.1 中引入的正算子就是线性代数中熟知的非负定矩阵.

定理 5.1.1 设 H_1 和 H_2 是希尔伯特空间 H 的两个闭子空间, 分别记 P_1 和 P_2 为从 H 到 H_1 和 H_2 的投影, 则下述条件等价:

(1) $P_1 \leqslant P_2$;

(2) 对于任何 $x \in H$, 都有 $\|P_1 x\| \leqslant \|P_2 x\|$;

(3) $H_1 \subset H_2$;

(4) $P_2 P_1 = P_1 P_2 = P_1$.

证明: (1) $\Rightarrow$ (2). 因 $P_1 \leqslant P_2$, 故 $P_2 - P_1 \geqslant 0$. 于是由定义 5.1.1 知, 对于任何 $x \in H$ 都有 $\langle (P_2 - P_1)x, x\rangle \geqslant 0$. 由此得

$$\|P_1 x\|^2 = \langle P_1 x, x\rangle \leqslant \langle P_2 x, x\rangle = \|P_2 x\|^2.$$

开方得 $\|P_1 x\| \leqslant \|P_2 x\|$.

(2) $\Rightarrow$ (3). 对于任意 $x \in H_1$, 都有 $P_1 x = x$. 又因

$$\langle x - P_2 x, P_2 x\rangle = \langle P_2(x - P_2 x), P_2 x\rangle = 0,$$

此即表明 $x - P_2 x \perp P_2 x$. 因而得

$$\|x\|^2 = \|x - P_2 x\|^2 + \|P_2 x\|^2.$$

在此基础上, 由条件 (2) 成立, 得

$$\begin{aligned}\|x\|^2 = \|P_1 x\|^2 &\leqslant \|P_2 x\|^2 \\ &= \|x\|^2 - \|x - P_2 x\|^2.\end{aligned}$$

由此得 $\|x - P_2 x\|^2 = 0$, 从而 $P_2 x = x$. 此即表明 $x \in H_2$. 注意到 $x \in H_1$ 的任意性, 于是得 $H_1 \subset H_2$.

(3) $\Rightarrow$ (4). 对于任意 $x \in H$. 因 $P_1 x \in H_1$, 故由 $H_1 \subset H_2$, 得 $P_2 P_1 x = P_1 x$, 即 $P_2 P_1 = P_1$. 然后对等式两边取共轭运算, 得

$$P_1 = (P_1)^* = (P_2 P_1)^* = (P_1)^* (P_2)^* = P_1 P_2.$$

(4) $\Rightarrow$ (1). 若条件 (4) 成立, 则对于任意 $x \in H$, 有

$$\begin{aligned}\langle P_1 x, x\rangle = \|P_1 x\|^2 &= \|P_1 P_2 x\|^2 \\ &\leqslant \|P_1\|^2 \|P_2 x\|^2 = \|P_2 x\|^2 = \langle P_2 x, x\rangle.\end{aligned}$$

由此得

$$\langle (P_2 - P_1)x, x\rangle \geqslant 0.$$

于是由定义 5.1.1 知 $P_1 \leqslant P_2$. □

接下来考虑两两正交的投影算子列的求和问题, 有下面的结论.

定理 5.1.2 给定希尔伯特空间 H 中两两正交的投影算子列 $\{P_n\}_{n=1}^{\infty} \subset B(H)$, 则存在投影算子 $P \in B(H)$, 使得对于任何 $x \in H$, 都有 $\sum\limits_{n=1}^{\infty} P_n x = Px$.

证明: 记 $\widetilde{P_n} = \sum\limits_{i=1}^{n} P_i$. 由命题 3.3.4 知, $\widetilde{P_n}$ 是投影算子. 对于任何 $x \in H$, 由

$$\sum_{i=1}^{n} \|P_i x\|^2 = \left\| \sum_{i=1}^{n} P_i x \right\|^2 = \left\| \widetilde{P_n} x \right\|^2 \leqslant \|x\|^2$$

知, 正项级数 $\sum\limits_{n=1}^{\infty} \|P_n x\|^2$ 收敛. 于是对于任意正整数 n, m $(m > n)$, 都有

$$\begin{aligned}
\left\| \widetilde{P_m} x - \widetilde{P_n} x \right\|^2 &= \left\| \sum_{i=n+1}^{m} P_i x \right\|^2 \\
&= \sum_{i=n+1}^{m} \|P_i x\|^2 \to 0, \ n, m \to \infty.
\end{aligned}$$

因此 $\{\widetilde{P_n} x\}$ 是 H 中的柯西列, 从而收敛于 H 中的向量, 记为 Px. 于是对于任何 $x \in H$, 都有 $\sum\limits_{n=1}^{\infty} P_n x = Px$.

下证算子 P 是投影算子. 由上面的证明易知, P 是线性的. 又因

$$\|Px\| = \lim_{n \to \infty} \left\| \widetilde{P_n} x \right\| \leqslant \|x\|,$$

故 P 有界. 对于任意的 $x, y \in H$, 因 $\widetilde{P_n}$ 是投影算子, 故

$$\begin{aligned}
\langle Px, y \rangle &= \left\langle \lim_{n \to \infty} \widetilde{P_n} x, y \right\rangle = \lim_{n \to \infty} \langle \widetilde{P_n} x, y \rangle \\
&= \lim_{n \to \infty} \left\langle x, \widetilde{P_n} y \right\rangle = \left\langle x, \lim_{n \to \infty} \widetilde{P_n} y \right\rangle = \langle x, Py \rangle,
\end{aligned}$$

于是 P 是自伴算子. 类似可证 $P^2 = P$, 即 P 还是幂等算子. 因而由定理 3.3.6 知 P 是投影算子. □

推论 5.1.1 给定希尔伯特空间 H 中的投影算子列 $\{P_n\}_{n=1}^{\infty} \subset B(H)$. 若 $\{P_n\}_{n=1}^{\infty}$ 是单调递增的, 即 $P_1 \leqslant P_2 \leqslant \cdots \leqslant P_n \leqslant \cdots$, 或单调递减的, 即 $P_1 \geqslant P_2 \geqslant \cdots \geqslant P_n \geqslant \cdots$, 则 $\{P_n\}_{n=1}^{\infty}$ 强收敛于投影算子.

证明: 首先, 设 $\{P_n\}_{n=1}^{\infty}$ 是单调递增的. 令 $\widetilde{P_1}=P_1$. 当 $n\geqslant 2$ 时, 令 $\widetilde{P_n}=P_n-P_{n-1}$. 易证投影算子列 $\{\widetilde{P_n}\}_{n=1}^{\infty}$ 两两正交. 于是由定理 5.1.2 知, 存在投影算子 P, 对于任何 $x\in H$, 都有

$$Px=\sum_{n=1}^{\infty}\widetilde{P_n}x=\lim_{n\to\infty}\sum_{i=1}^{n}\widetilde{P_i}x=\lim_{n\to\infty}P_nx.$$

此即表明 $\{P_n\}_{n=1}^{\infty}$ 强收敛于投影算子 P.

然后, 对于单调递减的情况, 令 $P_n'=I-P_n, n=1,2,\cdots$, 其中 I 是 H 上的单位算子, 即可化为单调递增的情况来处理. □

5.1.2 谱测度和谱系的刻画

给定希尔伯特空间 H. 记 $\mathfrak{P}$ 为 $B(H)$ 中投影算子全体形成的集合. 另外, 设 X 是一个数集. $\mathfrak{A}$ 是 X 的子集族形成的 σ-代数, 即 $\mathfrak{A}$ 包含 X 和空集 $\varnothing$, 而且关于可列并和可列交运算封闭. 在此基础上, 下面给出谱测度的定义.

定义 5.1.2 给定映射 $E:\mathfrak{A}\to\mathfrak{P}$. 若它满足下面的条件:

(1) $E(X)=I$,

(2) (可列可加性) 若 $\{A_n\}_{n=1}^{\infty}\subset\mathfrak{A}$ 满足 $A_n\cap A_m=\varnothing, m\neq n$, 即 $\{A_n\}_{n=1}^{\infty}$ 中元素两两不交, 可得

$$E\left(\bigcup_{n=1}^{\infty}A_n\right)=\sum_{n=1}^{\infty}E(A_n),$$

则称 E 是 $(X,\mathfrak{A})$ 上的谱测度. 此时, $(X,\mathfrak{A},E)$ 称为谱测度空间.

给定谱测度空间 $(X,\mathfrak{A},E)$. 任给 $x,y\in H$, 定义 $\mathfrak{A}$ 的集函数

$$\mu_{x,y}(A)=\langle E(A)x,y\rangle,\quad A\in\mathfrak{A}.$$

由定义 5.1.2 易证, 集函数 $\mu_{x,y}$ 具有可列可加性且在空集处为 0, 称为广义测度. 记 $B(X,\mathfrak{A})$ 为定义在 X 上关于 $\mu_{x,y}$ 有界的可测函数全体的集合. 对于任给的 $f\in B(X,\mathfrak{A})$, 它关于 $\mu_{x,y}$ 的谱积分记为 $\int_X f(t)\mathrm{d}\mu_{x,y}(t)$ 或 $\int_X f(t)\mathrm{d}(\langle E(t)x,y\rangle)$, 在不产生混淆的情况下简记为 $\int_X f(t)\mathrm{d}E(t)$.

注 5.1.2 易证, 谱积分具有线性性质, 即若 f 是特征函数 $\chi_A, A\in\mathfrak{A}$, 则

$$\int_X\chi_A(t)\mathrm{d}E(t)=E(A);$$

还具有压缩性和共轭对称性, 即若 $f\in B(X,\mathfrak{A})$, 则

$$\left\|\int_X f(t)\mathrm{d}E(t)\right\|\leqslant\|f\|,$$

$$\left(\int_X f(t)\mathrm{d}E(t)\right)^* = \int_X \overline{f(t)}\mathrm{d}E(t);$$

除此之外, 对于任何 $f, g \in B(X, \mathfrak{A})$, 下面的等式成立:

$$\int_X f(t)g(t)\mathrm{d}E(t) = \int_X f(t)\mathrm{d}E(t)\int_X g(t)\mathrm{d}E(t).$$

在实数集上勒贝格测度与单调递增的右连续函数 (即分布函数) 是对应的. 类似地, 谱测度和下面的谱系是对应的.

定义 5.1.3 给定希尔伯特空间 H 及投影算子族 $\{E_\lambda\}_{\lambda\in[a,b]}$, 其中 a 可取 $-\infty, b$ 可取 $+\infty$. 若下面的条件成立:

(1) (单调递增) 若 $\lambda_1, \lambda_2 \in [a,b]$ 且 $\lambda_1 \leqslant \lambda_2$, 则 $E_{\lambda_1} \leqslant E_{\lambda_2}$,

(2) (右连续) 任给 $\lambda \in [a,b]$, 都有 $E_{\lambda+0} = E_\lambda$,

(3) 关于强收敛, 有 $\lim\limits_{\lambda\to b-0} E_\lambda = I$, $\lim\limits_{\lambda\to a+0} E_\lambda = 0$,

则称 $\{E_\lambda\}_{\lambda\in[a,b]}$ 是一个谱系.

下面给出谱系的一个等价刻画.

命题 5.1.1 给定希尔伯特空间 H 上的一族投影算子 $\{E_\lambda\}_{\lambda\in[a,b]}$. $\{E_\lambda\}$ 成为谱系的充要条件是: 对于任何 $x \in H$, 函数 $F_x(\lambda) = \langle E_\lambda x, x\rangle, \lambda \in [a,b]$ 都满足

(1) (单调递增) 对于任何 $\lambda_1, \lambda_2 \in [a,b]$, 当 $\lambda_1 \leqslant \lambda_2$ 时, 都有 $F_x(\lambda_1) \leqslant F_x(\lambda_2)$;

(2) (右连续) $F_x(\lambda)$ 是右连续函数;

(3) $\lim\limits_{\lambda\to b-0} F_x(\lambda) = \|x\|^2$, $\lim\limits_{\lambda\to a+0} F_x(\lambda) = 0$.

证明: 必要性由定义 5.1.3 易得. 下证充分性. 任给 $x \in H$. 利用定理 5.1.1, 由 $F_x(\lambda)$ 单调递增可得 $\{E_\lambda\}_{\lambda\in[a,b]}$ 单调递增. 又因 $F_x(\lambda)$ 是右连续的, 故对于任给的 $\lambda_0 \in [a,b)$, 都有

$$\begin{aligned}\lim_{\lambda\to\lambda_0+0}\|(E_\lambda - E_{\lambda_0})x\|^2 &= \lim_{\lambda\to\lambda_0+0}\langle(E_\lambda - E_{\lambda_0})x, x\rangle\\ &= \lim_{\lambda\to\lambda_0+0} F_x(\lambda) - F_x(\lambda_0) = 0.\end{aligned}$$

由此表明 $\{E_\lambda\}_{\lambda\in[a,b]}$ 右连续. 另外, 由条件 (3) 易得

$$\lim_{\lambda\to b-0} E_\lambda = I, \lim_{\lambda\to a+0} E_\lambda = 0.$$ □

【例 5.1.1】 给定希尔伯特空间 H, 以及两两正交的投影算子列 $\{P_n\}_{n=1}^\infty \subset B(H)$, 满足 $\sum\limits_{n=1}^\infty P_n = I$. 再取一列实数 $\{a_n\}_{n=1}^\infty$. 令 $E_\lambda = \sum\limits_{a_n\leqslant\lambda} P_n$, 当 $\lambda < \inf\limits_{n\in\mathbb{N}}\{a_n\}$ 时规定 $E_\lambda = 0$. 验证可知, $\{E_\lambda\}_{\lambda\in(-\infty,+\infty)}$ 是一个谱系.

【例 5.1.2】 在希尔伯特空间 $L^2[a,b]$ 中, 对于任给的实数 λ, 构造投影算子

$$(E_\lambda f)(t) = \chi_{(-\infty,\lambda]}(t)f(t), \quad f(t) \in L^2[a,b],$$

于是得到投影算子族 $\{E_\lambda\}_{\lambda\in(-\infty,+\infty)}$. 验证可知, $\{E_\lambda\}_{\lambda\in(-\infty,+\infty)}$ 是一个谱系.

例 5.1.1 和例 5.1.2 的验证细节可参阅参考文献 [1].

本小节最后给出谱测度和谱系的对应关系: 给定谱测度空间 $(X,\mathfrak{A},E)$, 令 $E_\lambda = E([a,\lambda)),\lambda \in [a,b]$, 于是得到投影算子族 $\{E_\lambda\}_{\lambda\in[a,b]}$. 由谱测度定义 (定义 5.1.2) 立得 $\{E_\lambda\}_{\lambda\in[a,b]}$ 是一个谱系. 反之, 给定一个谱系 $\{E_\lambda\}_{\lambda\in[a,b]}$, 由参考文献 [1] 中 6.7 节的引理 2 知, 存在一个谱测度空间 $(X,\mathfrak{A},E)$, 使得 $E_\lambda = E([a,\lambda)),\lambda \in [a,b]$.

5.2　预解恒等式和谱半径

5.2.1　预解恒等式

2.4.2 节引入了正则集和谱集的概念并刻画了其基本性质. 下面在此基础上进一步讨论.

命题 5.2.1　给定希尔伯特空间 H 及有界线性算子 $T \in B(H)$. 设 $\mu \in \rho(T)$. 任给 $\lambda \in \mathbb{C}$ 且 $\lambda \neq \mu$, 则 $\lambda \in \rho(T)$ 当且仅当 $(\mu-\lambda)^{-1} \in \rho(R(\mu,T))$, 其中 $R(\mu,T) = (\mu-T)^{-1}$ 是 T 的预解算子. 此时下式成立:

$$R(\lambda,T) = (\mu-\lambda)^{-1}[(\mu-\lambda)^{-1} - R(\mu,T)]^{-1}R(\mu,T).$$

证明: 事实上, 对于任何 $\lambda \in \mathbb{C}$, 简单计算知

$$\lambda - T = (\mu-\lambda)[(\mu-\lambda)^{-1} - R(\mu,T)](\mu-T).$$

由上式立得命题 5.2.1. □

利用命题 5.2.1 可得下面的预解恒等式.

推论 5.2.1　给定希尔伯特空间 H 及有界线性算子 $T \in B(H)$. 设 $\lambda,\mu \in \rho(T)$, 则下面的等式成立, 称为预解恒等式:

$$R(\lambda,T) - R(\mu,T) = (\mu-\lambda)R(\lambda,T)R(\mu,T).$$

证明: 当 $\lambda,\mu \in \rho(T)$ 时, 若 $\lambda=\mu$, 则结论显然成立; 若 $\lambda \neq \mu$, 则由命题 5.2.1 知

$$(\mu-\lambda)R(\lambda,T)[(\mu-\lambda)^{-1} - R(\mu,T)] = R(\mu,T).$$

简单计算, 得

$$R(\lambda,T) - (\mu-\lambda)R(\lambda,T)R(\mu,T) = R(\mu,T).$$

移项即得预解恒等式. □

由推论 5.2.1 知, 若 $\lambda, \mu \in \rho(T)$, 则

$$R(\lambda, T)R(\mu, T) = R(\mu, T)R(\lambda, T).$$

5.2.2 谱半径

定理 5.2.1 (盖尔范德 (Gelfand)) 给定希尔伯特空间 H, 则对于任何 $T \in B(H)$, 都有 $\sigma(T) \neq \varnothing$.

证明: 假设 $\sigma(T) = \varnothing$, 由此 $T \neq 0$, 从而 $\|T\| > 0$. 任取复数 λ 且 $|\lambda| > 2\|T\|$, 则有 $\|\lambda^{-1}T\| < \dfrac{1}{2}$, 从而 $1 - \|\lambda^{-1}T\| > \dfrac{1}{2}$. 于是

$$\begin{aligned}\|(1-\lambda^{-1}T)^{-1} - 1\| &= \left\|\sum_{n=1}^{\infty}(\lambda^{-1}T)^n\right\| \leqslant \frac{\|\lambda^{-1}T\|}{1-\|\lambda^{-1}T\|} \\ &\leqslant 2\|\lambda^{-1}T\| < 1.\end{aligned}$$

由此得

$$\|(1-\lambda^{-1}T)^{-1}\| < 2,$$

从而当 $|\lambda| > 2\|T\|$ 时, 有

$$\|(T-\lambda)^{-1}\| = \|\lambda^{-1}(1-\lambda^{-1}T)^{-1}\| < 2|\lambda^{-1}| < \|T\|^{-1}.$$

由定义可证 $\lambda \mapsto (T-\lambda)^{-1}, \lambda \in \mathbb{C}$ 是连续映射. 由上述证明知, 此映射在整个复数域 $\mathbb{C}$ 上有界, 即存在常数 $M > 0$, 使得 $\|(T-\lambda)^{-1}\| \leqslant M$. 于是对于任意 $f \in B(H)^*$, 函数 $\lambda \mapsto f((T-\lambda)^{-1}), \lambda \in \mathbb{C}$ 是整函数, 从而由复分析中的刘维尔 (Liouville) 定理知, 函数 $\lambda \mapsto f((T-\lambda)^{-1})$ 在复数域上是常数. 于是有 $f(T^{-1}) = f((T-1)^{-1})$. 注意到 $f \in B(H)^*$ 的任意性, 得 $T^{-1} = (T-1)^{-1}$, 由此得 $T = T - 1$. 这是一个矛盾, 从而表明 $\sigma(T) \neq \varnothing$. □

推论 5.2.2 给定希尔伯特空间 H 上的有界线性算子 $T \in B(H)$, 则 $\sigma(T)$ 是复数域 $\mathbb{C}$ 中的紧子集.

事实上, 由推论 2.4.1 知, $\sigma(T) \subset \{z \in \mathbb{C} : |z| \leqslant \|T\|\}$. 再由推论 2.4.2 知, $\sigma(T)$ 是闭集. 于是 $\sigma(T)$ 是 $\mathbb{C}$ 中的有界闭集, 从而是紧集.

设 $p_n(z) = a_0 + a_1 z^1 + \cdots + a_n z^n$ 为复系数多项式. 给定希尔伯特空间 H 上的有界线性算子 $T \in B(H)$. 记 $p_n(T) = a_0 + a_1 T^1 + \cdots + a_n T^n$, 则下面的谱映射定理成立.

定理 5.2.2 给定希尔伯特空间 H 上的有界线性算子 $T \in B(H)$, 则对于任何复系数多项式 $p_n(z)$, 都有

$$\sigma(p_n(T)) = p_n(\sigma(T)).$$

证明: 任给 $\lambda \in \mathbb{C}$. 由代数学基本定理知, 存在复数 $\lambda_1, \lambda_2, \cdots, \lambda_n$, 使得

$$p_n(z) - \lambda = a_0(z - \lambda_1)(z - \lambda_2)\cdots(z - \lambda_n).$$

由此得

$$p_n(T) - \lambda = a_0(T - \lambda_1)(T - \lambda_2)\cdots(T - \lambda_n).$$

于是, $p_n(T) - \lambda$ 可逆当且仅当 $T - \lambda_1, T - \lambda_2, \cdots, T - \lambda_n$ 都可逆. 此即表明, $\lambda \in \sigma(p_n(T))$ 当且仅当存在某个 $\lambda' \in \sigma(T)$, 使得 $\lambda = p_n(\lambda')$. 因此, $\sigma(p_n(T)) = p_n(\sigma(T))$. □

在此基础上给出谱半径的概念.

定义 5.2.1 设 H 是希尔伯特空间. 给定有界线性算子 $T \in B(H)$. T 的谱半径定义为

$$r(T) = \sup_{\lambda \in \sigma(T)} |\lambda|.$$

定理 5.2.3 (伯尔林 (Beurling) 定理) 记号与定义 5.2.1 中相同. 则

$$r(T) = \inf_{n \geqslant 1} \|T^n\|^{\frac{1}{n}} = \lim_{n \to \infty} \|T^n\|^{\frac{1}{n}}.$$

定理 5.2.3 的证明超出了本书范围, 有兴趣的读者可参阅参考文献 [10][11][12].

【例 5.2.1】 给定希尔伯特空间 H 上的酉算子 $U \in B(H)$, 则 $\sigma(U) \subset \{\lambda \in \mathbb{C} : |\lambda| = 1\}$.

事实上, 由推论 3.3.1 可知, $\|U^*U\| = \|U\|^2$. 因 $U^*U = I$, 故 $\|U\|^2 = 1$, 从而得 $\|U^*\| = \|U\| = 1$. 对于任意正整数 n, 由于

$$\left\|U^{2^n}\right\| = \left\|(U^*U)^{2^{n-1}}\right\|^2 = \cdots = \left\|U^*U\right\|^{2^{n-1}} = \|U\|^{2^n},$$

因此由定理 5.2.3 知

$$r(U) = \lim_{n \to \infty} \left\|U^{2^n}\right\|^{\frac{1}{2^n}} = \lim_{n \to \infty} \|U\| = 1.$$

类似可得 $r(U^*) = 1$. 由定义 2.4.3 结合命题 3.3.1, 易知

$$\sigma(U^*) = \{\overline{\lambda} : \lambda \in \sigma(U)\}.$$

再由定义 2.4.3, 得

$$\sigma(U^{-1}) = \{\lambda^{-1} : \lambda \in \sigma(U)\}.$$

注意到 $U^* = U^{-1}$, 于是

$$\{\overline{\lambda} : \lambda \in \sigma(U)\} = \{\lambda^{-1} : \lambda \in \sigma(U)\}.$$

综上所证, 有

$$\sigma(U) \subset \{\lambda \in \mathbb{C} : |\lambda| = 1\}.$$

【例 5.2.2】 给定希尔伯特空间 H 上的自伴算子 $U \in B(H)$, 则 $\sigma(U) \subset \mathbb{R}$.

令 $U = \mathrm{e}^{\mathrm{i}T}$, 则 $U^* = \mathrm{e}^{-\mathrm{i}T}$. 由

$$U^*U = UU^* = \mathrm{e}^{\mathrm{i}T}\mathrm{e}^{-\mathrm{i}T} = \mathrm{e}^{\mathrm{i}T+(-\mathrm{i}T)} = \mathrm{e}^0 = 1$$

知 U 是酉算子. 于是由例 5.2.1 知

$$\sigma(U) \subset \{\lambda \in \mathbb{C} : |\lambda| = 1\}.$$

假设存在复数 $\lambda \in \sigma(U)$, $\lambda = \lambda_1 + \mathrm{i}\lambda_2, \lambda_1, \lambda_2 \in \mathbb{R}$ 且 $\lambda_2 \neq 0$. 易知

$$\mathrm{e}^{\mathrm{i}\lambda} = \mathrm{e}^{-\lambda_2}\mathrm{e}^{\mathrm{i}\lambda_1} \in \sigma(U),$$

但

$$\left|\mathrm{e}^{-\lambda_2}\mathrm{e}^{\mathrm{i}\lambda_1}\right| = \left|\mathrm{e}^{-\lambda_2}\right| \neq 1,$$

这与 $\sigma(U) \subset \{\lambda \in \mathbb{C} : |\lambda| = 1\}$ 矛盾. 因此 $\sigma(U) \subset \mathbb{R}$.

5.3 紧算子的谱分解

5.3.1 酉算子和自伴算子的谱分解

在希尔伯特空间 $L^2[0, 2\pi]$ 上定义线性算子

$$(Uf)(x) = \mathrm{e}^{\mathrm{i}x}f(x), \quad f(x) \in L^2[0, 2\pi].$$

任给 $f(x) \in L^2[0, 2\pi]$. 因

$$\begin{aligned}\langle Uf, Uf\rangle &= \int_0^{2\pi} \mathrm{e}^{\mathrm{i}x}f(x)\overline{\mathrm{e}^{\mathrm{i}x}f(x)}\mathrm{d}x \\ &= \int_0^{2\pi} f(x)\overline{f(x)}\mathrm{d}x = \langle f, f\rangle,\end{aligned}$$

故由命题 3.3.3 知 U 是酉算子. 记 $\mathfrak{B}_{2\pi}$ 为 $[0, 2\pi]$ 中的博雷尔集全体形成的 σ-代数. 任取 $A \in \mathfrak{B}_{2\pi}$, 构造 $L^2[0, 2\pi]$ 上的线性算子

$$(E(A)f)(x) = \chi_A(x)f(x), \quad f(x) \in L^2[0, 2\pi].$$

对于任何 $f(x) \in L^2[0, 2\pi]$, 由

$$\|E(A)f\| = \|\chi_A f\| \leqslant \|f\|,$$

知 $E(A)$ 有界. 因

$$(E^2(A)f)(x) = (E(A)(\chi_A f))(x) = \chi_A^2(x)f(x) = \chi_A f(x) = (E(A)f)(x),$$

故 $E^2(A)=E(A)$, 即 $E(A)$ 是幂等算子. 对于任意的 $f,g\in L^2[0,2\pi]$, 由于

$$\begin{aligned}\langle E(A)f,g\rangle &= \int_0^{2\pi}\chi_A(x)f(x)\overline{g(x)}\mathrm{d}x\\ &= \int_0^{2\pi}f(x)\overline{\chi_A(x)g(x)}\mathrm{d}x=\langle f,E(A)g\rangle,\end{aligned}$$

因此 $E^*(A)=E(A)$. 故由定理 3.3.6 知, $E(A)$ 是投影算子. 易证

$$E:\mathfrak{B}_{2\pi}\to\mathfrak{P}, A\mapsto E(A),\quad A\in\mathfrak{B}_{2\pi}$$

是一个谱测度, 其中 $\mathfrak{P}$ 记为 $B(L^2[0,2\pi])$ 中投影算子全体的集合. 于是 $([0,2\pi],\mathfrak{B}_{2\pi},E)$ 是一个谱测度空间. 对于任意 $f,g\in L^2[0,2\pi]$, 因 $\langle E(A)f,g\rangle=\displaystyle\int_A f(x)\overline{g(x)}\mathrm{d}x$, 故

$$\int_0^{2\pi}\mathrm{e}^{\mathrm{i}x}\mathrm{d}\langle E(x)f,g\rangle=\int_0^{2\pi}\mathrm{e}^{\mathrm{i}x}f(x)\overline{g(x)}\mathrm{d}x=\langle Uf,g\rangle.$$

由此即得 $U=\displaystyle\int_0^{2\pi}\mathrm{e}^{\mathrm{i}x}\mathrm{d}E(x)$.

可以证明, 上面具体的酉算子的谱分解形式可推广到一般情形, 即下面的结论.

命题 5.3.1 给定希尔伯特空间 H 上的酉算子 U, 则存在 H 中唯一的谱系 $\{E_\theta:\theta\in[0,2\pi]\}$, 满足 $E_0=0$, 使得

$$U=\int_0^{2\pi}\mathrm{e}^{\mathrm{i}\theta}\mathrm{d}E_\theta.$$

命题 5.3.1 的证明过程可参阅参考文献 [1].

给定希尔伯特空间 H 上的自伴算子 $T\in B(H)$. 下面利用凯莱 (Cayley) 变换把 T 的谱分解问题转化为上面的酉算子谱分解的问题, 然后由凯莱逆变换得到 T 的谱分解定理.

为此, 考虑算子 $T+\mathrm{i}I$ 和 $T-\mathrm{i}I$, 其中 I 是 $B(H)$ 中的单位算子, 即恒等映射, i 是虚数单位. 对于任意 $x\in H$, 由

$$\|(T+\mathrm{i}I)x\|^2=\langle(T+\mathrm{i}I)x,(T+\mathrm{i}I)x\rangle=\|Tx\|^2+\|x\|^2$$

知, $N(T+\mathrm{i}I)=0$, 即 $T+\mathrm{i}I$ 是单射, 而且其值域 $R(T+\mathrm{i}I)$ 是 H 中的闭子空间. 类似可得, $N(T-\mathrm{i}I)=0, R(T-\mathrm{i}I)$ 也是 H 中的闭子空间. 再由定理 3.3.2 可得, $R(T+\mathrm{i}I)=H, R(T-\mathrm{i}I)=H$. 于是由定理 4.2.3 (逆算子定理) 知, $(T+\mathrm{i}I)^{-1},(T-\mathrm{i}I)^{-1}\in B(H)$. 任给 $x\in H$, 记 $(T+\mathrm{i}I)x=y$, $(T-\mathrm{i}I)x=z$. 于是

$$\|y\|^2=\|(T+\mathrm{i}I)x\|^2=\|Tx\|^2+\|x\|^2,$$

$$\|z\|^2 = \|(T - \mathrm{i}I)x\|^2 = \|Tx\|^2 + \|x\|^2.$$

由此得 $\|y\| = \|z\|$. 令 $U : R(T + \mathrm{i}I) \to R(T - \mathrm{i}I), y \mapsto z$. 由上面的证明结合 $R(T + \mathrm{i}I) = R(T - \mathrm{i}I) = H$ 知, U 是一个酉算子. 于是 $(T - \mathrm{i}I)x = Uy$, 把它与 $(T + \mathrm{i}I)x = y$ 相加可得, $Tx = \dfrac{1}{2}(I + U)y$. 两式相减可得, $x = \dfrac{1}{2\mathrm{i}}(I - U)y$, 从而 $R(I - U) = H$. 另外, 注意到 $T + \mathrm{i}I$ 和 $T - \mathrm{i}I$ 都是单射, 因此, 给定 x 之后存在唯一的 y 与之对应, 表明 $I - U$ 是单射. 由定理 4.2.3 知 $(I - U)^{-1} \in B(H)$.

以此为基础, 下面给出凯莱变换的定义.

定义 5.3.1 给定希尔伯特空间 H 上的自伴算子 $T \in B(H)$, 则酉算子 $U = (T - \mathrm{i}I)(T + \mathrm{i}I)^{-1}$ 称为 T 的凯莱变换. 从中解出 $T = \mathrm{i}(I + U)(I - U)^{-1}$, 称为 T 的凯莱逆变换.

给定自伴算子 $T \in B(H)$. 构造凯莱变换 $U = (T - \mathrm{i}I)(T + \mathrm{i}I)^{-1}$. 由命题 5.3.1 知, 存在谱系 $\{E_\theta : \theta \in [0, 2\pi]\}$ 满足 $E_0 = 0$, 使得

$$U = \int_0^{2\pi} \mathrm{e}^{\mathrm{i}\theta} \mathrm{d}E_\theta.$$

作变换 $\lambda = -\cot\dfrac{\theta}{2}, \theta \in (0, 2\pi)$, 易证 $\{E_\lambda : \lambda \in (-\infty, +\infty)\}$ 也是谱系. 定义一个自伴算子:

$$\overline{T} = \int_{-\infty}^{+\infty} \lambda \mathrm{d}E_\lambda.$$

因 $\lambda = -\cot\dfrac{\theta}{2} = \mathrm{i}\dfrac{1 + \mathrm{e}^{\mathrm{i}\theta}}{1 - \mathrm{e}^{\mathrm{i}\theta}}$, 故对于任何 $x \in H$, 都有

$$\overline{T}x = \mathrm{i}\int_0^{2\pi} \frac{1 + \mathrm{e}^{\mathrm{i}\theta}}{1 - \mathrm{e}^{\mathrm{i}\theta}} \mathrm{d}E_\theta \cdot x.$$

下证 $\overline{T} = T$. 为此, 只需证明 $\overline{T}$ 与 T 具有相同的凯莱变换. 事实上, 对于任何 $x \in H$, 因

$$(\overline{T} + \mathrm{i}I)x = \mathrm{i}\int_0^{2\pi} \frac{2}{1 - \mathrm{e}^{\mathrm{i}\theta}} \mathrm{d}E_\theta \cdot x,$$

$$(\overline{T} - \mathrm{i}I)x = \mathrm{i}\int_0^{2\pi} \frac{2\mathrm{e}^{\mathrm{i}\theta}}{1 - \mathrm{e}^{\mathrm{i}\theta}} \mathrm{d}E_\theta \cdot x,$$

故 $\overline{T}$ 的凯莱变换为

$$(\overline{T} - \mathrm{i}I)(\overline{T} + \mathrm{i}I)^{-1}x = \int_0^{2\pi} \mathrm{e}^{\mathrm{i}\theta} \mathrm{d}E_\theta \cdot x = Ux.$$

此即表明 $\overline{T}$ 与 T 具有相同的凯莱变换. 归纳一下, 即下面的命题.

命题 5.3.2　给定希尔伯特空间 H 上的自伴算子 $T\in B(H)$, 则存在 H 中唯一的谱系 $\{E_\lambda:\lambda\in(-\infty,+\infty)\}$, 使得

$$T=\int_{-\infty}^{+\infty}\lambda \mathrm{d}E_\lambda.$$

由推论 2.4.1 知, 给定自伴算子 $T\in B(H)$, 则 $\sigma(T)\subset[-\|T\|,\|T\|]$. 因此其谱系的参数集中在区间 $[-\|T\|,\|T\|]$ 之中, 从而由命题 5.3.2 得下面的结论.

推论 5.3.1　给定希尔伯特空间 H 上的自伴算子 $T\in B(H)$, 则存在 H 中唯一的谱系 $\{E_\lambda:\lambda\in[-\|T\|,\|T\|]\}$, 使得

$$T=\int_{-\|T\|}^{\|T\|}\lambda \mathrm{d}E_\lambda.$$

5.3.2　紧算子的谱分解的刻画

为刻画紧自伴算子的谱分解, 需要做一系列准备工作.

命题 5.3.3　设 T 是希尔伯特空间 H 上的紧算子. 任给 $\lambda\in\mathbb{C}\setminus\{0\}$, 则下面的结论成立:

(1) $N(\lambda-T)$ 是 H 的有限维子空间;

(2) $R(\lambda-T)$ 是 H 的闭子空间.

证明: (1) 记 $H_1=N(\lambda-T)=\{x\in H:(\lambda-T)x=0\}$. 对于任意 $x\in H_1$, 因 $(\lambda-T)x=0$, 故 $Tx=\lambda x\in H_1$, 即 $T(H_1)\subset H_1$. 于是 $T|_{H_1}=\lambda I_{H_1}$ 是 H_1 上的紧算子, 其中 I_{H_1} 是 H_1 上的恒等映射, 从而由定理 2.2.2 知 H_1 是有限维空间.

(2) 由结论 (1) 知, $H_1=N(\lambda-T)$ 是 H 的有限维子空间, 故存在 H 中的闭子空间 H_2, 使得 $H=H_1\oplus H_2$. 因

$$(\lambda-T)H=(\lambda-T)H_2,$$

故为证 $R(\lambda-T)=(\lambda-T)H$ 是 H 中的闭子空间, 只需证存在常数 $M>0$, 使得对于任何 $x\in H_2$, 都有

$$\|(\lambda-T)x\|\geqslant M\|x\|.$$

反证. 假设存在一列单位向量 $\{x_n\}_{n=1}^\infty\subset H_2$, 使得

$$\lim_{n\to\infty}\|\lambda x_n-T(x_n)\|=0.$$

因 T 是紧算子, 故 $\{T(x_n)\}_{n=1}^\infty$ 中存在收敛子列. 不妨设 $\{T(x_n)\}_{n=1}^\infty$ 收敛. 由等式

$$x_n=\lambda^{-1}((\lambda(x_n)-T(x_n))+T(x_n)),$$

知 $\{x_n\}_{n=1}^\infty$ 也收敛, 极限记为 x. 因 H_2 是闭子空间, 故 $x\in H_2$. 注意到 $Tx=\lambda x$, 于是 $x\in H_2\cap N(T-\lambda)$, 从而得 $x=0$. 但因 x 是单位向量列的极限, 故应有 $\|x\|=1$. 矛盾. 因此 $R(\lambda-T)$ 是 H 的闭子空间. □

命题 5.3.4 设 T 是希尔伯特空间 H 上的紧算子. 任给 $\lambda \in \mathbb{C}\setminus\{0\}$. 若 $N(\lambda-T)=0$, 则 $R(\lambda-T)=H$.

证明: 反证. 假设 $R(\lambda-T)$ 是 H 的真子空间. 记 $H_0=H$. 然后令

$$H_1=(\lambda-T)H_0,$$

$$H_2=(\lambda-T)H_1.$$

因 $\lambda-T$ 是单射, 结合假设可得, H_1 是 H_0 的真子空间, H_2 是 H_1 的真子空间. 归纳定义

$$H_n=TH_{n-1},\quad n=1,2,\cdots.$$

于是得到一个严格单调递减的子空间列 $\{H_n\}_{n=0}^{\infty}$. 因此, 对于每个非负整数 n, 都存在单位向量 $x_n\in H_n$, 满足 $x_n\perp H_{n+1}$, 从而有 $d(x_n,H_{n+1})=1$. 对于任意正整数 $n,m\ (m>n)$, 因

$$\begin{aligned}\|Tx_m-Tx_n\|&=\|\lambda x_m-(\lambda-T)x_m-\lambda x_n+(\lambda-T)x_n\|\\&=\lambda\|-x_n-\lambda^{-1}[(\lambda-T)x_m-(\lambda-T)x_n-\lambda x_m]\|,\end{aligned}$$

注意到 $\lambda^{-1}[(\lambda-T)x_m-(\lambda-T)x_n-\lambda x_m]\in H_{n+1}$, 故上式 $\geqslant\lambda\neq 0$. 此即说明 $\{T(x_n)\}_{n=1}^{\infty}$ 没有收敛子列, 但这与 T 是紧算子的题设矛盾. □

推论 5.3.2 设 T 是希尔伯特空间 H 上的紧算子. 任给 $\lambda\in\mathbb{C}\setminus\{0\}$, 则下面的结论成立:

(1) $\dim N(\lambda-T)=\dim N(\overline{\lambda}-T^*)$;

(2) $N(\lambda-T)=0$ 当且仅当 $R(\lambda-T)=H$.

证明: (1) 由命题 5.3.3 知, $\dim N(\lambda-T)<\infty$. 类似可证 $\dim N(\overline{\lambda}-T^*)<\infty$. 假设

$$\dim N(\lambda-T)<\dim N(\overline{\lambda}-T^*),$$

则存在真子空间 $H_1\subset N(\overline{\lambda}-T^*)$, 使得

$$\dim H_1=\dim N(\lambda-T).$$

由定理 3.3.2 知

$$N(\lambda-T)^{\perp}=\overline{R(\overline{\lambda}-T^*)}.$$

类似于命题 5.3.3 的证明过程可得, $R(\overline{\lambda}-T^*)$ 是 H 中的闭子空间. 于是

$$N(\lambda-T)^{\perp}=R(\overline{\lambda}-T^*),$$

从而得

$$N(\lambda-T)\oplus R(\overline{\lambda}-T^*)=H.$$

于是存在 H 上的部分等距算子 U, 使得

$$UN(\lambda-T)=H_1,\quad UN(\lambda-T)^{\perp}=0.$$

再由定理 3.3.2 得

$$N\left(\overline{\lambda}-T^*\right)^{\perp}=R(\lambda-T),$$

从而

$$N\left(\overline{\lambda}-T^*\right)\oplus R(\lambda-T)=H.$$

于是对于任意的 $x\in H$, 存在唯一的向量 $x_1\in N(\lambda-T)$, $x_2\in R\left(\overline{\lambda}-T^*\right)$, 使得 $x=x_1+x_2$. 令

$$\varPhi(x)=U(x)+(\lambda-T)(x),\quad x=x_1+x_2\in H.$$

注意到

$$U(x)=U(x_1+x_2)=U(x_1)\in H_1,$$

且

$$(\lambda-T)(x)=(\lambda-T)(x_1+x_2)=(\lambda-T)(x_2)\in R(\lambda-T).$$

因此

$$\begin{aligned}R(\varPhi)&=R(U)\oplus R(\lambda-T)=H_1\oplus R(\lambda-T)\\&\subset N(\overline{\lambda}-T^*)\oplus R(\lambda-T)=H.\end{aligned}$$

而且易知 $\varPhi=U+(\lambda-T)$ 是单射. 因 U 是有限秩算子, 故 $T-U$ 也是紧算子. 于是 $\varPhi=U+(\lambda-T)=\lambda-(T-U)$ 符合命题 5.3.4 的特征和条件, 从而得 $R(\varPhi)=H$. 这与 H_1 是 $N\left(\overline{\lambda}-T^*\right)$ 的真子空间的假设矛盾. 于是

$$\dim N(\lambda-T)\geqslant\dim N\left(\overline{\lambda}-T^*\right).$$

类似可证

$$\dim N\left(\overline{\lambda}-T^*\right)\geqslant\dim N(\lambda-T).$$

由此得

$$\dim N(\lambda-T)=\dim N\left(\overline{\lambda}-T^*\right).$$

(2) 由命题 5.3.4 知, 若 $N(\lambda-T)=0$, 则 $R(\lambda-T)=H$. 反之, 若 $R(\lambda-T)=H$, 则由定理 3.2.2 知, $N\left(\overline{\lambda}-T^*\right)=R(\lambda-T)^{\perp}=\{0\}$. 再由结论 (1) 即得 $N(\lambda-T)=\{0\}$. □

在上面的基础上, 接下来刻画紧算子谱集的性质, 同时为给出紧算子的谱分解做准备.

定理 5.3.1 设 T 是无穷维希尔伯特空间 H 上的紧算子, 则 T 的谱集 $\sigma(T)$ 具有下面的性质:

(1) $0 \in \sigma(T)$;

(2) 除了 0 之外, $\sigma(T)$ 中的元素都是点谱, 即特征值;

(3) 设 $\lambda_1, \lambda_2, \cdots, \lambda_n$ 是 T 的互不相同的特征值, 则对应的特征向量 $x_1, x_2, \cdots, x_n$ 线性无关;

(4) $\sigma(T)$ 是至多可列的数集; 若 $\sigma(T)$ 可列, 则 0 是唯一的极限点, 即聚点.

证明: (1) 因 H 是无穷维的, 故由推论 3.3.4 知, $0 - T = -T$ 不存在有界逆映射. 于是 $0 \in \sigma(T)$.

(2) 设 $\lambda \in \sigma(T)$ 且 $\lambda \neq 0$, 但不是点谱. 下证 $\lambda \in \rho(T)$, 由此得 $\sigma(T) \backslash \{0\} = \sigma_p(T) \backslash \{0\}$. 事实上, 此时 $N(\lambda - T) = 0$. 于是由推论 5.3.1 知 $R(\lambda - T) = H$, 从而 $\lambda - T$ 既是单射又是满射. 由定理 4.2.3 (逆算子定理) 知, $(\lambda - T)^{-1} \in B(H)$. 此即表明 $\lambda \in \rho(T)$.

(3) 因 $x_1 \neq 0$, 故单点集 $\{x_1\}$ 线性无关. 下面用归纳法证明. 任给正整数 $k, 1 \leqslant k < n$, 设 $x_1, x_2, \cdots, x_k$ 线性无关. 下证 $x_1, x_2, \cdots, x_k, x_{k+1}$ 也线性无关. 假设存在 $x_{k+1} \in N(\lambda_{k+1} - T)$ 且 $x_{k+1} \neq 0$, 使得 $x_{k+1} = \sum\limits_{i=1}^{k} a_i x_i, a_i \in \mathbb{C}\ (i = 1, 2, \cdots, k)$. 于是

$$\begin{aligned}\lambda_{k+1} x_{k+1} = T(x_{k+1}) &= T\left(\sum_{i=1}^{k} a_i x_i\right) \\ &= \sum_{i=1}^{k} a_i T(x_i) = \sum_{i=1}^{k} a_i \lambda_i x_i,\end{aligned}$$

由此得

$$\sum_{i=1}^{k} a_i(\lambda_{k+1} - \lambda_i) x_i = 0.$$

由归纳假设 $\{x_1, x_2, \cdots, x_k\}$ 线性无关. 于是, 由上式得 $a_i = 0, i = 1, 2, \cdots, k$, 从而得 $x_{k+1} = 0$. 这与 $x_{k+1} \neq 0$ 矛盾. 因此 $x_1, x_2, \cdots, x_k, x_{k+1}$ 线性无关.

(4) 反证. 假设存在点列 $\{\lambda_n\}_{n=1}^{\infty} \subset \sigma(T) \setminus \{0\}$, 满足当 $m \neq n$ 时, 有 $\lambda_m \neq \lambda_n$. 而且 $\lim\limits_{n\to\infty} \lambda_n = \lambda \neq 0$. 任取 $x_n \in N(\lambda_n - T)$ 且 $x_n \neq 0\ (n = 1, 2, \cdots)$. 对任意固定正整数 n, 由结论 (3) 知, 特征向量集 $\{x_1, x_2, \cdots, x_n\}$ 线性无关. 记其在 H 中生成的 n 维线性子空间为 H_n, 得到一个严格单调递增的子空间列 $\{H_n\}_{n=1}^{\infty}$. 于是对于每个正整数 n, 都存在单位向量 $x_{n+1} \in H_{n+1}$, 使得 $x_{n+1} \perp H_n$, 从而 $d(x_{n+1}, H_n) = 1$. 对于任何正整数 $n, m\ (m > n)$, 因

$$\left\|\lambda_m^{-1} T(x_m) - \lambda_n^{-1} T(x_n)\right\| = \left\|x_m - \left(x_m - \lambda_m^{-1} T(x_m) + \lambda_n^{-1} T(x_n)\right)\right\|,$$

又因

$$x_m - \lambda_m^{-1} T(x_m) + \lambda_n^{-1} T(x_n) = x_n \in H_n,$$

故得

$$\left\|\lambda_m^{-1}T(x_m)-\lambda_n^{-1}T(x_n)\right\|\geqslant 1.$$

这与题设 T 是紧算子矛盾.

任意固定正整数 n. 由上面的证明知, 绝对值大于 $\dfrac{1}{n}$ 的特征值只有有限个. 因此 $\sigma(T)$ 是至多可数集. □

注 5.3.1 定理 5.3.1 的结论可推广到无穷维巴拿赫空间上, 证明过程也类似.

本节最后给出紧自伴算子的谱分解.

定理 5.3.2 设 T 是无穷维希尔伯特空间 H 上的紧自伴算子. 记 $\sigma_p(T)\setminus\{0\}=\{\lambda_1,\lambda_2,\cdots,\lambda_n,\cdots\}$. 令 P_n 为 H 到 $N(\lambda_n-T)$ 的投影算子, $n=1,2,\cdots$, 则得到两两正交的投影算子族 $\{P_n:n=1,2,\cdots\}$, 而且满足下述等式:

$$T=\sum_{n=1}^{\infty}\lambda_nP_n.$$

上式按范数收敛.

证明: 因 T 是自伴的, 故由推论 5.3.1 知 $T=\displaystyle\int_{-\|T\|}^{\|T\|}\lambda\mathrm{d}E_\lambda$, 其中 $\{E_\lambda:\lambda\in[-\|T\|,\|T\|]\}$ 是 T 的谱系. 令

$$\widetilde{P_n}=\int_{|\lambda|\geqslant\frac{1}{n}}\mathrm{d}E_\lambda,\quad n=1,2,\cdots.$$

由定理 5.3.1 可知, $\widetilde{P_n}$ $(n=1,2,\cdots)$ 均为有限秩投影. 再由谱积分的性质知, 每个 $\widetilde{P_n}$ 均与 T 可交换, 即 $T\widetilde{P_n}=\widetilde{P_n}T$. 记 $T_n=\widetilde{P_n}T$, 则每个 T_n 都是自伴的有限秩算子, 其值域为 $R(T_n)=\widetilde{P_n}H$ $(n=1,2,\cdots)$. 于是结合有限秩算子的基本性质 (参考 3.3.4 小节), 可选 $\widetilde{P_n}H$ 的一组标准正交基 $\{e_{n,k}:1\leqslant k\leqslant m_n\}$, 以及实数 $\{\lambda_{n,k}:1\leqslant k\leqslant m_n\}$ 满足 $|\lambda_{n,k}|\geqslant\dfrac{1}{n}(1\leqslant k\leqslant m_n)$, 使得

$$T_n=\sum_{k=1}^{m_n}\lambda_{n,k}e_{n,k}\otimes e_{n,k},$$

其中 $m_n=\dim\widetilde{P_n}H$. 注意到

$$\widetilde{P_n}\leqslant\widetilde{P_{n+1}},\quad n=1,2,\cdots,$$

以及

$$\lim_{n\to\infty}\|T-T_n\|\leqslant\frac{1}{n}=0,$$

于是可重新排列 $\{e_{n,k}:k=1,2,\cdots,m_n;n=1,2,\cdots\}$ 和 $\{\lambda_{n,k}:k=1,2,\cdots;n=1,2,\cdots\}$, 从而得到一个标准正交系和实数列, 记为 $\{e_n:n=1,2,\cdots\}$ 和 $\{\lambda_n:n=1,2,\cdots\}$, 使得

$$T=\sum_{n=1}^{\infty}\lambda_n e_n\otimes e_n.$$

由上述表达式易知 $\sigma_p(T)=\{\lambda_n:n=1,2,\cdots\}$. 对于每个特征值 λ_n $(n=1,2,\cdots)$, 从 $\{e_n:n=1,2,\cdots\}$ 中把属于特征子空间 $N(\lambda_n-T)$ 的元素提取出来, 从 $\{e_n\otimes e_n:n=1,2,\cdots\}$ 中把对应的秩一投影族也提取出来, 其正交和记为 P_n. 于是每个 P_n 都是到相应的特征子空间 $N(\lambda_n-T)$ 的投影, $n=1,2,\cdots$. 综上所证, 可得

$$T=\sum_{n=1}^{\infty}\lambda_n e_n\otimes e_n=\sum_{n=1}^{\infty}\lambda_n P_n.$$ □

5.4 C^*-代数基础

5.4.1 基本概念

定义 5.4.1 给定代数 A (即在 A 中定义了乘法运算, 它满足结合律, 且关于 A 上的线性运算满足分配律). 若 A 还是巴拿赫空间, 而且满足

$$\|ab\|\leqslant\|a\|\|b\|,\quad a,b\in A,$$

则称 A 是巴拿赫代数.

定义 5.4.2 若 A 是巴拿赫代数, 且 A 上还有 $*$ 运算, 即 $*:a\mapsto a^*$ ($*$ 运算即 A 上的对合运算: $A\to A, a\mapsto a^*, a\in A$ 为共轭线性映射, 且 $a^{**}=a, (ab)^*=b^*a^*$), 使得

$$\|a^*a\|=\|a\|^2,\quad a\in A,$$

则称 A 是 C^*-代数, 上式称为 C^*-恒等式. 若 A 中存在元素 e, 使得对于任何 $a\in A$ 都有 $ea=ae$, 则称 e 是 A 的单位元. 此时 A 叫作有单位元的 C^*-代数. 单位元一般记为 1.

若 C^*-代数 A 有单位元 1, 则有 $\|1\|=1$, 其中右边的 1 是数 1. 事实上, 由 C^*-恒等式, 得

$$\|1\|=\|1^*1\|=\|1\|^2,$$

于是 $\|1\|=1$.

【例 5.4.1】 复数域 $\mathbb{C}$ 是有单位元的 C^*-代数, 其 $*$ 运算即复数的共轭运算:

$$\lambda\mapsto\overline{\lambda},\quad \lambda\in\mathbb{C}.$$

$\mathbb{C}$ 是最简单的 C^*-代数.

【例 5.4.2】 若 X 是局部紧的豪斯多夫 (Hausdorff) 空间. 记 $C_0(X)$ 为在无穷远点为零的连续函数全体的集合 ($f \in C_0(X)$ 指, 对于任意 $\varepsilon > 0$, 集合 $\{x \in X : |f(x)| \geqslant \varepsilon\}$ 都是 X 中的紧子集), 则 $C_0(X)$ 是交换的 C^*-代数, 其 $*$ 运算即函数的复共轭运算:

$$f \mapsto \overline{f}, \quad f \in C_0(X).$$

后面会看到, 任何交换 C^*-代数都与某个 $C_0(X)$ $*$ 同构.

【例 5.4.3】 令 $A = M_n(\mathbb{C})$, 其中 $M_n(\mathbb{C})$ 是复数域 $\mathbb{C}$ 上的 $n \times n$ 阶矩阵全体的集合. 则 A 关于矩阵乘法运算为代数, 而且可以赋范使之成为巴拿赫代数. 进而, A 关于 $*$ 运算:

$$(a_{ij})_{n\times n} \mapsto (\overline{a_{ji}})_{n\times n}$$

成为一个 C^*-代数.

一般地, 矩阵乘法不满足交换律, 故 $M_n(\mathbb{C})$ 为非交换的 C^*-代数.

【例 5.4.4】 给定希尔伯特空间 H, 则 H 上有界线性算子全体的集合 $B(H)$ 是 C^*-代数. 对于任意 $T \in B(H)$, 记 $T^* \in B(H)$ 为与之对应的伴随算子, 则其 $*$ 运算即 $T \mapsto T^*, T \in B(H)$.

由 5.4.4 节的 GNS 构造可知, 任何 C^*-代数在 $*$ 同构的意义下均可看作某个 $B(H)$ 的 C^*-子代数. 因此, 从上述意义上讲, $B(H)$ 是最大的 C^*-代数.

定义 5.4.3 给定 C^*-代数 A 及元素 $a, b \in A$. 若 $a = a^*$, 则称 a 为自伴元. 若 $a^*a = aa^*$, 则称 a 为正常元. 若 A 中含有单位元 1, 且 $a^*a = aa^* = 1$, 则称 a 为酉元.

定义 5.4.4 给定 C^*-代数 A, S 是 A 的非空子集. 记 $S^* = \{a^* : a \in S\}$. 若 $S^* = S$, 则 S 叫作自伴子集. 特别地, A 的自伴部分记为 A_{sa}. A 的自伴闭子代数叫作 A 的 C^*-子代数.

定义 5.4.5 给定 C^*-代数 A 及其 C^*-子代数 B. 若 $AB \subset B$, 则称 B 为 A 的闭左理想. 若 $BA \subset B$, 则称 B 为 A 的闭右理想. 若 B 既是闭左理想又是闭右理想, 则称为 A 的闭理想, 简称理想.

若 A 只包含 $\{0\}$ 和 A 本身两个平凡理想, 则称 A 为单 C^*-代数. 单 C^*-代数是构造复杂 C^*-代数的基石.

5.4.2 交换 C^*-代数的盖尔范德表示定理

定义 5.4.6 给定 C^*-代数 A 和 B 及同态映射 $\varphi : A \to B$. 若 φ 保持 $*$ 运算:

$$\varphi(a^*) = (\varphi(a))^*, \quad a \in A,$$

则称 φ 是 $*$ 同态. 进而若 φ 是一一对应的, 即 φ 既是单射又是满射, 则称 φ 是 $*$ 同构. 此时, 记为 $A \cong B$.

给定交换 C^*-代数 A. 记 $\Omega(A)$ 为 A 的特征空间, 即从 A 到复数域 $\mathbb{C}$ 的非零 $*$ 同态全体的集合. 可证 $\Omega(A)$ 是局部紧的豪斯多夫空间. 若 A 含有单位元, 则 $\Omega(A)$ 是紧的豪斯多夫空间.

对于任意固定的 $a \in A$. 定义函数

$$\widehat{a} : \Omega(A) \to \mathbb{C}, \quad \tau \mapsto \tau(a).$$

定义 $\Omega(A)$ 上点列的收敛性为使得所有 $\widehat{a}$ $(a \in A)$ 连续的最弱的收敛性. 于是对于任意的 $\varepsilon > 0$, 集合 $\{\tau \in \Omega(A) : |\tau(a)| \geqslant \varepsilon\}$ 在 A^* 的闭单位球中是弱 $*$ 闭的. 进而由巴拿赫–阿劳格鲁 (Banach-Alaoglu) 定理知, 上述集合为弱 $*$ 紧集. 因此 $\widehat{a} \in C_0(\Omega(A))$. 称 $\widehat{a}$ 为 a 的盖尔范德变换.

定理 5.4.1 (盖尔范德表示定理) 若 A 是交换的 C^*-代数, 则盖尔范德变换

$$\varphi : A \to C_0(\Omega(A)), \ a \mapsto \widehat{a}$$

是等距 $*$ 同构.

接下来考虑 C^*-代数正常元的函数演算.

给定 C^*-代数 A 及其非空子集 S. A 中包含 S 的最小的 C^*-子代数称为由 S 生成的 C^*-子代数, 记为 $C^*(S)$. 特别地, 若 S 为单点集 $\{a\}$, 则由 a 生成的 C^*-子代数记为 $C^*(a)$. 若 a 是正常元, 即 $a^*a = aa^*$, 则 $C^*(a)$ 是 A 中的交换 C^*-子代数.

命题 5.4.1 设 A 是有单位元的 C^*-代数. 给定正常元 $a \in A$. 设函数 $j \in C(\sigma(a))$ 为

$$j : z \mapsto z, \quad z \in \sigma(a),$$

则存在唯一满的 $*$ 同构 $\varphi : C(\sigma(a)) \to B_a$, 使得 $\varphi(j) = a$. 其中 B_a 为 A 中由单位元 1 和 a 生成的交换 C^*-子代数.

在上述基础上, 对于 $\sigma(a)$ 上的任意连续函数 f, 记 $f(a)$ 为 f 在 $*$ 同构 φ 下的像. 于是 $f(a) \in B \subset A$, 而且有下面的函数演算性质.

命题 5.4.2 (1) 任给 $f, g \in C(\sigma(a))$ 及复数 $\lambda, \mu \in \mathbb{C}$, 则下面的结论成立:

① $(\lambda f + \mu g)(a) = \lambda f(a) + \mu g(a)$;

② $(fg)(a) = f(a)g(a)$;

③ $\overline{f}(a) = f(a)^*$;

④ $\sigma(f(a)) = \{f(\lambda) : \lambda \in \sigma(a)\}$;

⑤ $\|f(a)\| = \sup\{|f(\lambda)| : \lambda \in \sigma(a)\}$.

(2) 若 $g \in C(f(\sigma(a)))$, 则有 $(g \circ f)(a) = g(f(a))$.

注 5.4.1 若 A 不含单位元, 则可考虑 $\widetilde{A}=A\oplus\mathbb{C}$. 此时, $\sigma_A(a)=\sigma_{\widetilde{A}}\setminus\{0\}$. 于是在上述性质中要求 $f(0)=0$ 即可.

5.4.3　C^*-代数的正锥与序结构

给定有单位元 1 的 C^*-代数 A. 设 $a\in A$, 若存在 $b\in A$, 使得 $ab=ba=1$, 则称 a 为可逆元. 此时, b 由 a 唯一确定, 改记为 a^{-1}.

记 $\mathrm{Inv}(A)=\{a\in A: a$ 是可逆元 $\}$, 则 $\mathrm{Inv}(A)$ 关于 A 中的乘法运算构成乘法群.

定义 5.4.7 设 A 是有单位元的 C^*-代数. 给定 $a\in A$, 则 a 的谱定义为:

$$\sigma(a)=\{\lambda\in\mathbb{C}:\lambda 1-a\notin\mathrm{Inv}(A)\}.$$

可证, $\sigma(a)$ 是 $\mathbb{C}$ 中的非空紧子集.

若 A 无单位元, 记 $\widetilde{A}=A\oplus\mathbb{C}$, 则可以赋范使 $\widetilde{A}$ 成为有单位元的 C^*-代数, 而 A 成为其 C^*-子代数. 此时, $\sigma(a)=\{\lambda\in\mathbb{C}:\lambda 1-a\notin\mathrm{Inv}(\widetilde{A})\}\cup\{0\}$.

【例 5.4.5】 给定紧豪斯多夫空间 X, 则 $C(X)$ 是交换 C^*-代数. 任给 $f\in C(X)$, 易证 $\sigma(f)=\{f(x):x\in X\}$.

【例 5.4.6】 若 $A=M_n(\mathbb{C}), a\in A$, 则 $\sigma(a)$ 就是 a 的特征值组成的集合.

设 $A=C_0(\Omega)$, 其中 Ω 是局部紧的豪斯多夫空间, 则 A_{sa} 即为 A 中实数值函数全体的集合. 在 A_{sa} 中存在自然的偏序关系:

$$f\leqslant g \text{ 当且仅当 } f(\omega)\leqslant g(\omega),\quad \omega\in\Omega.$$

设 $f\in A$. 若 $f\geqslant 0$, 则称为正函数. f 为正函数等价于存在 $g\in A$, 使得 $f=\overline{g}g$. 此时, f 存在唯一正平方根 $f^{\frac{1}{2}}\in A:\omega\mapsto\sqrt{f(\omega)}$. 而且可证, $f\geqslant 0$ 当且仅当对于任何 $\lambda\in\mathbb{R}$, $\lambda\geqslant\|f\|$, 都有 $\|f-\lambda 1\|\leqslant\lambda$, 其中 "1" 为恒等于 1 的函数.

上述交换情形下的结论可推广到一般的 C^*-代数上.

定义 5.4.8 给定 C^*-代数 A 和 $a\in A$. 若 $\sigma(a)\subset\mathbb{R}^+$, 则称 a 为正元. 记 A^+ 为 A 的正元全体的集合. 特别地, 若 $A=B(H)$, 则 $T\in B(H)^+$ 当且仅当 $\langle Tx,x\rangle\geqslant 0, x\in H$.

命题 5.4.3 给定 C^*-代数 A. a 是 A 中的自伴元, 则

$$a\in A^+\Leftrightarrow\|a-\lambda 1\|\leqslant\lambda,\ \lambda\in\mathbb{R} \text{ 且 } \lambda\geqslant\|a\|.$$

由此知, A^+ 是 A 的闭子集. 而且由上述命题 5.4.3 结合定义 5.4.8 可得, A^+ 具有下面的基本性质.

命题 5.4.4 (1) 若 $a\in A^+,\lambda\in\mathbb{R}^+$, 则 $\lambda a\in A^+$;

(2) 若 $a, b \in A^+$, 则 $a+b \in A^+$;
(3) 若 $a, b \in A^+$ 且 $ab = ba$, 则 $ab \in A^+$;
(4) 若 $a \in A^+$ 且 $-a \in A^+$, 则 $a = 0$.

因此 A^+ 是锥, 称为 A 的正锥.
下面给出 C^*-代数的正元的一系列等价刻画.

命题 5.4.5 给定 C^*-代数 A 及元素 $a \in A$, 则下面的结论等价:
(1) $a \in A^+$;
(2) 存在 $b \in A^+$, 使得 $a = b^2$;
(3) 存在 $b \in A$, 使得 $a = b^*b$.

注 5.4.2 (1) 可证上述 $b \in A^+$ 是唯一的. 此时 b 称为 a 的平方根, 记为 $a^{\frac{1}{2}}$.
(2) $A^+ = \{a^*a : a \in A\}$.
(3) 对于任意自伴元 $a \in A$, 都存在唯一的 $a^+, a^- \in A$, 使得

$$a = a^+ - a^-, \text{ 且 } a^+a^- = a^-a^+ = 0.$$

以此为基础, 可在 A_{sa} 上引入偏序关系: 设 $a, b \in A_{sa}$, 定义

$$a \leqslant b \Leftrightarrow b - a \in A^+.$$

进一步可证, 上述偏序关系具有下面的基本性质.

命题 5.4.6 给定 C^*-代数 A, 则下面的结论成立:
(1) 若 $a, b \in A_{sa}$, 则对于任何 $c \in A$, 由 $a \leqslant b$ 可得 $c^*ac \leqslant c^*bc$;
(2) 若 $0 \leqslant a \leqslant b$, 则 $\|a\| \leqslant \|b\|$;
(3) 若 A 含有单位元, a, b 均为正的可逆元, 则由 $a \leqslant b$ 可得 $0 \leqslant b^{-1} \leqslant a^{-1}$;
(4) 若 $a, b \in A^+$, 则由 $a \leqslant b$ 可得 $a^{\frac{1}{2}} \leqslant b^{\frac{1}{2}}$.

注 5.4.3 $0 \leqslant a \leqslant b \Rightarrow a^2 \leqslant b^2 \Leftrightarrow A$ 是交换 C^*-代数.

有了序关系, 就可引入逼近单位元及遗传 C^*-子代数等重要概念. 逼近单位元概念在 C^*-代数研究中起着重要的基本作用.

定义 5.4.9 给定 C^*-代数 A 及递增网 $\{u_\lambda\}_{\lambda \in \Lambda} \subset A_+^1$, 其中 A_+^1 为 A 的闭单位球中正元全体的集合. 若对于任意 $a \in A$, 都有

$$\lim_\lambda \|au_\lambda - a\| = 0,$$

等价地,

$$\lim_\lambda \|u_\lambda a - a\| = 0,$$

则称 $\{u_\lambda\}_{\lambda \in \Lambda}$ 为 A 的逼近单位元. 可以证明, 任何 C^*-代数都存在逼近单位元.

定义 5.4.10　给定 C^*-代数 A 及其 C^*-子代数 B. 若对于任何 $a \in A^+$ 及 $b \in B^+$, 由 $a \leqslant b$ 可得 $a \in B$, 则称 B 是 A 的遗传 C^*-子代数.

易证, B 是 A 的遗传 C^*-子代数当且仅当 $BAB \subset B$. 另外, 显然 A 的闭理想均是遗传 C^*-子代数.

若记 $\mathfrak{L}$ 为 A 的闭左理想全体的集合, $\mathfrak{B}$ 为 A 的遗传 C^*-子代数全体的集合, 可以证明

$$\Phi : \mathfrak{L} \to \mathfrak{B},\ L \mapsto L \cap L^*$$

是一一对应的.

5.4.4　正线性泛函和 GNS 构造

定义 5.4.11　给定 C^*-代数 A 及线性泛函 $\rho : A \to \mathbb{C}$, 由此可定义线性泛函 ρ^* :

$$\rho^*(a) = \overline{\rho(a^*)}, \quad a \in A.$$

若 $\rho = \rho^*$, 即若 $\rho(a^*) = \overline{\rho(a)}, a \in A$, 则称 ρ 是自伴线性泛函; 若 $\rho(a) \geqslant 0, a \in A$, 则称 ρ 是正线性泛函.

易证, ρ 是自伴线性泛函的充要条件是: 对于任意 $a \in A_{sa}$ 都有 $\rho(a) = \overline{\rho(a)}$. 而且可证, 若 ρ 是正线性泛函, 则 ρ 一定是自伴的, 而且是有界的.

下面给出正线性泛函的一系列等价刻画.

命题 5.4.7　设 ρ 是 C^*-代数 A 上的有界线性泛函, 则下述结论等价:

(1) ρ 是正的;

(2) 对每个逼近单位元 $\{u_\lambda\}_{\lambda\in\Lambda} \subset A$, 都有 $\|\rho\| = \lim\limits_{\lambda} \rho(u_\lambda)$;

(3) 对某个逼近单位元 $\{u_\lambda\}_{\lambda\in\Lambda} \subset A$, 有 $\|\rho\| = \lim\limits_{\lambda} \rho(u_\lambda)$.

若 A 含有单位元 1, 则上述结论还等价于:

(4) $\rho(1) = \|\rho\|$.

命题 5.4.8　给定 C^*- 代数 A 及 A 上的正线性泛函 ρ, 则

$$|\rho(b^*a)|^2 \leqslant \rho(a^*a)\rho(b^*b), \quad a, b \in A.$$

定义 5.4.12　给定 C^*-代数 A 及 A 上的正线性泛函 ρ. 若 $\|\rho\| = 1$, 则称 ρ 是 C^*-代数 A 上的态. A 上所有态的集合记为 $S(A)$, 称为 A 的态空间.

可以证明, $S(A)$ 是 A^* 中的局部紧凸子集; 特别地, 若 A 含有单位元, 则 $S(A)$ 是 A^* 中紧凸子集.

给定希尔伯特空间 H. 对于任何 $x \in H$ 满足 $\|x\| = 1$, 泛函

$$\omega_x(T) = \langle Tx, x\rangle; \quad T \in B(H)$$

均为 $B(H)$ 上的态, 称为向量态.

【例 5.4.7】 令 $A=M_n(\mathbb{C})$, 则迹泛函

$$\mathrm{tr}: A\to\mathbb{C},\ (\lambda_{ij})\mapsto\sum_{i=1}^{n}\lambda_{ii}$$

是正线性泛函.

定义 5.4.13 给定 C^*-代数 A. 设 $\varphi: A\to B(H)$ 是 $*$ 同态, 其中 H 是希尔伯特空间, 则 (H,φ) 称为 A 的盖尔范德表示. 若 φ 是 1-1 的, 则称为忠实 $*$ 表示. 若存在 $x\in H$, 使得线性子空间 $\varphi(A)x=\{\varphi(a)x: a\in A\}$ 在 H 中稠密, 则称 φ 为循环表示, x 叫作与 φ 对应的循环向量.

【例5.4.8】 给定 σ-有限的测度空间 $(S,\mathfrak{B},m)$. 令 $A=L^\infty(S,\mathfrak{B},m)$, $H=L^2(S,\mathfrak{B},m)$. 对于任意固定的 $f\in L^\infty(S,\mathfrak{B},m)$, 定义乘法算子:

$$M_fx(s)=f(s)x(s),\quad s\in S, x\in L^2(S,\mathfrak{B},m),$$

则 $M_fx\in L^2(S,\mathfrak{B},m)$. 进而, 令

$$\varphi: f\mapsto M_f,\quad f\in L^\infty(S,\mathfrak{B},m),$$

可证 (H,φ) 是 A 的忠实 $*$ 表示.

定理 5.4.2 (GNS 构造) 任给 C^*-代数 A 上的态 ρ, 则存在循环 $*$ 表示 (H_ρ,π_ρ) 及单位循环向量 $x_\rho\in H_\rho$, 使得下式成立:

$$\rho(a)=\langle\pi_\rho(a)x_\rho,x_\rho\rangle,\quad a\in A.$$

进而可证如下定理.

定理 5.4.3 (盖尔范德–纽马克 (Gelfand-Neumark) 定理) 任何 C^*-代数都存在忠实 $*$ 表示.

习题五

1. 设 H 是希尔伯特空间. 给定有界线性算子 $T\in B(H)$. 证明: $\sigma(T^*)=\{\overline{\alpha}:\alpha\in\sigma(T)\}$.

2. 在 $C[0,1]$ 上, 令 $(Tx)(t)=tx(t), x(t)\in C[0,1]$, 于是 $T\in B(C[0,1])$. 证明: $\sigma(T)=[0,1]$ 且 $\sigma_p(T)=\varnothing$.

3. 设 H 是希尔伯特空间. 给定自伴算子 $T \in B(H)$. 证明: T 存在特征值 λ 满足 $|\lambda| = \|T\|$ 的充要条件是: 存在单位向量 $x \in H$, 使得 $|\langle Tx, x\rangle| = \|T\|$.

4. 设 H 是希尔伯特空间. 给定算子 $T \in B(H)$. 证明: T 是紧算子的充要条件是: T^*T 是紧算子.

5. 设 H 是希尔伯特空间. 给定标准正交基 $\{e_n : n = 1, 2, \cdots\} \subset H$ 及有界线性算子 $T \in B(H)$, 满足条件 $\sum\limits_{n=1}^{\infty} \|Te_n\|^2 < \infty$. 证明:

(1) $\sum\limits_{n=1}^{\infty} \|T^*e_n\|^2 = \sum\limits_{n=1}^{\infty} \|Te_n\|^2$;

(2) 若 $\{e'_n : n = 1, 2, \cdots\}$ 是 H 的另一组标准正交基, 则 $\sum\limits_{n=1}^{\infty} \|Te'_n\|^2 = \sum\limits_{n=1}^{\infty} \|Te_n\|^2$;

(3) T 是紧算子.

6. 设 A 是有单位元的交换 C^*-代数. 给定元素 $a, b \in A$. 证明:

(1) $\sigma(a + b) \subset \sigma(a) + \sigma(b)$;

(2) $\sigma(ab) \subset \sigma(a) \cdot \sigma(b)$.

7. 设 A 是有单位元的交换 C^*-代数. 证明:

(1) 若 $a \in A$ 可逆, 则 $\sigma(a^{-1}) = \{\alpha^{-1} : \alpha \in \sigma(a)\}$;

(2) 对于任何 $a \in A$, 都有 $r(a^n) = (r(a))^n$.

8. 设 A 是 C^*-代数. 给定正常元 $a \in A$, 证明: $\|a\| = r(a)$.

9. 证明命题 5.4.8.

10. 设 A 和 B 均为有单位元的 C^*-代数. 给定等距线性映射 $\varphi : A \to B$, 使得 $\varphi(1) = 1$ 且 $\varphi(a^*) = (\varphi(a))^*, a \in A$. 证明: $\varphi(A^+) \subset B^+$.

参考文献

[1] 夏道行, 吴卓人, 严绍宗, 等. 实变函数论与泛函分析. 2 版. 北京: 高等教育出版社, 2010.

[2] 程其襄, 张奠宙, 魏国强, 等. 实变函数与泛函分析基础. 2 版. 北京: 高等教育出版社, 2003.

[3] 郑维行, 王声望. 实变函数与泛函分析概要. 3 版. 北京: 高等教育出版社, 2005.

[4] 郭懋正. 实变函数与泛函分析. 北京: 北京大学出版社, 2005.

[5] 张恭庆, 郭懋正. 泛函分析讲义: 下册. 北京: 北京大学出版社, 1990.

[6] BOBROWSKI A. 概率论与随机过程中的泛函分析. 北京: 高等教育出版社, 2008.

[7] 张伦传. Hilbert C^*-模理论及其应用. 北京: 科学出版社, 2014.

[8] 张波, 张伦传. 实变函数论. 2 版. 北京: 清华大学出版社, 2017.

[9] 夏道行, 杨亚立. 线性拓扑空间引论. 上海: 上海科学技术出版社, 1986.

[10] TAKESAKI M. Theory of operator algebras I. New York: Springer-Verlag, 1979.

[11] MURPHY G J. C^*-algebras and operator theory. New York: Academic Press, 1990.

[12] KADISON R V, RINGROSE J R. Fundamentals of the theory of operator algebras: I, Ⅱ. New York: Academic Press, 1997.

图书在版编目（CIP）数据
泛函分析 / 张伦传编著. -- 北京 : 中国人民大学出版社, 2025. 3. -- (普通高等学校数学系列教材).
ISBN 978-7-300-33714-2
Ⅰ. O177
中国国家版本馆 CIP 数据核字第 20259ZL726 号

普通高等学校数学系列教材
中国人民大学数学学院　组编
泛函分析
张伦传　编著
Fanhan Fenxi

出版发行	中国人民大学出版社		
社　　址	北京中关村大街 31 号	邮政编码	100080
电　　话	010-62511242（总编室）		010-62511770（质管部）
	010-82501766（邮购部）		010-62514148（门市部）
	010-62515195（发行公司）		010-62515275（盗版举报）
网　　址	http://www.crup.com.cn		
经　　销	新华书店		
印　　刷	北京市鑫霸印务有限公司		
规　　格	787mm×1092mm　1/16	版　　次	2025 年 3 月第 1 版
印　　张	11.25	印　　次	2025 年 3 月第 1 次印刷
字　　数	253 000	定　　价	32.00 元

中国人民大学出版社　理工出版分社

教师教学服务说明

中国人民大学出版社理工出版分社以出版经典、高品质的数学、统计学、心理学、物理学、化学、计算机、电子信息、人工智能、环境科学与工程、生物工程、智能制造等领域的各层次教材为宗旨。

为了更好地为一线教师服务，理工出版分社着力建设了一批数字化、立体化的网络教学资源。教师可以通过以下方式获得免费下载教学资源的权限：

★ 在中国人民大学出版社网站 www.crup.com.cn 进行注册，注册后进入“会员中心”，在左侧点击“我的教师认证”，填写相关信息，提交后等待审核。我们将在一个工作日内为您开通相关资源的下载权限。

★ 如您急需教学资源或需要其他帮助，请加入教师 QQ 群或在工作时间与我们联络。

中国人民大学出版社　理工出版分社

教师 QQ 群：1063604091(数学2群)　183680136(数学1群)　664611337(新工科)
教师群仅限教师加入，入群请备注（学校＋姓名）

联系电话：010-62511967，62511076

电子邮箱：lgcbfs@crup.com.cn

通讯地址：北京市海淀区中关村大街 31 号中国人民大学出版社 802 室（100080）